영국의 거버넌스형 마을 만들기

Governance

사회적 기업에 의한 도시 재생

니시야마 야스오 니시야마 야에코 저

김영훈 김기수 최광복 역

기문당

머리말

영국 도시계획의 전환과 거버넌스형 마을 만들기의 정착

지금까지의 전통적인 영국 도시계획과는 전혀 다른 새로운 흐름이 대두되고 있는 것은 아닐까? 1990년대 중반 런던의 현장을 보고 이렇게 확신하였다.

볼런터리 조직이 경영하는 마을 만들기 사업체(Development Trust)에 의한 '거버넌스형 마을 만들기'의 탄생과 정착이다. 거버넌스형 마을 만들기란 볼런터리 섹터가 정부 · 시장 섹터와 파트너십을 맺고 협의하면서 주로 대도시 도심 주변의 빈곤 지구에서 도시 빈곤층을 대상으로 마을 만들기 사업체를 조직 · 운영하여 물적 환경정비, 사회 서비스 제공, 고용 창출 등의 사업을 독자적으로 전개해나가는 것을 말한다. 현재 마을 만들기 사업체의 수는 영국 전체에서 423개소, 총인구의 1/4에 영향을 줄 정도로 성장하였다(2007년).

한편 전통적인 영국 도시계획이란 관료 또는 전문자격을 가진 도시계획가가 개발계획에 따라 토지이용을 상세히 컨트롤하는 것으로, 전 세계에 자랑할만한 정교한 물적 계획 체계로 높이 평가되고 있다. 복지국가 정책의 일환으로 자리매김하여 국가 및 지자체가 토지이용 컨트롤에 관여한다는 의미이며, 이 책에서는 '거버먼트형 도시계획'이라 하였다.

거버넌스형 마을 만들기는 복지국가의 움직임과 함께 모순점을 드러낸 거버먼트형 도시계획의 비판, 나아가서는 대안책으로 탄생 · 정착되었다. 거버넌스형 마을 만들기와 거버먼트형 도시계획의 차이를 정리하였다(표 1).

표 1 거버넌스형 마을 만들기와 거버먼트형 도시계획의 비교

	거버넌스형 마을 만들기	거버먼트형 도시계획
내 용	물적 환경개선, 사회서비스 제공, 고용 창출사업 실시	토지이용 컨트롤에 의한 공간 정서
주요주체	마을 만들기 사업체, 사회적 기업 (정부 · 시장 섹터와의 협동)	정부 · 지자체
목 적	개인과 커뮤니티의 엠파워먼트, 커뮤니티 매니지먼트, 커뮤니티 거버넌스	개발계획을 바탕으로 한 토지이용 컨트롤, 복지국가 정책으로서의 도시계획
스 탭	현장 실무가	관료 · 전문가로서의 도시계획가
대상지구와 대상계층	도심 주변 극빈곤지구, 도시빈곤층	도시농촌부를 포함한 전국토, 국민

거버넌스형 마을 만들기는 실무가가 도시 빈곤층의 다양한 생활 요구를 바탕으로 사업을 전개하기 때문에 물적 환경정비, 사회서비스 제공, 고용 창출을 위한 사업 등 영역이 넓은 반면에 거버먼트형 도시계획은 관료 · 전문가에 의한 토지이용 컨트롤 및 물적 환경정비이며 도시계획가는 대상을 물적 계획에 한정함으로써 고유의 직역(職域)을 확립했다. 또한 거버넌스형 마을 만들기는 사업을 구체적, 적극적으로 전개해 나가지만 거버먼트형 도시계획은 민간토지이용 컨트롤 중심이므로 소극적 수법으로 볼 수 있다.

거버넌스형 마을 만들기에서는 실천 주체인 마을 만들기 사업체가 지역 커뮤니티의 요구에 따라 사회서비스를 장기간 안정적으로 제공할 수 있도록 자립적으로 운영되는 것이 중요하다. 이를 위해 마을 만들기 사업체는 외부 민간영리사업부문을 운영하는 방법과 지자체 등에서 토지 · 건물을 매입하여 경영하는 에셋 매니지먼트라는 두 가지 방법으로 수익을 올려 이익을 조직 본체의 마을 만들기 사업에 사용하는 '사업내 비용이전' 수법을 고안해냈다(그림 1). 또한 사업 착수 초기에는 사업 자금이 필요하므로 정부 섹터나 시장 섹터에서 지원 · 협력받는 경우가 많다. 즉 볼런터리 섹터와 정부 섹터, 시장 섹터의 관계는 파트너십이라는 수평적인 관계이며, 거버먼트형 도시계획에서 보여지는 정부 섹터가 시장 섹터를 제어하는 상하관계와 다르다.

마을 만들기 사업체는 효율적이고 다이내믹한 경영으로 수익을 올리

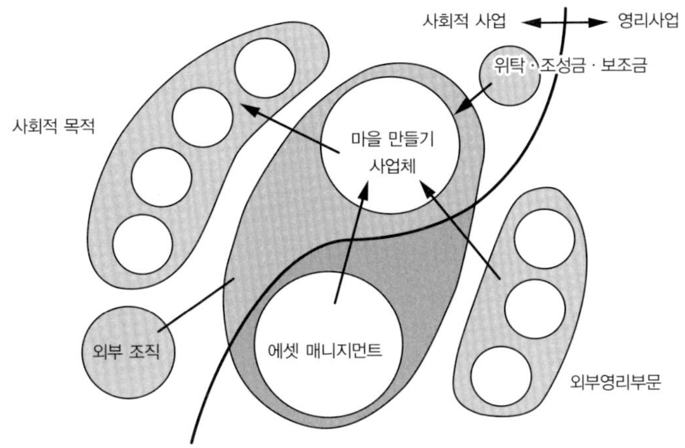

그림 1 마을 만들기 사업체의 경영구조도
재정적 자립 방법과 사업내용을 나타냄. 외부영리사업부문과 에셋 매니지먼트 수법이라는 '사업내 비용이전 수법'에 의해 수익을 올려 재정적 자립을 실현. 독자적인 경영 판단으로 그 수익을 사회적 목적에 사용하고 있다.

는 민간기업이며, 동시에 그 수익을 사회적 목적에 사용하기 때문에 '사회적 기업(social enterprise)'이라 일컬어진다. 사회적 기업의 조직은 이사회와 사무국이 양립한다. 이사회는 경영방침을 결정하고, 전문가 집단으로 이루어진 사무국은 이사회를 기술적으로 지원한다. 이사회는 커뮤니티 대표인 주민으로 구성되는 경우가 많으며, 이사회가 사회 개혁에 미치는 이념과 사무국의 기술적 전문성이 협치하여 사업을 진행해나간다면 도시재생은 성공할 수 있다고 본다.

마을 만들기 사업체가 커뮤니티의 공간적, 사회 · 경제적 자원, 그리고 사회관계를 이용하여 기업을 경영하고, 물적 환경정비 · 사회서비스 제공 등의 사업을 전개하는 이른바 '커뮤니티를 기업화' 하는 모습은 커뮤니티 매니지먼트로 볼 수 있다. 그리고 볼런터리 섹터를 중심으로 정부 · 시장섹터와 연계 · 협동하여 커뮤니티를 함께 이끌어가는 자체가 커뮤니티 거버넌스임에 틀림없다.

거버넌스형 마을 만들기와 거버먼트형 도시계획은 그 대상자나 대상지구가 다르다(그림 2). 전자는 주로 대도시의 도심 주변 극빈곤지구에서 도

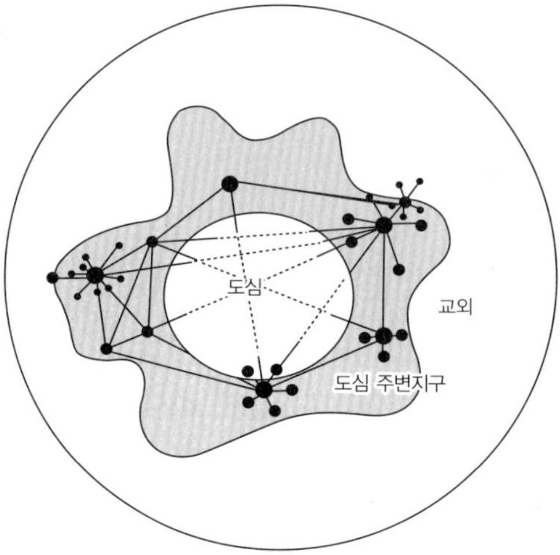

그림 2 도심 주변 극빈곤지구에서 전개되는 거버넌스형 마을 만들기
마을 만들기 사업체가 네트워크를 구축한다. 그 활동은 도시 빈곤층에게 생활의 안전망이 된다.

시빈곤층을 대상으로 전개되며, 후자는 원리적으로 도시농촌지역을 포함한 전국토, 넓게는 일반 국민을 대상으로 하고 있다. 그러나 교외지개발을 대상으로 함으로써 수익층은 교외에 거주하는 중류계급이라는 비판도 제기되고 있다. 이 둘의 관계 저변에 거버먼트형 도시계획이 있고 그 한계와 모순이 드러난 도심 주변 극빈곤지구에서 거버넌스형 마을 만들기가 전개되어 안전망(Safetynet) 기능을 하고 거버먼트형 도시계획의 단점을 보완했다고 볼 수 있다.

가장 주목할 만한 차이점은 거버넌스형 마을 만들기의 '사회개혁에 대한 의지' 이다. 거버넌스형 마을 만들기를 담당하는 실무자는 마을 만들기 사업체 경영을 통해 커뮤니티를 구성하는 개인 · 가족의 자립(엠파워먼트)을 시도하고 또한 지역사회를 자체관리(엠파워먼트)하여 그 사업을 보급함으로써 전체 사회 변혁에 기여하기를 강조하고 있다. 사회 시스템 변혁을 개인과 가족 · 지역사회라는 2단계의 엠파워먼트로 모색하는 이들 실무자는 분명 '사회개혁가' 라는 이름이 어울린다. 지역사회란 기껏해야 인구 수만 명 정도의 단위를 말한다. 여기에 생활 리스크로부터 방위하기 위한 거점을 구축하고 거버먼트형 도시계획의 한계를 넘어 사회적 소외, 빈곤 등 시장주의의 부정적 측면을 해결하는 데 노력한다는 사회개혁 전략이 있다.

결국 마을 만들기 사업체는 복지에 의존하는 환자(페이션트)가 아닌 자립해서 활동하는 주체적인 생활자(에이전트)상을 추구하며 개인과 커뮤니티의 자립을 지원하여 시민이 주체적으로 형성하는 복지 커뮤니티, 즉 시민복지 커뮤니티 구축을 목표로 한다고 말할 수 있다.

이러한 거버넌스형 마을 만들기가 탄생하여 사회에 받아들여지게 된 배경으로는 다음과 같은 세 가지를 들 수 있다.

1970년대에 결정적이었던 거버먼트형 도시계획의 한계를 들 수 있다. 도심 주변 지구에서 빈곤 문제가 심각화되자 도시 폭동이 일어나는 등 이너 시티 문제가 사회적으로 널리 인식되게 되었다. 그리고 전후 도시계획 체계는 물적 계획에 치우쳐 열악한 물적 환경개선과 사회경제 문제와도 맞물려 생활 전반에 걸쳐 개선을 꾀할 필요가 있었으며 경제 재생과의 연계도 도모해야 하는 문제가 제기되었다. '경제성장' 과 '큰 정부' 를 전제로 한 전후 거버먼트형 도시계획 체계는 도심 주변지구의 빈곤과 쇠퇴 문제를 해결할 수 없었으며 다른 계획논리를 필요로 했고, 거버먼트형 도시계획의 또 다른 한계는 버블기의 사무소 및 상업지역개발이 주택기능을 침식하고 구축하는 현상을 방지할 수 없었다는 점이다.

두 번째 배경은 전후 복지정책이 결국 '의존하는 환자' 를 만들어 재정적으로 큰 부담이 되었던 점을 들 수 있다. 그 후의 '작은 정부' 는 복지서비스 삭감을 추진함으로써 문제를 빈곤층과 도심 주변 극빈곤지구에 집중하였다. 이른바 사회적으로 소외된 사람들과 지역의 문제였다. 이렇듯 첫 번째와 두 번째 배경에는 '정부 섹터의 실패' 가 있었다.

세 번째는 대처리즘(Thatcherism)의 영향이다. 규제 완화, 민영화, 감세를 추진하던 시장주의의 결과 1980년대에 교육 · 의료의 황폐, 범죄 등의 어두운 부분이 확대되어 사회적 격차는 빈곤층, 도심 주변 극빈곤지구에서 더욱 심각해졌고, 바로 '시장 섹터의 실패' 로 이어졌다.

도심 주변 극빈곤지구는 1970년대부터 80년대에 걸쳐 정부 섹터에서 내놓은 정책과 사업이 아무런 효과를 거두지 못했고 시장 섹터에서도 무시되는 문제지구로 변화되었다.

초기의 마을 만들기 사업체는 이러한 빈곤, 사회적 소외에 도전하여 이의를 제기한 주민운동 속에서 탄생되었다. 사회적 기업으로서의 마을 만들기 사업체는 정부도, 민간도 아닌 볼런터리 조직에 의한 도시 재생을 목표로 지금까지 정부가 담당했던 사회적 목적을 비영리 민간기업이 달성하고자 했다. 마을 만들기 사업체 관계자는 '작은 정부' 를 시대의 흐름으로 인식하고 또한 글로벌리제이션 아래에서는 시장에 파고들어 살아남을 수밖에 없다고 판단하여 사회적 기업의 길을 선택했다. 그리고 선진 사례들이 성공을 보이는 가운데 블레어 정권은 2001년 통상산업성에 사회적 기업 담당부를 설치하여 지원을 시작했다. 이처럼 사회적 기업으로서의 마을 만들기 사업체는 더욱 확대되어 나갔던 것이다.

필자들이 수십년에 걸쳐 조사한 결과는 실무자가 빈곤 해결 실천과정에서 마을 만들기 사업체나 사회적 기업 등의 새로운 개념을 만들어내 도시빈곤층, 도시 극빈곤지구의 생활 재건과 도시재생이 구체적으로 가능해졌다는 것을 실감할 수 있었고, 실무자가 각각의 마을 만들기 사업체에서 직접 찾아낸 해결책, 방안, 수법, 성과를 이론화하려고 했다. 1970년대 영국에서 심각했던 문제지구의 생활 · 공간은 21세기 초반이 되어서야 서서히 확실하게 개선되어 거버먼트형 도시계획을 넘은 도시재생수법이 눈에 보이는 형태로 나타나게 되었다.

복지국가에서 시장주의체제로 전환되는 과정에서 사회적 격차나 새로운 빈곤문제가 심각해지고 커뮤니티와 사회관계가 붕괴된 사례는 영국뿐만이 아니다. 일본 사회에서도 경제의 글로벌화에 따른 시장원리주의로 정책이 전환된 것은 부를 일부 도시나 부유층에 집적시키는 한편 일을 해도 빈곤의 악순환에서 벗어날 수 없는 언더 클래스와 워킹 푸어 등의 빈곤층을 만들어 사회적 격차, 지역 격차로 확대되었다. 영국에서는 가장 먼저 국가, 시장, 시민사회가 협동하는 새로운 사회 시스템을 모색하고 분권화와 볼런터러 섹터를 육성하는 데 주력했다.

빈곤 문제 해결이 주민이 살아가는 희망과 능력을 높이고 커뮤니티의 자치 능력을 높이는 것으로 보고 이를 사회적 기업이라는 수법으로 마을 만들기 사업체로 전개해 나가는 것이다. 이러한 볼런터리 조직의 사업은 투입된 자금량과 건설된 공간 규모로 사업 달성의 성패 여부를 묻는 시장주의형 도시재생과는 다른 '또 하나의 길' (코인 스트리트 마을 만들기 사업체의 슬로건)을 제시하고 있다.

영국에서 거버넌스형 마을 만들기 성과는 성숙한 시민사회의 큰 가능성을 제시함과 동시에 오늘날 일본에도 많은 메시지를 전하고 있다.

역자서문

[신도시]란 이슈로 국토를 개발하는 '우리식'의 개발과정은 경제를 활성화시키려는 정책적 배려에서 나오는 경우가 많았다. 그 과정에서는 다소 무분별한 개발과 환경적인 면에서 부정적인 목소리가 꾸준히 나오고 있는 것도 사실이다. 그리고 기존 도심지와 시가지 내의 노후화된 도시를 재활성화하려는 움직임은 정책적 과제로서 도시재생으로 활발히 연구 · 실현되고 있으며, 현재는 저탄소 녹색성장 개발 개념으로 이어지고 있다.

70, 80년대 초에 선진 도시계획 및 단지계획기법 등이 우리나라 도시에 적용되어 현재까지 그 삶속에 우리가 살고 있으며, 동시에 우리나라 개발방식의 신도시 개념도 여러 나라에 그대로 적용되는 현실을 병행하기도 한다.

도심지의 공동화를 없애고 활력있는 도시를 재탄생시키려는 활동에 있어 도시재생이란 화두아래 정책적 대안이 나오고 있다. 그러나 여기에는 사회적 측면보다는 행정적이고 물질적인 측면에 역점을 두고 이루어지는 경우가 많다.

따라서 이러한 과정에서는 많은 사회적 무리가 따르고, 재건축 · 재개발에서 늘 발생하는 대립과 갈등, 사회적 이익보다는 개인적 이익에 초점을 맞춘 개발이 원활한 도시재생의 역할을 하는데 있어 어려움을 준다.

따라서 우리는 이미 선진화방식의 도시재생을 이끌어오고 있는 사례들을 다시 한 번 더 검토해보고 적용 가능성을 판단할 시점이라고 본다. 각 나라마다의 정책과 사회적 방식이 다르기 때문에 직접적인 연계는 없지만 사회적 배려에 의한 도시재생기법은 우리에게 인식의 전환을 요구하고 있다고 볼 수 있다. 이에 영국에서 시작된 사회적 기업에 의한 도시재생 방법과 활동들을 살펴보고 우리에게 적용 가능한 것들은 배워나가야 할 것이다.

사회적 기업에 의한 도시재생은 영국의 사례를 통하여 거버넌스형 마을 만들기를 위한 방향을 제시해주고, 기존의 관에서 주도하던 거버먼트형 방식과는 다른, 민과 볼런터리 조직이 우선하여 도시재생을 하면서 관이 적극 지원하는 방식의 거버넌스형 방식을 다루고 있다.

이 책에서는 영국의 여섯 개 지역의 사례를 통하여 거버먼트형 도시계획으로도 해결하지 못했거나 다루기 힘들었던 도시 노후화지구를 볼런터리 섹터가 중심이 되어 빈곤문제와 노후화 문제를 해결하면서 정부 섹터와 시장 섹터의 협력체계를 구축하면서 해결해가고 있다는 점을 알 수 있다.

또한, 볼런터리 섹터는 빈곤지역의 문제해결 뿐만 아니라 물적 환경정비와 주민들이 생활능력을 키우게 하고 그 과정에서 커뮤니티를 구축시키는 역할을 하고 있다. 복지서비스 제공에서부터 교육훈련, 주민의 생활의 질을 높이는 종합적 서비스를 제공하는 사업을 운영하고 있다.

그러나 초기에는 이러한 일을 사업 프로그램을 따지는 민간기업에 있어서는 매력이 없었고 정부 섹터 입장에서도 공공사업의 범위를 넘는 것이어서 어려움이 있었다.

대처정부와 메이저정부, 그리고 블레어정부로 이어져오면서 각 정부에 따라 사회적 기업의 활동도 제한받기도 하고 활성화된 측면에서 보더라도 민간기업에서 다루기 힘든 일임에 틀림 없었다.

이에 지역에 새로운 변혁을 가져오고자 원했던 볼런터리 섹터가 스스로의 손으로 사업 프로그램을 실현하는 조직을 설립하고 기존의 제도 틀에서 자선단체 개념의 트러스트, 즉 마을 만들기 사업체를 만들었다. 이 마을 만들기 사업체가 커뮤니티의 실정에 맞게 착수하고 주민들의 생활과 커뮤니티를 재생시키는 사회적 사명을 실현하여 커뮤니티의 신뢰를 얻기 위해 정부나 시장 섹터에 종속되지 않고, 독립적 지위를 구축할 필요가 있었다. 따라서 마을 만들기 사업체의 조직적 자립과 재정적 자립이 해결되어야 했으며, 이때 마을 만들기 사업체를 사회적 기업 또는 커뮤니티 기업이라는 비영리 조직으로 만드는 것이었다.

이러한 과정을 통하여 탄생한 사회적 기업에 의한 마을 만들기는 수익 부문의 외부 자회사 경영, 토지, 건물 등의 공간자원을 에셋 매니지먼트화 하였다. 시장원리로 운영되는 수익 부문의 이익을 마을 만들기 사업체 본래의 사회적 사명으로 돌린다는 사업내 비용 이전 수법을 채택하고 있다.

이 책에서는 이러한 과정들을 살펴보고 여섯 개 지역의 마을 만들기 사업방식을 상세히 다루고 있다.

이미 국내에서도 사회적 기업이 전국적으로 250여 개가 넘었다. 매년 몇 차례에 걸쳐 사회적 기업을, 승인을 거쳐 탄생시키고 있다. 도시락을 만들어 끼니를 거르는 아동과 노인들에게 제공하는 사회적 기업에서부터 의류 등의 사업을 통하여 일정 부분 사회에 환원하면서 운영하는 젊은 사회적 기업들까지 다양하게 활동하고 있다.

그러나 어느 정도는 자발적 마을단위에서 자생하기 보다는 사회적 기업을 탄생시키기 위한 조건들을 나중에 맞추어가는 방식이 아닌가 싶다. 따라서 자발적으로 커뮤니티를 통하여 이루어지는 활동이 필요하고 적극적인 볼런터리 개념의 사회적 기업으로 나갈 수 있는 방안이 갖추어져야 할 필요가 있다.

이에 미흡하나마 외국 사례를 통한 사회적 기업에 의한 마을 만들기를 통하여 국내 실정에 맞는 새로운 사회적 기업을 통한 도시재생의 의미를 다시 한 번 되돌아 볼 수 있는 시발점이 되기를 바라는 취지로 이 책을 번역하게 되었다.

역자는 이미 도시재생에 관한 외국 사례들을 경험하면서 책으로 출간하기 어려운 것을, 번역함으로써 다소나마 공부하는 계기로 삼았으며, 다양한 도시재생 측면에 적용 가능하도록 배움을 잃지 않으려고 한다.

현재 역자는 도시계획 및 건축계획 측면에서 우리나라의 도시개발사업과 도시재생을 도시 및 건축의 통합된 시야에서 바라보면서 많은 문제점과 개선방안의 대안들을 접하고 있다.

이 책은 도시계획 및 사회적 마을 만들기에 관심 있거나 참여하고 있는 실무자 및 관계 공무원, 도시계획을 공부하는 학생들에게도 좋은 참고서가 되리라 믿어 의심치 않는다. 또한 건축 분야에서 물리적 방식이 아닌 사회적 방식을 통하여 도시를 이해하고자 하는 분들에게도 좋은 지침서가 되리라 믿는다. 아직 도시의 많은 부분을 배워가는 역자에게 있어 원문의 간결하고 명확한 내용을 의미 그대로 잘 전달한다는 것이 어려웠지만 번역과정을 거치면서 새로 얻은 지식들이 많았으며, 사회적 측면에서 우리의 삶을 이해하는데 한층 성숙한 모습을 갖게 하였다. 부족한 점에 대해서는 독자들의 꾸중을 달게 받고 발전의 기회로 삼고자 한다.

끝으로 많은 독자층이 없는 분야의 출판임에도 많은 협조를 해주신 강해작 사장님께 심심한 사의를 표하며 아울러 독자 여러분의 행운을 기원하는 바이다.

2009. 9.
역자 일동

Content's

제 1 부

거버먼트형 도시계획에서 거버넌스형 마을 만들기로...

근대 영국의 도시계획은 1909년 국가에 의한 민간 교외주택지개발 규제 수단으로 탄생되었다. 국가가 주택지 형성에 관여하는 거버먼트형 도시계획의 탄생이다. 이후 1947년 도시농촌계획법에서 양호한 물적 환경은 국민생활의 필수요소 중 하나로 인식되어 도시계획은 전후 복지국가정책의 중요한 위치로 자리매김되었다. 관료=직업전문가가 개별 개발행위를 도시기본계획을 바탕으로 심사하여 계획 · 허가한다는 도시계획체계에서 거버먼트형 도시계획이 확립되었고 전 세계에 자랑할만한 체계로 평가되었다.

거버먼트형 도시계획은 정부 섹터가 시장 섹터의 토지이용을 컨트롤하는 것이다. 그 전제로 '민간의 토지이용은 사익을 위해 과도한 경쟁을 하는 경향이 있어서 국가가 민간 토지이용을 컨트롤하지 않으면 좋은 공간을 형성할 수 없다'는 것이며, 19세기 대도시 슬럼에서 보이는 민간 경쟁에 대한 반성이 제기되었고 또한 '국가가 강력하게 관여할수록 좋은 공간을 만들 수 있다'는 판단이었다.

그러나 1970년대에 들어 경제쇠퇴, 사회문제 발생, 복지국가제도의 경직화, 노동조합의 거대화, 그리고 '거대정부' 제도의 불만이 극에 달했다. 또한 국가 주도의 거버먼트형 도시계획도 관료적인 경직성, 수속 지연, 직업의 영역을 물적 환경정비로 한정하는 관료도시계획가, 경제개발과의 연계성 경시 등에 직면하였다. 더욱이 대도시 극빈곤지구에서는 거액의 공적 투자, 다양한 공적 정책 실시에도 불구하고 문제 해결과는 거리가 멀어 도시폭동 발생 등 위기를 맞았다.

이때 등장한 것이 대처정부(1979~1990년)이다. 시장주의를 내건 정책은 이어서 메이저정부(1990~1997년) 시대와 더불어 대처리즘이라 불린다. 전략적이고 거점적인 규제 완화와 정부 투자에 의한 민간 건설 투자 유발, 도시계획 절차의 간략화와 신속성 등 정치적, 계획적으로 지역을 선택하여 민간투자 활동을 자극했다.

관료주의적 사회시스템을 철저히 파괴하고자 한 대처리즘은 이제까지 구축되었던 거버먼트형 도시계획체계에 근본적인 변경을 가했다. 우선 ①

'도시를 계획한다'는 이념 자체가 작은 정부, 국영기업의 민영화, 경제 활성화 등에 의해 존재 의의를 잃었다고 볼 수 있다. 시장원리의 개발은 규제완화를 전략적, 거점적으로 대담하게 적용함으로써 그 동안 사회적 신뢰를 얻었던 도시계획 시스템과 상세한 토지이용 컨트롤은 의미를 잃게 되었다. 즉 개발 권한을 중앙정부에 집중시키는 전후 거버먼트형 도시계획체계가 무너지기 시작했다고 할 수 있다. 한편 ② 교육 · 의료의 황폐, 사회적 격차, 사회적 소외 등 대처리즘의 그늘 부분은 더욱 사회문제화되었다. 특히 도심 주변의 빈곤지구에서는 빈곤 · 실업 등의 사회경제 문제가 더욱 심각해졌고 사회적 소외 문제에 대해 조직된 볼런터리 섹터가 점차 커지게 되었다. 이것이 거버넌스형 마을 만들기의 시작이다.

거버넌스형 마을 만들기란 시민사회를 대표하는 볼런터리 섹터가 주로 대도시 극빈곤지구에서 마을 만들기 사업체를 조직 · 운영하고 정부 · 시장 섹터와 파트너십을 구축하여 물적 환경정비, 사회서비스 제공, 고용 창출 등의 사업을 협의 · 전개하는 것이다. 정부가 공간형성 · 생활개선에 관여하는 데는 한계가 있기 때문에 볼런터리 섹터가 중심이 되어 시장의 활력을 살리면서 커뮤니티의 자체관리 능력(엠파워먼트)을 높이고 사회적 부를 창조하는 것이다. 그리고 볼런터리 · 정부 · 시장 섹터라는 세 주체가 연계

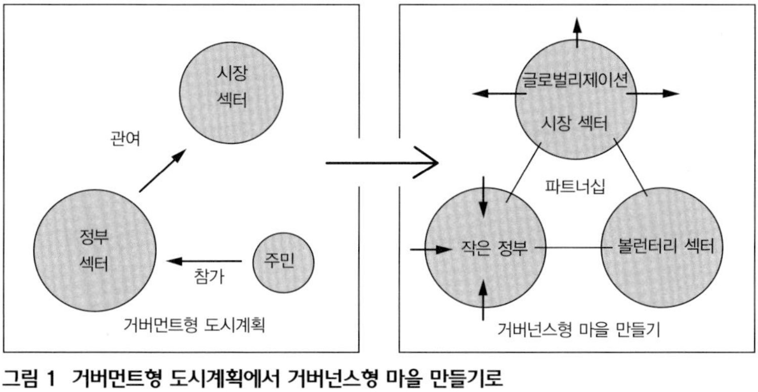

그림 1 거버먼트형 도시계획에서 거버넌스형 마을 만들기로
('정부가 민간 토지이용을 조율하고 주민은 참가' 하는데서 '3섹터는 병렬관계, 파트너십' 으로)

하여 물적 환경문제를 경제 · 사회 문제와 관련지어 종합적으로 다루고 커뮤니티를 '협치(governance)' 한다는 데 그 특징이 있다.

메이저, 블레어정부는 이러한 볼런터리 섹터의 육성, 정부 섹터와의 파트너십 정책 확충에 노력하였으며, 그 결과 1990년대 이후 거버넌스형 마을 만들기는 확대되었다.

이러한 영국 도시계획의 흐름을 보면 다음과 같은 네 가지의 커다란 전환기를 지적할 수 있다. ① 거버먼트형 도시계획 탄생(1909년), ② 그 확립(1947년), ③ 거버먼트형 도시계획의 파탄(1970년), ④ 거버넌스형 마을 만들기 정착(1990년대)이다.

여기서 주목해야 할 점은 영국에서는 국가가 주도하는 거버먼트형 도시계획에서 거버넌스형 마을 만들기로 전개할 때 이루어진 것이 아니라는 사실이다. 거버먼트형 도시계획의 탄생기인 국가권력이 미약했던 19세기 말부터 20세기 초에 걸쳐 민간 비영리 섹터에 의한 계획적인 도시건설이 레치워스 전원도시에서 전개되어 현재까지 건설이념을 지키는 노력이 이루어지고 있다. 영국의 거버넌스형 마을 만들기가 1990년대의 정책 전환으로 추진되었던 것은 사실이지만 100년에 이르는 레치워스 전원도시의 실천은 거버넌스형 마을 만들기의 밑바탕을 이루는 것으로 영국 도시계획사를 특징짓고 있다.

또한 볼런터리 섹터에 의해 거버넌스형 마을 만들기가 전개되고 있지만 대부분은 대도시 극빈곤지구에서이며 영국 전국토의 도시 형성에는 100년의 역사를 가진 거버먼트형 도시계획이 아직까지는 힘을 가지고 있다. 즉 영국 도시계획사를 개관할 때 시민사회와 국가의 활동이 서로 영향을 미친다는 관점에서 취급할 필요도 있다.

제I부에서는 거버먼트형 도시계획에서 거버넌스형 마을 만들기로 역사적 흐름을 개관하고(제1장), 이어서 거버넌스형 마을 만들기의 추진으로 볼런터리 섹터의 성장과 1990년대의 파트너십 정책이 있었다는 것을 검토한다(제2장).

표 1 영국 도시계획의 역사적 구조

	제 I 기 (1909~1947년)	제 II 기 (1947~1970년)	제 III 기 (1970~1980년대)	제 IV 기 (1990년대~)
	거버먼트형 도시계획 탄생	거버먼트형 도시계획 확립	거버먼트형 도시계획의 한계와 거버넌스형 마을 만들기 모색	거버넌스형 마을 만들기 정착
특징 · 주체	거버먼트형 도시계획 탄생, 정부 · 시장 섹터	복지국가정책으로서의 거버먼트형 도시계획 확립과 정착, 정부 · 시장섹터	대도시 극빈곤지구, 도시빈곤층에서 무력한 거버먼트형 도시계획, 주민운동을 배경으로 탄생한 거버넌스형 마을 만들기, 볼런터리 섹터의 탄생	거버넌스형 마을 만들기와 거버먼트형 도시계획의 대항적 상보성, 정부, 시장, 볼런터리 섹터의 파트너십
대표적 법률 · 상황	1909년 주택 · 도시계획법 등	1947년 도시농촌계획법	대처리즘	블레어정부하의 파트너십 정책, 1993년 마을 만들기 사업체협의 설립
도시 계획의 기본 개념	어메니티, 무질서한 도시화를 규제	토지이용권과 개발가치의 국유화, 개발계획, 토지이용 컨트롤, 개발이익의 사회적 환원, 개발, 분산	도시재생, 규제 완화	토지이용컨트롤, 환경문제에 대한 강한 관심, 생활 전반의 개선 = 넓은 의미의 계획개념, 마을 만들기, 마을 만들기 사업체, 사회적 기업, 커뮤니티 엠파워먼트
계획 과제	교외주택지 개발 · 중류계습, 지역불균형 발전	전후 피해복구, 종합적 개발지구제도, 뉴타운	글로벌리즘, 도시재생, 경제적 쇠퇴, 사회적 격차, 이너 에리어, 이민, 도시빈곤층	커뮤니티에 뿌리를 둔 도시재생, 사회적 격차와 사회적 소외 해결
배경이 되는 가치관	물적 환경을 개선하면 사람은 좋은 생활, 바른 행동을 한다 = 물적결정론	물적 환경은 생활의 기본요소이며, 복지정책으로 사회적으로 보장한다.	시장주의, 경제 활성화	마을 만들기 사업체에 의한 지역자체관리와 거버먼트형 도시계획의 병존
	공적 관여를 강화하면 좋은 물적 공간이 형성된다.		시장 섹터의 자기조정 능력을 신뢰하고 우선 경제재생을 꾀한다.	자립한 마을 만들기 사업체가 거점 네트워크로 연계하여 개인과 커뮤니티를 엠파워한다.
실무 담당자	관료 · 직업전문가		민간 직업전문가	현장 실무자

제 1 장

거버먼트형 도시계획 100년의 역사

1. 거버먼트형 도시계획 탄생

20세기의 도래는 세계 인구의 1/4을 통치했던 팍스 브리태니커 시대의 종말을 고하는 것이었으며 대영제국 쇠퇴기의 시작이기도 했다. 그리고 우수한 인재를 육성해 각 분야에 투입하여 대영제국을 재생시키고자 하는 일대 사회개혁 = 국가효율운동이 확산되었다.[1] 물적 환경 개선에 대한 관심이 높아지면서 1909년 주택 · 도시계획법 등의 성립으로 거버먼트형 도시계획 탄생은 이러한 시대적 상황을 반영하였다.

1-1 세기 전환기의 상황

"화려한 대도시의 시민이라고는 하지만 19세기 말의 영국인은 토끼장보다도 심한 집에 살고 있다(D.H. 로렌스)."[2]

이는 19세기 영국의 열악한 주거환경을 나타내고 있으며 특히 대도시의 슬럼은 과밀 · 비위생적이어서 콜레라 같은 전염병이 자주 발병했고, 이에 대해 국가 · 지자체는 민간 슬럼 제거, 노동자를 위한 공공주택 공급 등 주택법으로 대응하게 되었다. 또한 1875년에 공중위생법이 보강되어 공지와 도로폭원을 확보하기 위해 건축 규제가 도입되었다. 계획적인 주택지 건설을 목표로 한 첫 공적인 관여였으며 지금도 대도시의 도심 주변 지구에 노동자 계급이 사는 이른바 조례주택지가 남아 있다.

1875년 이 법과 거버먼트형 도시계획이 성립된 1909년의 주택 · 도시계획법 사이에는 목적의 변화가 있었다. 즉 '공중위생 개선에서 어메니티 확보' 이며 이를 가능하게 한 것이 도시계획가 언윈(Raymond Unwin, 1863~1940)이 고안한 저층저밀 부지계획 기법이었다. 그에 의해 도시계획은 어메니티를 형성하는 기법이 되었다.

언윈의 공헌은 ① 상류 사회에서의 중류계급 발흥, 즉 대중을 위한 교외형 주택양식을 확립한 것이며, ② 도시계획 개념을 세상에 알리기 위한 계몽운동을 적극적으로 맡았다는 것이다. 그는 커먼, 빌리지 그린이라 불리는 공동정원, 막다른 도로의 쿨데삭 주변에 세대를 그룹화하여 배치하는 등의 기법을 개발하고 경관설계에도 배려했다. 여러 주택이 이어지는 '세미디터치트 런던' (A.A. 잭슨)에서 이러한 기법이 정착되었다. 또한 언윈은 공간의 질서 형성에는 커뮤니티 재건이 동시에 필요하다고 거론했다.

> 20세기에 들어서 도시계획운동은 공동정신이 키워낸 강한 증거이다.… 일찍이 영국 촌락에서 질서잡힌 커뮤니티와 근린관계야말로 아름다운 마을 광경을 만들어내는 기원이 되었다.[3]

이러한 발상을 집대성한「햄스테드 전원교외 설계와 실천적 도시계획」(1909년)이라는 책의 출판이었다. 햄스테드 전원교외는 1907년 건설 개시부터 약 100년, 거주인구 1만 6천 명, 면적 340ha로 '20세기 영국에서 커뮤니티 규모의 도시계획으로는 가장 훌륭한 것' 으로 높이 평가되고 있다. 사회개혁가인 H. 바넷이 그린 '혼주사회' , 언윈이 그린 '어메니티' 가 풍부한 주택지 만들기, 주택개혁가인 H.비비안이 그린 '협동의 하우직' 의 꿈이 사람, 물건, 돈과 관련된 꿈으로 햄스테드 전원교외를 유지시켰다.[4]

그림 1-1 19세기 말에 건설된 조례주택지
런던, 우드그린의 노동자 거주지. 근대 도시계획은 조례주택지를 단조롭고 어메니티가 떨어진다고 비판하여 탄생했다. 지금도 중요한 주택지 스톡이 되고 있다.

언윈은 또한 레치워스 전원도시를 설계하고 하워드(Ebenezer Howard, 1850~1928)가 구상한 전원도시론의 좋은 이해자였다. 노동자 계급의 '건강한 생활과 산업(취로 공간 확보)'을 목적으로 1903년부터 건설하기 시작한 이 마을은 영리만을 추구하는 민간사업체가 국가와 시장의 개입을 배제한 채 토지를 개발하고 그 개발이익으로 재정적 자립과 동시에 지역주민이 관리 · 운영하는 자체관리를 목표로 했다. 레치워스 전원도시는 이후 국가나 시장 섹터와 대항관계를 구축하면서 100년 남짓의 역사를 전개하고 있다.

결국 1909년 영국에서 다음과 같은 3가지 계획기술이 탄생되었다. ① 정부가 공중위생 개선을 목적으로 주택건설 조건에 간섭하는 '컨트롤' 수법, ② 언윈이 고안한 어메니티가 풍부한 교외주택지용 '도시디자인' 수법, ③ 레치워스 전원도시에서 민간영리 한정 조직에 의한 종합적인 '도시 매니지먼트' 수법이다.

1-2 1909년 주택 · 도시계획법 등의 성립

보어전쟁(1899~1902)에서 고전했던 원인 중 하나가 병사들의 체력 감퇴, 19세기부터 계속된 주택 · 공중위생 개선 노력의 성과, 노동자 계급의 정치적 결속 등 세기 전환기에는 여러 가지 문제들이 물적 환경 개선의 필요성을 강하게 시사했다. 그 중에서도 부유층 중류계급에 대해 어떻게 그 경제적 풍요로움에 어울리는 주택지를 공급할 것인가가 큰 과제였다. 그 대답은 1909년 주택 · 도시계획법 등의 제정이었다.

1909년의 법의 목적은 '건강한 가정, 아름다운 주거, 쾌적한 도시, 위엄 있는 도시, 건강한 교외를 형성하는 것' 이었으며 키워드는 '어메니티 확보' 였다. 그 특징을 정리하면 도시계획도상에 건축물의 용도 · 밀도 · 높이제한, 정비해야 할 도로, 공지, 하수 · 배수 등의 조건을 기입한 이른바 교외지에 한정된 주택 중심의 조닝도였다. 개발 규제의 내용은 민간개발이 도시계획도에 적합하지 않을 경우 지자체가 강제로 이를 수정할 수 있다는 점 등이다. 그러나 1919년부터 중앙정부에 인가된 도시계획도는 13가지에 그쳤으며 개발규제 = 공적 관여는 기능하지 않았다.

전쟁중에 지어진 과소한 주택 스톡은 어떻게 일정 공간수준을 확보할 수 있었던 것일까? 이들 주택지는 언윈의 사례와 그 도시디자인 수법을 근거로 한 '튜더 월터스 보고서(1918년)' 를 바탕으로 설계되었다. 매매를 중시한 민간개발업자가 중류계급, 상류 노동자 계급이 좋아하는 저층저밀 공간 이미지를 존중했기 때문이다.

1909년도의 법을 거버먼트형 도시계획 성립으로 보는 것은 첫째 주택지 형성에 대한 국가 관여이다. 이 점은 도로 · 사업 중심의 일본과는 크게 다르다. 둘째는 개발규제 = 도시계획도 운용에 따른 토지가치의 상승흡수 · 감가보상이며, 지가상승의 50% 흡수를 정하고 감가보상청구권을 인정했지만 제2차 세계대전 후까지 실시되지 않았다. 거버먼트형 도시계획은 그 출발점에서 개발규제와 토지증가 · 감가를 구분하기 어려운 하나의 과제로 취급되었다.

토지증가 · 감가 문제는 당시의 정치적 상황을 적극 반영하고 있다. 자유당의 로이드 조지는 '사회개혁을 위한 재원은 결국 대토지 소유에 대한 과세 강화를 수반한 세제의 근본적 개혁 없이는 확보할 수 없다.[5]' 고 여겨 개발 이익의 사회적 흡수, 미이용지에 대한 과세 등 네 가지의 토지과세를 제안했다. 500명 남짓의 세습 귀족이 600만 ha가 넘는 토지를 소유하는 것으로 알려져 이미 '토지문제'로서 폭넓게 논의되었던 초미의 과제에 발흥하는 대중의 정치력을 배경으로 도전했던 것이다.[6]

거버먼트형 도시계획의 세 번째 특징은 1909년에 법 제정 후 리버풀대학 대학원에서 도시계획 전문교육의 개시(1909년), 도시계획가협회 설립(1914년)으로 이어져 법률 · 교육 · 전문가 조직으로 이루어진 도시계획 시스템이 정비되었던 점이다.

1909년 법에서 도시계획도의 체계는 기본적으로 1947년 법까지 바뀌지 않고 전쟁전의 도시계획은 사회적 실효성이 결여된 '미약한 계획'이었다. 그런데 거버먼트형 도시계획이 성립된 20세기 초, 거버먼트형 도시계획과는 이념적으로 다른 도시론이 탄생했다. 바로 하워드의 전원도시론이다. 즉 20세기 초 거버먼트형 도시계획과 거버넌스형 마을 만들기로의 전개를 알 수 있는 도시이론이 동시에 탄생되었던 것이다.

1-3 레치워스 전원도시의 도시경영 조직과 원리

하워드의 종합적인 도시경영 구상은 1903년 레치워스 전원도시에서 실현되었다. 이 같은 구상이 실현될 수 있도록 지원한 것이 언윈의 공간개념과 비비안의 주택지 경영책이다. 언윈은 자주 언급되지만 비비안은 잘 알려지지 않아서 하워드에 대해 '이해되지 않는다'고 말할 수 있다. 그러나 전원도시의 건설 이념은 레치워스의 '투쟁 100년사'를 보면 커다란 현대적 의의를 갖고 있음을 잘 알 수 있다.[7]

경영조직은 ① 민간영리 한정 조직으로 출발 → ② 경영 부진에 의한 민간기업화 검토(초기) → ③ 뉴타운법에 의한 국유화 우려(1946년) → ④ 사기업에 의한 지배권 탈취극(1960년) → ⑤ 공사화(1962년) → ⑥ 주택지 매각 · 1967년 임차지개혁법 → ⑦ 민영화, 사회적 기업으로 가는 길(1995년)로 변천했다. 국가기관에 흡수될 것 같았던 ③ 시기와 국가의 준기관이 되었던 ⑤ 시기, 시장에 의해 민간기업화에 대한 압력이 강해진 ②, ④시기,

이러한 시기를 넘어 레치워스 전원도시는 당초 계획대로 민간비영리조직을 고수함으로써 1995년 마침내 레치워스 전원도시 헤리티지 재단=사회적 기업으로 개조되었다. 사회적 기업이란, 사회적 목적을 달성하기 위해 민간 기업으로서 효율적으로 경영되는 조직을 말하며, 90년대 각지에 확산된 마을 만들기 사업체(제2부), 블레어정부가 추진하는 사회적 기업정책(2002년)[8]과 같은 조직형태로 정착되었다.

하워드의 후계자이며 전후 뉴타운 정책을 추진했던 F. J. 오스본은 '하워드는 협동과 사회적 기업의 미래를 확신하고 있었다.(Howard had a great belief in the future of co-operative and social enterprise)'[9]고 회고한다. 이러한 '하워드의 확신'은 레치워스에 실현되어 높이 평가되었다. 그러나 레치워스 전원도시는 1980년대에 '잠자는 박물관 도시'로 변해 침체기를 맞게되고, 1995년에 민영화되어 사회적 기업의 조직 형태를 취하며 지금은 활력 넘치는 도시로 다시 태어났다.

사회적 기업으로서의 지위를 확보하기 위해서는 경영 안정이 필요하다. 레치워스 전원도시는 마을 만들기 사업체로서 어떻게 재정기반을 확립했던 것일까? 첫째, 교외를 새로 개발하는 도시화단계(경영조직은 앞서 들었던 ①)에서는 민간영리 한정적 조직이 농지를 기반정비하고 지가상승 = 개발이익을 흡수하여 건설사업비, 사회서비스를 위한 재원으로 충당했다. '도시화를 재원으로 한 사회적 기업이 독자적으로 공공사업 · 정책을 실천

그림 1-2 레치워스 전원도시
도시계획가 언윈의 설계. 커먼 주위에 주택 그룹을 배치하였다. 저층저밀로 어메니티가 풍부하며 쾌적한 주택지로 전세계의 요람기 주택지 계획에 영향을 주었다.

했던[10]' 것이다. 둘째, 1990년대 이후 도시형 사회의 기성시가지(경영조직은 ⑦)에서는 커뮤니티의 다양한 자원을 사업화한다는 의미에서 '커뮤니티를 기업화한 사회적 기업이 독자적으로 공공사업·정책을 실천했다'는 것이다. 이러한 두 가지의 재원 확보 수법은 도시화 사회에서 신개발, 도시형 사회에서의 도시재생사업으로서 일반적으로 적용할 수 있는 보편성을 가진다고 말할 수 있다.

레치워스 전원도시의 경영은 이사회와 사무국이 맡고, 글로벌리제이션, 즉 도시간 경쟁시대에 전문가 집단으로 이루어진 사무국의 경영 판단은 더욱 중요해지는데 최종적인 경영방침은 이사장과 이사가 내린다. 그리고 이사회는 지역 클럽 대표, 지자체 대표, 선거로 뽑은 주민으로 구성되기 때문에 '커뮤니티 멤버가 사회적 기업을 경영한다'고 할 수 있다. '커뮤니티를 사회적 기업이 경영한다'는 점을 고려했을 때 '커뮤니티가 커뮤니티를 경영하는' 상황, 즉 지역자체관리이다. 그리고 지역자체관리는 사회적 기업이 상·공·농업용 토지 및 일부 건물을 일원적으로 소유·경영하여 재정적으로 자립할 수 있게 되었다.

앞서 언급했던 오스본의 문장을 다시 말하면 '하워드는 커뮤니티 구성원이 운영하는 사회적 기업이 토지·건물의 일원적 관리를 재원으로 커뮤니티를 자체관리한다는 미래의 도시 모습을 확신하고 있었다.'가 될 것이다. 하워드가 구상하여 레치워스에 실현한 전원도시와 거버먼트형 도시계획이 탄생된 1909년의 법은 그 출발점부터 다른 길을 걷기 시작했음을 알 수 있다.

1-4 1947년 도시농촌계획법의 조주기 : 4가지 정부보고서

1930년대는 실업과 불황, 40년대 전반은 전쟁의 시대였다. 군사지출 총액은 국민소득 총액의 1/4이나 차지했으며(1914~1945년), 1940년대 말에는 외화준비고가 바닥을 쳐 파산상태와 음울함이 감도는 시기였다. 더욱이 전후인 1945년 여름에는 미국으로부터 경제지원이 끊겨 수입 식료비 지불조차 어려운 재정상황에 이르렀으며 더욱이 극심한 전시통제도 계속되었다. 영국은 제2차 세계대전으로 국력을 거의 소진하여 '허상의 승리자' 였던 것으로 일컬어진다.[11]

암울한 시대였음에도 불구하고 도시계획 과제가 기본부터 재검토되고 각종 보고서의 성과가 1947년 도시농촌계획법으로 결실을 거둔 것에 대해 검토해볼 것이 우선 공업인구분산에 관한 바로우 보고서(1940년)이다. 런던의 과밀 · 번영과 북잉글랜드 · 남웨일즈의 인구 감소와 불황은 깊은 관련을 가지며 국토 전체의 균형 잡힌 발전이 중요하다고 지적되었고, 이를 위해서는 '공업인구분산이 바람직하다' 고 제안되었다. 분산정책은 전후 거버먼트형 도시계획의 큰 기둥이었고, 최종적으로 28개의 뉴타운이 건설되었다. 1941년에는 전후 국토 · 사회 재건을 검토하는 세 개의 위원회가 설립되었는데, 도시계획에 의한 감가보상 · 증가흡수를 검토하는 애스왓위원회, 전원지역 토지이용 실태를 검토하는 스콧위원회, 사회보장 조성을 검토하는 베버리지위원회이다.

그 중에서도 베버리지 보고서(1942년)는 복지국가라는 새로운 전후 사회상을 시사했다는 점에서 큰 사회적 의의를 가진다. 확충해야 할 사회보장 분야는 인류의 5대 적인 빈곤, 질병, 무학, 스쿼라, 나태함이 있다. 스쿼라란 '무계획적인 공업, 인구분포에서 생기는 주택, 도시, 국토의 무질서 · 불결을 의미한다. 그리고 전후 거버먼트형 도시계획은 이러한 복지국가정책의 일환으로 구상되었다.

전후 도시계획사상은 베버리지 보고서에 언급된 인류가 오랫동안 겪어 온 사회경제 문제에 정면으로 도전해야 한다는 강한 신념에서 탄생되었다.[12] 그러나 토지 문제에 대해서 주목해야 할 것은 '사회 정의의 도시계획' 이라는 관점에서 쓰여진 애스왓보고서(1942년)이다. 개발이익의 사회적 환원과 보상에 관해 체계적으로 검토한 이론서로써 다음의 두 가지로 요약할 수 있다. ① 토지이용 결정은 현황 이용에 대한 추종이 아닌 지자체가 공익상 가장 적합한 토지이용을 선택하여 강제매수하는 전면적인 권한을 가져야 한다. ② 최적의 토지이용 결정을 위해서는 결정에 의해 지가가 하락한 사람들에 대한 보상과 지가가 상승한 사람들에 대한 세금 부담이 필요하다.

애스왓 보고서의 구체적 제안은 1947년 법에서는 채용되지 않았지만 그 의의는 토지이용 컨트롤과 그에 따른 지가변동의 보상흡수 문제를 알기 어려운 하나의 과제로 파악하여 기술적 해결책을 제시한 점, 그리고 노동당의 중앙집권형 토지정책의 출발점이 되었다는 점에 있다. 즉 영국에서는 이미 전쟁중에도 전후 사회상을 검토했고, 또한 노동당 애틀리 내각(1945년 7월 성립)은 종전 직후 '내핍시대'의 도시계획 · 복지국가 확립과 산업국유화를 구상해왔던 것이다. 전후의 혼란스러운 사회에서 계급적 분열을 피하고, 국민통합을 위한 정치적 의도와 국가로서의 방향성을 제시한 명확한 리더십을 읽을 수 있다.

2. 거버먼트형 도시계획의 확립과 특징

2-1 1947년 도시농촌계획법 내용 : 거버먼트형 도시계획 확립

보어전쟁(1899~1902년)부터 수에즈전쟁(1956년)에 이르는 반세기야말로 대영제국이 피할 수 없는 쇠망의 경위를 보낸 시기라고 볼 수 있다.[13]

영국 내의 열악한 조건과 대영제국도 종언 상태에 있었다. 이처럼 국내 · 외적으로 나타난 위기에도 불구하고 1947년 도시농촌계획법이 성립되어 전후 거버먼트형 도시계획체계가 확립되었다. 1947년, 공업분산법(1945년), 뉴타운법(1946년), 국립공원 및 전원지역에 대한 액세스법(1949년) 등과 일련의 전후 도시계획체계를 구성한다. 그리고 1947년 법 중에서 도시계획이란 개별 이익을 추구하는 사적 개발을 공익의 입장에서 정부가 컨트롤 · 유도해가는 행위로 자리매김되었다. 도시계획의 세 가지 기본 요소 ① 개발계획, ② 상세한 개발 컨트롤, ③ 개발이익의 사회적 환원은 삼위일체되어 모든 개발행위는 지자체 공무원 · 직업전문가인 도시계획가가 판정했다.

① 개발계획이란 지자체가 실태조사하여 20년 후에 있을 토지이용상을 제시하고 관계기관의 인가를 얻는 것이다. 개별 개발을 인가 · 불허가할 때의 판단 근거가 된다.

② 개발 컨트롤이란 모든 '개발' 을 미리 지자체에 신청하여 계획허가를 얻음으로써 개발계획에 제시된 토지이용계획을 실현하는 수단이다. 개발이란 영국 도시계획의 기본 개념으로 '지표 · 지상 · 공중 · 지하에 관한 건축, 토목 등의 신규 공사 및 건물 · 토지의 중요한 용도 변경' 을 의미하며, 증축이나 광고판 설치, 충전형 주택지 개발 등의 상세한 규제도 포함된다.

③ 개발이익의 사회적 환원이란 개발 가치의 국유화를 의미한다. '개발가치' 란 시장가치에서 기존 용도가치를 뺀 것을 말한다. 민간이 새로 개발할 경우 우선 계획허가를 득한 후 새로운 용도에 의해 생기는 토지증가분, 즉 개발가치를 개발부담금으로 중앙토지위원회에 지불함으로써 개발에 착수할 수 있었다. 민간시장에서의 토지매매가격은 기존 용도가치로 할 수 있었지만 실무상으로는 혼란스럽고 또한 1951년에 성립된 처칠 보수정부는 개발부담금 제도를 폐지하기로 결정했다. 그 후로도 개발이익의 사회 환원 문제는 보수 · 노동당이 정권을 교체할 때마다 제안 · 폐지를 거듭하였다.

이상, 1947년 법의 가장 큰 의의는 보수당 · 노동당을 불문하고 정부에 의한 토지이용 컨트롤, 즉 '토지이용권의 국유화' 를 계속해서 지지했다는 점에 있다.[14] '토지이용권 · 개발가치의 국유화' 는 커다란 사회 시스템을 구축하여 사회 전체의 개혁을 도모한다는 거버먼트형 도시계획의 궁극적인 모습이었다. 한편 현대의 거버넌스형 마을 만들기는 개별 지역의 문제를 해결하는 마을 만들기 사업체가 연계하여 네트워크화함으로써 점진적으로 지역사회를 바꿔나가려 한 것이다. 즉 작은 사회 시스템 구축을 통해 도시 극빈곤지구, 나아가서는 사회 전체의 개혁을 도모하고자 했다. 이 둘의 근본적 차이는 도시계획 관련 주체가 정부 · 시장 섹터라는 두 기관에서 볼런터리 섹터가 대두됨으로써 주체가 3곳으로 되었다는 점에 있는데, 이와 함께 '큰 공공성' 대 '작은 공공성', '필요성' 대 '가능성', '전국일률' 대 '거점네트워크', '이념적' 대 '실천적' 으로 대조적이었다.

2-2 전후 부흥 및 분산정책으로서 뉴타운 건설과 크로이돈

1947년 법에 의한 토지이용 컨트롤이 소극적인 수법이라면 전쟁피해지구를 재건하고 뉴타운을 건설하는 것은 사업에 의해 구체적으로 공간을 개조하는 적극적인 수법이라 할 수 있다.

전쟁피해지구의 재건수법은 종합개발지구제도라 일컬어졌다.[15] 이미 1944년도 도시농촌계획법이 ① 피폭지구, ② 전쟁 발발 이전의 쇠퇴 지구에 관해 지자체에 토지수용권을 부여했지만 1947년 법에서는 여기에 ③ 계획 실현에 필요한 지구가 더해졌다. 이 제도의 특징은 '종합성' 추구이며 ① 조사 · 계획 · 실현이라는 계획 프로세스의 일관성, ② 각종 시설계획간, ③ 공간 디자인과 계획간, ④ 사업주체간, ⑤ 각종 공간 규모간의 '종합성' 확보를 목표로 하고 있었지만 이 종합성도 도로 · 건물 · 주요 토지이용이라는 물적 요소로 제한되어 사회경제 복합체로서의 도시라는 관점은 약했다. 그리고 최근에는 '전후 지배적이었던 종합성 지향의 계획 철학이 지금은 왠지 미덥지 못한 것으로 간주되고 있다. 가상세계의 이야기' (2002년)[16]라는 냉정한 코멘트도 있다.

영국의 최대 종합개발지구는 런던의 스테프니 포플러 지구이며, 이곳에서의 사업도 재정권한이나 저조한 민간투자활동으로 인해 지연되어 1970년대에는 전형적인 이너 에리어화되었다. 도시 극빈곤지구에서의 전후 거버먼트형 도시계획은 한계를 보였고, 그 한계를 보완하기 위해 마을 만들기 사업체인 환경 트러스트가 이 지구에서 거버넌스형 마을 만들기 사업을 전개해 나갔다(제6장).

런던 동남부의 역사적 고도인 캔터베리의 전쟁피해 부흥도시계획은 '계획전쟁(Planning War)이 전개되고 있다'며 주민의 심한 저항운동이 계속되었다.[17] 그 구조를 종합하면 '추진파 : 중앙정부, 중앙집권형 노동당, 도시계획가, 통치형 도시계획'에 대해 '저항파 : 지방지자체, 보수지주층 · 시민, 부흥 마을 만들기'였다. 추진파는 '성벽 시가지의 중앙 상점가를 넓히고 역사적 거리를 대폭 개조하여 자동차 시대에 대응한다'였으며 거대한 공공투자를 주장했다. 결국 중앙정부가 대규모 개조계획을 강력하게 계획 · 결정했지만 소규모 재개발, 도로의 일부 완성을 제외하고는 실현시키지 못해 지금의 모습은 저항파가 그렸던 부흥안에 가깝다.

한편 교외부의 불황지역에서는 뉴타운이 건설되었다. 노동당 정권하의 뉴타운법(1946년)을 비롯해 분산정책 전환의 일환인 이너 에리어법(1978년)으로 건설했다. 완전 고용과 쾌적한 주거환경을 추구했던 뉴타운의 목적은 과밀 완화, 불황지역에 대한 산업유치로 원하는 생활공간상이 자족적이고 사회적 균형을 이룬 직주근접의 커뮤니티였다. 그리고 뉴타운 건설은 모두 28지구에서 수용인구 200만 명, 고용인구 100만 명이라는 큰 성공을 거두었다. 런던의 뉴타운은 '대런던계획 1944'에서 그린벨트와 함께 구상되어 8곳에서 실현되었다. 이러한 뉴타운 정책에 대해 다른 수법에 의한 분산책도 실시되었다. 하나는 기존 도시의 시가지 주변에 인구 · 공업을 이전시킨다는 보수당 정권에 의한 1952년 도시개발법이며, 그 외에는 사무소의 분산 유도라는 새로운 계획 과제에 대한 대응이다.

런던 남쪽의 크로이돈 특별구(인구 32만 명, 취업인구 6만 명) 건설시도는 '사무소 분산에 성공한 유일한 사례'로 높이 평가되고 있다.[18] 총 바닥면적 72만 ㎡, 91개의 사무소가 계획 · 허가되어(1954~93년) 제1기(1954~59년)에 계획 · 허가의 14%, 제2기(1960~64년)에 54%가 실현되고 개발은 계획신청 즉시 단기간에 완성되었다. 크로이돈은 런던 도심에서 남쪽으로 20km, 그린벨트 외에 입지하여 중류계급이 사는 우량 교외주택지이며, 게

그림 1-3 런던 남쪽의 크로이돈
사무소 기능 이전이 성공을 거둔 사례. 제2차 정비로 사무소동의 저층부에 쇼핑센터를 유치했다.

이트윅 국제공항 및 런던과 직접 연결되는 혜택도 있었다. 성숙된 시가지의 기존 스톡을 살린 분산 전략을 통한 도시재생정책이라 할 수 있다.

크로이돈의 사무소 개발을 이끈 것은 '도시의 골격을 창조한 사람' 이라 칭송받는 특별구 구청장 마샬 경이며 보수계였던 그는 종합개발지구제도와 뉴타운에서 볼 수 있는 사업지연과 관료적 진행방식에 비판적이었다. 1954년부터 발생한 부동산 붐 속에서 주변 각 지자체는 주차장 부족, 도로 정비 지연으로 사무소 건설을 제한했다. 그러나 그는 무엇보다도 사무소 개발이 중요하다고 판단하여 '사무소 개발을 허가하고 세금을 징수하여 복지 확대 · 도시문제 해결' 이라는 공식을 제안했다.

1956년 크로이돈 특별구법을 제정하고 맨 처음 지자체가 도로 · 하수도를 정비하였으며 이어서 민간사무소 건설을 유도했다. 지자체의 기반 투자가 민간 투자유발을 촉구하게 되어 양자가 연계하여 도시개발을 추진하는 민관 파트너십을 보여주었다. 이후의 도크랜즈 재개발도 소규모 공공투자가 막대한 민간투자를 유발하는 레버리지 재개발(지레 작용을 이용한 재개발 수법)과 유사하며 '템스 강의 크로이돈' 이라 일컬어졌다.

'단순한 콘크리트 덩어리에 지나지 않는다', '무질서하고 종합적이지 못하다', '지자체에 전문 자격을 가진 도시계획가가 없다' 등의 비판 속에 문제를 떠안고 개발을 추진하는 크로이돈의 실천적인 자세, 지자체가 민간 개발 에너지를 신뢰하고 연계하는 모습은 또 하나의 전후 거버먼트형 도시계획이었다.

2-3 거버먼트형 도시계획의 특징

체계적이라고 높이 평가되어온 영국의 전후 도시계획도 1970년대에는 한계를 보였다. 그 상징이 1978년에 제정된 이너 에리어법인데 '도시 기능과 인구분산이 바람직하다'는 분산정책을 배제하고 도심 주변지구 재생으로 크게 전환되었다. 전후 거버먼트형 도시계획은 1947년 법체계에서 시작되어 1979년에 대처정부 성립으로 변화를 맞았다. 시대의 구분은 거의 30년째에 나타났다. 여기서는 전쟁 전을 포함한 거버먼트형 도시계획의 특징을 다섯 가지로 정리했다.

① 정부 섹터가 민간토지이용에 개입하는 도시계획

정부의 개입은 19세기에 먼저 주택과 공중위생 측면에서 시작되었다. 민간 기업은 사적 이익만을 추구하는데 급급했고, 사람들은 공동정신이 결여되었으며, 질서 있는 공간을 형성하는데 무관심한 결과 19세기 슬럼 발생이라는 반성을 낳았다. 그리고 1909년 주택 · 도시계획법 등은 계획적 교외 주택지 형성에 대한 정부 개입의 시작이며 1947년 도시농촌계획법으로 완성되었다.

도시계획은 복지국가 정책의 하나로 정부가 토지이용을 컨트롤하고(토지이용권의 국유화) 그에 따른 개발가치의 국유화라는 3부 구성으로 이 시기의 개발주체는 정부와 시장의 두 섹터이며, 주민의견은 관료도시계획가가 대변할 수 있다고 되었다. 수준 높은 전문지식을 가진 관료도시계획가가 공평한 입장에서 개별개발행위의 가부를 판단하고 주민은 그에 따르면 된다고 믿었다.

② 보수 · 노동당의 정권 교체 때마다 흔들리는 도시계획 정책

1945년부터 정권을 잡은 노동당 애틀리 내각은 1951년 보수당인 처칠 정부로 교체되었고 이러한 보수정권은 1964년까지 계속되었다. 보수당은 노동당이 구상하는 거버먼트형 도시계획의 하나인 개발가치의 국유화를 폐지하고 또한 뉴타운 정책을 같은 분산정책이긴 하지만 기존 도시의 확장계획으로 변경했다. 그런 의미에서 국정에서 지자체에 이르기까지 '도시계획은 정치적 프로세스' 라고 말할 수 있다.

노동당은 중앙집권의 '거대 정부' 를, 보수당은 '시장의 활력' 을 중시하였으며 그 차이가 경제 정책의 변경, 개발가치의 흡수, 보상문제 제기 및 폐지로 나타나 도시계획 자체에 영향을 주었다. 이후 노동당은 1964~70년과 1974~79년에 두 번에 걸쳐 정권을 잡았지만 정책을 안정적으로 전개하지는 못했다. 대처정부가 대담한 도시계획 개혁을 이뤄낸 것도 1979년부터 90년까지의 장기집권에 의해 비로소 가능했다고 할 수 있다.

③ 보수 · 노동당이 지지한 토지이용권의 국유화

'콘센서스 정치' 라고 일컬어지는 것처럼 큰 틀의 복지국가체제는 계속 이어졌고 토지이용권의 국유화, 즉 상세한 토지이용 컨트롤도 양 당의 지지를 받았다. 정부관료이자 직업적 전문가로서의 도시계획가가 가장 빛났던 것은 전후부터 1960년에 걸친 시기였다. 이처럼 강력한 토지이용 컨트롤이 있었기에 80년대 대처정부의 규제완화책도 효과를 거둘 수 있었던 것이다.

④ '물적 환경 정비에 도시계획 영역을 한정해도 좋다' 는 가치관

20세기 초 도시계획 관계자는 '환경을 개선하면 사람들은 바른 생활을 한다' 는 물적 결정론, 즉 환경 결정론을 지지했다. 전후 미국의 도시계획 연구자는 물적 결정론이 영국 도시계획의 밑바탕에 강하게 자리잡고 있다는 것과 도시계획의 사회 · 경제 · 정치적 측면이 경시되고 있다는 것을 지적했다. 이러한 경향은 고유의 직업의 영역, 물적 환경정비로 한정함으로써 독자적인 사회 기능을 부과하는 직업전문가로서의 도시계획가에 의해 유지되었다. 또한 전문가 교육기관으로서의 대학원, 전문가로서의 자격 심사를 하는 왕립도시계획가협회도 이러한 '자기영역 확정을 위한 가치관' 아래에서 운영되었다. 그리고 영역을 한정한 도시계획 수법은 어메니티를 추구하는 쾌적한 어프로치(1909년 법), 토지이용을 컨트롤하는 제어 어프로치(1947년 법), 기타 분야 · 행정부국과의 협력을 위해 노력하는 협조 어프로치(60년대 이후)의 변천으로 이해할 수 있다.

이상, '물적 환경정비에 영역을 한정해도 좋다' 고 하는 영국의 도시계획은 ① 국민과 직업전문가에게 지지되는 가치 전제와 ② 그 가치 전제 위에 성립한 도시계획 수법의 두 가지로 파악할 수 있다. 그리고 ①과 ②의 전체는 '물상주의(피지컬리즘)' 라 불리는 개념으로 설명할 수 있다.[19]

5 계획이념으로서 '어메니티가 풍부한 공간' 과 '인구와 산업 분산'

영국 최초의 도시계획법인 1909년 법은 '법의 목적은 도시계획도에 의해 양호한 위생상태, 어메니티, 편리성을 유지할 수 있게 하는 것' 이라고 정하고 교외에 어메니티가 풍부한 중류계급을 위한 주택지를 계획적으로 건설하기로 했다. 어메니티라는 이념은 빅토리아시기에 과밀, 대도시, 용도 혼합이라는 세 가지 도시공간상을 부정한 것으로 중류계급이 안고 있는 전원구가주의(파스토랄리즘), 반(反)대도시주의(안티 어바니즘)에 의해 지지되고 있었다.

분산정책은 1946년 뉴타운법을 통해 과밀 · 과대의 대도시 대책, 경제 부진이 계속되는 지역진흥책으로 실천되었다. 그러나 대 런던권의 인구 정점은 1939년 862만 명이었으며 1946년에는 이미 인구가 감소되기에 이르렀다. 또한 직주근접인 영국형 뉴타운은 완전 고용과 고수준 주택공급이라는 이중의 목표 달성을 목표로 했다. 여기서 노동당이 구상하는 전후 거버먼트형 도시계획의 높은 이념을 알 수 있다.

3. 대처리즘의 도시계획

대처정부(1979~1990년)와 이어지는 메이저정부(1990~1997년) 하에서의 보수당 도시계획은 '대처리즘의 도시계획' 이라는 하나의 틀 안에 있음을 볼 수 있다. 대처정부는 전략적, 국지적으로 토지이용의 규제완화를 진행하고 전후 거버먼트형 도시계획으로부터 벗어나기 위해 애를 썼다. 민간의 자유로운 투자활동이야말로 경제를 활성화시킨다는 시장원리주의는 '국가에 의한 토지이용 관여' 로 보는 거버먼트형 도시계획과 대결하는 파괴자였다. 그러나 메이저정부 하에서는 커뮤니티 파괴와 사회적 소외 등의 부정적인 측면이 심각화되었다.

3-1 막다른 거버먼트형 도시계획

1970년대 영국 사회는 오일 쇼크 후의 경제 불황과 산적한 사회문제에서 어떤 일을 시도해도 잘 풀리지 않는 극도의 쇠퇴기 사회로 가고 있었다. 1974년부터 79년까지 정권을 잡은 노동당은 더 이상의 위기를 타파하기 위한 정책 입안능력이 없었다. 이러한 시기에 전후 거버먼트형 도시계획은 다음과 같은 두 가지에서 막다른 위치에 있었다.

우선 도심 주변지구에서의 빈곤문제 심각화이다. 거버먼트형 도시계획은 '개발' 을 어떻게 컨트롤하느냐는 과제를 물적 계획을 중심으로 전개하였으며 가장 큰 수익자는 중상류계급이고 교외에서도 큰 효과를 거두었다. 한편 하루하루 생활이 곤궁하고 빈곤 · 실업문제를 안고 있는 도시 빈곤층은 거버먼트형 도시계획의 수익을 얻지 못했다. 특히 도심 주변의 극빈곤지구에서는 사회경제 문제가 심각하여 물상주의와는 다른 논리로 도시계획을 짜야 할 필요가 있었다. 특히 1980년부터 81년에 걸친 도시 폭동은 약자의 빈곤과 실업문제를 두드러지게 보여준 예이다.

두 번째는 부동산 자본에 의한 커뮤니티 파괴이다. 도심 주변지구의 노동자계급 거주지에는 상업 · 업무공간 확대로 인해 인구가 감소되고 초 · 중학교가 폐교되었으며 상점들도 문을 닫고 가계 부채가 늘어나는 등 여러 가지 문제가 발생하여 생활의 장이 파괴되고 있었다. 대런던계획(1944년)도

도심 주변지구에 관한 한 거주 커뮤니티를 지켜야 한다는 점에서 무력했었다. 그리고 부동산 자본논리에 어떻게 대항하여 거주지를 지켜내는가? 하는 이른바 어느 사회와 시대에서 볼 수 있는 과제로 다룰 필요가 있었다.

1980년에 설립된 시민단체인 '런던 도심에 커뮤니티와 주택을' 은 도심 주변지구에 생활 벨트를 구축하고 노동자를 위한 저가 임대주택을 지어 제공하기 위한 민간 캠페인 조직이다. 이를 조직한 니콜슨 씨는 이후 마을 만들기 사업체 협회의 회장이 되었는데 생활 벨트 구상에 대해 다음과 같이 말하였다.

> 도심 거주를 추구하여 우리가 70년대부터 전개한 커뮤니티 운동은 전후(거버먼트형) 도시계획체계에 대한 비판이었다. 애버크롬비 교수가 지도한 '대런던계획 1944' 는 도심 주변지구에서 파탄되었으나 문제점을 검증할 방법은 없었다. 이너시티 재생을 위한 생활 벨트 제안은 중류계급이 사는 교외의 그린벨트 구상에 대한 대항책이었다. 코인 스트리트 마을 만들기 사업체(제5장)는 생활 벨트 구상을 구체화한 것이라 말할 수 있다(1999년 인터뷰).

3-2 대처리즘 도시계획의 특징

지방의 거버먼트형 도시계획의 한계를 복지국가의 한계라고 본 대처 수상은 민간 활력으로 경쟁적 시장에 사회 변혁 에너지를 요구하고 거대정부와 복지국가 의존 체질을 부정하며 철저하게 파괴하였다. 도시계획은 민간투자가 더해지며 관료의 손이 되는 계획 과정은 민간에게 좋은 시기의 투자를 지연시킨다고 비판했다.[20]

그러나 대처리즘 도시계획수법은 굳이 거버먼트형 도시계획을 파괴하려는 것이 아니었으며 오히려 이를 이용하면서 거점적으로 민간투자를 촉진시키려는 것이었다. 그 수법은 기업유치지구(엔터프라이즈 존) 설정과 도시개발공사(어번 디벨로프먼트 코퍼레이션)로 대표되며 이들을 합쳐 기업을 유치하고 거대 개발을 추진했다. 이러한 개발방식은 개발 과정에서 지방

그림 1-4 도크랜드의 사무소
대처리즘으로 재개발된 대표적인 사례. 대규모 금융센터가 있고 금융대국 영국의 상징. 인근의 노동자 주택지는 거주자 계층 상승을 일으켜 시장원리주의의 음지 부분도 발생(제2장 3-1참조)

지자체를 개입시키지 않고 정부와 기업이 직접 거래하기 때문에 지방지자체의 권한을 박탈하는 것이었다.

기업유치지구는 자유무역항에서 응용하여 1981년부터 대도시의 경제재생책으로 25개의 소규모지역에서 모두 3,800ha가 지정되었다. 10년간 다양한 면세조치로 기업의 입지를 자극하고 또한 도시계획절차를 간결화하기 위해 유치지구의 개발계획을 따르는 한 계획허가신청은 필요하지 않았다.

도시개발공사는 뉴타운개발공사의 아이디어로 중앙정부의 강한 통제하에 특정지구개발을 강력하게 추진하기 위하여 1979년 설립되었다. 공청회 절차가 필요하지 않았고 토지 취득이 용이한 점 등 중앙정부 입장에서 계획 프로세스를 간략화하고 또한 공유지의 민간 지불도 신속하게 할 수 있는 시스템이 되었다. 지방지자체의 세세한 개발규제를 받지 않고 개발을 추진할 수 있었다.

이러한 수법에서 대처리즘 도시계획의 특징은 다음과 같은 세 가지로 정리할 수 있다. 우선 목표로서 경제재생을 들 수 있고 민간기업이 가진 활력에 무제한 기대할 수 있다는 점이다. 두 번째로는 중앙정부의 강한 지도하에 지방자치의 희생 없이 정책을 추진해 나간다는 자세이다. 세 번째로 복지국가 실현의 정책수단으로 고유의 물적 영역을 담당하는 것으로 취급된 전후 도시계획의 위치가 크게 바뀌어 경제재생을 위한 수단이 되었다는 점이다.

대처리즘 도시계획은 전후 도시계획이 너무 물적 영역에 스스로를 한정한 나머지 고립왕국을 구축했다는 영국적인 폐쇄 상황에 대한 일격이었고 시장 섹터에 끝없는 신뢰를 배경으로 '경제개발과의 강한 연계'를 주장했다는 것에 특징이 있다.

정부보고서가 '민간기업의 창의적 발상으로 활동하려고 할 때 규칙, 규제에 얽매여 아무 것도 할 수 없는 것이 일반적이다.' (1980년)라고 비판하였듯이 국가 및 관료에 의한 민간 토지이용에 대한 공적 개입이라는 전후에 일관되어온 보수당과 노동당의 공통 인식은 무너진 것이다.

3-3 대처리즘 도시계획의 제상

대처 수상이 비판을 가한 도시계획정책은 뉴타운정책, 개발이익의 사회환원, 사무소 개발 허가, 공영주택, 공공공헌 등이다. 뉴타운정책 중지는 분산정책의 종말이라는 시대적 배경의 변화가 큰 이유이기도 했지만 정치적 이데올로기에 반하며 노동당 정권의 주요 정책이라는 이유에서도 부정하였다. 더 철저했던 것은 대런던청을 비롯해 노동당이 지배하는 대도시 지자체를 해체하고 중앙직결형 도시계획으로 바꾼 점이다.

공영주택 매각 정책은 가스 · 전기 · 통신의 민영화를 웃도는 대규모로 1980년대 약 100만 호가 개인에게 분양되었다. 거주자의 보수화를 촉진한다는 정치적 효과와 함께 이후의 주택가격 상승은 사람들에게 불만을 갖게 했다. 공영주택 비율은 1979년 31.5%였던 것이 1992년에는 21.3%로 10% 가까이 하락했다. 공공공헌은 플래닝 어드밴티지라고도 하며 지자체가 민간 개발업자와 교섭하여 개발사업을 공공성 있는 내용으로 만드는 영국 특유의 방법으로 내용은 개발의 질적 향상, 사회 주택건설, 공공시설 설치, 지방 고용 확보 등 다양하다. 그러나 80년대의 대처정부하에서는 민간의 자유로운 개발에 장해가 된다고 여겼다.

1990년대에 들어오면서 규제완화책의 결점 부분이 표면화되었다. 그 예가 대규모 쇼핑센터의 교외 진출과 도심 상업지의 쇠퇴이다. 90년대 중반의

그림 1-5 버밍엄의 도심
일대 도심 상업재생사업에서 보이는 100년을 내다본 재투자.

일본에서도 지방도시의 중심시가지 쇠퇴가 큰 문제가 되었기 때문에 영국의 대책에 관심이 모아졌다.[21] 1993년에는 상업개발의 역점을 교외형에서 중심시가지로 전환했고 도심에 상업지와 공공건축, 주차장, 역사적 건조물, 교통 거점의 연결을 도모해 쾌적한 회유공간을 만들려는 노력이 타운 센터 매니지먼트로 실현되었다. 노팅엄, 브리슬, 버밍엄 등이 선구적인 성공 사례이다.

대처 수상에 의한 도시계획의 시장주의 도입은 복지국가체제를 구축한 노동당 주도의 지방지자체에 타격을 주는 것을 큰 목적으로 하고 있었기 때문에 지방지자체가 권한을 가진 개발정책이나 주택정책에 집중되었다. 그러나 규제완화 시대에도 보수당의 지지기반인 전원농촌지역의 보전정책, 유럽 연합의 기준이 적용된 수질관리, 대기오염 대책, 폐기물관리 등의 환경정책 분야에서는 철저한 토지이용 컨트롤이 유지되었음을 강조할 필요가 있다.

4. 블레어정부의 도시계획[22]

블레어정부(1997~2007년)가 탄생되자 뉴 레이버라는 이름 아래 오래된 전후 노동당상을 일신하는 일련의 정책들이 발표되었다. 그 충격은 대처리즘처럼 막강했으며 새로운 시대가 도래했음을 알렸다.

1980년대는 민간 우선정책과 규제완화에 의한 작은 국가상이 요구되고 전후 거버먼트형 도시계획을 부정했지만 1990년대가 되자 경기가 좋아지고 민간건설투자가 증가되었으며 환경에 대한 관심이 높아지면서 국가에 의한 민간 토지이용 컨트롤이라는 의미의 거버먼트형 도시계획이 부활되었고 지방에서는 볼런터리 섹터에 의한 거버넌스형 마을 만들기도 힘을 갖게 되었다. 거버먼트형 도시계획은 '시장의 실패'에 대한 국가 관여이며 대처리즘 도시계획은 '정부의 실패'에 대해 국가 관여를 제한하고 규제를 완화하며 민간이 우선되었다. 그리고 블레어정부에서는 '시장의 실패', '정부의 실패'에 대해 정부, 시장, 볼런터리라는 각 섹터가 각각의 역할을 분담하여 대등한 파트너십 관계를 유지하며 환경정비, 복지서비스 제공, 고용 창출 등을 맡았다.

대략적인 줄거리를 말하면 거버넌스형 마을 만들기는 도심 주변의 빈곤지구에서 전개되었고 교외나 도심부에서는 거버먼트형 도시계획이 기능을 했다고 말할 수 있다. 이 둘은 대상지역이나 대상 계층을 달리 하면서 때로는 대항적으로 때로는 상보적이라는 대항적 상보관계를 구축하고 있다(제2장 4-2). 거버넌스형 마을 만들기의 탄생과 전개는 제2장에서 하나의 큰 흐름으로 언급하므로 여기서는 블레어정부의 정치이념인 '제3의 길', 뉴 레이버상, 블레어정부의 거버먼트형 도시계획의 특징과 비판을 다루기로 한다.

그림 1-6 물을 테마로 한 버밍엄의 중심 시가지 재생
회유성을 연출. 타운 센터 매니지먼트가 대성공을 거둔 사례이다.

4-1 정치이념으로서 '제3의 길'

블레어정부는 '영국은 더 좋아질 수 있고 더 좋아져야 한다' 는 강한 정치적 메시지를 발표하고 교육개혁의 중요성, 커뮤니티에 대한 주목, 복지에서 노동으로(welfare to work), 관계자 누구나 성과를 거둘 수 있는 '모든 이해관계자와 관련된 경제' 등 다양한 정치이념을 내놓았다.

그 중에서도 '제3의 길' 이라는 정치이념은 선진국에서도 논의되어 도시계획에 상당한 영향을 주었다. '제1의 길' 이란 전후 영국의 복지국가상으로 거대정부에 의한 거버먼트형 도시계획을 의미하고, '제2의 길' 이란 시장섹터에 전폭적인 신뢰를 주는 시장원리주의, 작은 정부에 의한 토지이용의 규제 완화, 즉 대처리즘의 도시계획을 말한다. '제3의 길' 이란 제1의 길에서 사회정의와 평등을 제2의 길에서 시장의 효율성을 계승한 도시계획이다. 대처정부에 의한 '제2의 길' 에서 생겨난 격차와 사회적 소외를 해결하기 위해 '제1의 길' 의 사회정의, 평등을 도입하려고 했다. 그리고 국가에 의존하는 전후 복지국가로부터의 이탈이라는 의미에서 전후 노동당 정책의 자기부정이며, 시장에 대한 신뢰라는 의미에서는 대처의 정책을 계승하고 있다.

어찌됐든 평등과 효율 모두를 도입한 절충적 계획 이념이라 할 수 있다. 블레어정부의 거버먼트형 도시계획에서는 정부 섹터와 시장 섹터가 대립관계가 아닌 파트너십 관계를 유지하며 정부 섹터에도 효율적 경영을 요구했다.

4-2 뉴 레이버상(像)

총선거에서 4연패를 한 1990년대의 노동당은 경제의 글로버리제이션, 정보산업화를 향한 산업구조 전환, 중산층의 증가 등 변화하는 사회경제 환경 속에서 새로운 정책을 내놓은 정권이 어떻게 해나갈 것인지가 관심이었다. 1994년 노동당 당수로 취임한 블레어는 새로운 노동당상을 '뉴 레이버' 로 구체화했다.

우선 가장 먼저 내놓은 것은 탈(脫)사회주의로, 산업수단의 국유화를 주장한 노동당 요강 제4조를 철폐했다. 또한 전후 노동당의 거버먼트형 도시계획의 핵심 중 하나였던 '개발이익의 사회 환원' 문제도 커뮤니티 랜드 액트(1975년)를 마지막으로 그 후로는 더 이상 논의하지 않았다. 이것도 탈사회주의화 정책 중 하나라고 할 수 있다.

두 번째로 경제정책은 먼저 부의 확대가 중요하다고 여겨 시장 효율화에 역점을 두고 부의 재분배를 위해 노력하는 전통적 평등책은 채용하지 않았다. 대처 · 메이저 보수정부의 정책을 계승하고 낮은 실업률과 경제의 지속적인 확대를 이루었다.

1970년대 '저물어가는 대영제국'을 인식하여 1인당 GDP가 1993년의 1만 6700 달러(일본은 3만 5000 달러)에서 2005년에는 마침내 3만 7300 달러로 일본(3만 5700 달러)을 따라잡은 것이 인상적이다. '영국의 부활'을 알리는 수치라고 할 수 있다.

세 번째로 국제 경쟁사회 속에서 자립적으로 일하여 생활하는 인간의 육성을 중시하여 복지현실을 근본적으로 수정했다. '복지에서 노동으로'는 '실업자를 복지에서 노동으로 이행시킨다'는 것을 의미하는 상징적인 슬로건이라 할 수 있다.

네 번째로 볼런터리 섹터를 육성하는 데 주력하여 정부 · 시장 섹터를 포함한 3자 관계를 성립하였으며, 상하 관계가 아닌 대등한 협력관계인 파트너십 관계로 수정했다. 그리고 볼런터리 섹터에 의한 마을 만들기를 제도 및 재정면에서 지원하였다.

4-3 블레어정부의 거버먼트형 도시계획의 특징과 비판

'종합적인 토지이용 시스템은 개발계획과 개발규제로 구성된다'는 전후 거버먼트형 도시계획의 골격은 블레어정부에서도 유지되어 전후 60년간 큰 변화는 없었다. 그러나 도시계획의 대상 분야는 ① 개발계획과 개발

규제로 이루어진 토지이용계획, ② 토지이용계획과 지속 가능한 개발, 물공급 관리, 오염 제어, 폐기물관리로 이루어진 환경규제 분야, ③ 전원 보전과 이용, 자연보호, 농촌경제를 위한 계획, 보전으로 이루어진 전원농촌지역 정책, ④ 지역계획, 도시정책, 보조금에 의한 재생, 보전으로 이루어진 재생과 보전 분야로 다양화되었다.[23] 이를 위해 현대 도시계획을 영어로 표시할 때 전통적인 도시농촌계획(Town Planning, Town and Country Planning)이 아닌 도시환경계획(Urban and Enviromental Planning)이 적절하다고 할 수 있다.

현재 왕립도시계획가협회의 회원은 학생 회원을 포함해 약 1만 8,000명이며 더욱 증가하고 있는 추세이다. 1980년대를 '도시계획가의 암담한 시대'라고 한다면 90년대 이후는 다시 사회적으로 받아들여지고 있다고 할 수 있다. 그러나 '신청된 개발을 관료적 절차로 다루는데 지나지 않는다'고 왕립도시계획가협회의 보고서는 자기비판을 하듯[24] 편협한 기술주의에 빠져 사회 변혁의 뜻을 망각한 것 같다.

환경 트러스트의 파트 부대표는 다음과 같이 비판했다.

> 계획 허가를 묵묵히 일상적인 업무로 다루는데 그치는 현대 도시계획은 '장소'와 '사람'에 대한 관심을 잃게 되었다. 한걸음 더 나아가면 다양한 생활과 공간이 이루어지는 곳인 커뮤니티에 대한 관심을 잃었다. 현장의 문제점을 직시하여 사회를 변혁한다는 뜻을 잃은 관료도시계획가가 맡은 국가도시계획은 과연 사회적 존재의의를 가지고 있는 것일까?(1997년 인터뷰)

그녀가 가진 기본적 설문은 '왜 거버먼트형 도시계획은 빈곤지구에서 도시빈곤층에 대해 무력한 것인가'일 것이다. 그리고 런던의 극빈곤지구인 타워 햄릿지구를 중심으로 4반세기에 걸쳐 환경 트러스트 활동을 계속했다. 거버먼트형 도시계획에 대항하는 또 하나의 거버넌스형 마을 만들기의 모색이었다.

〈注〉

1 中西輝政、1997、『大英帝国衰亡史』PHP 研究所、p. 155。

2 Laurence, D. H., 1936, *Phoenix*, p. 130. 1979 年秋、EC 秘密文書は「日本人は働きすぎ、西欧からみればウサギ小屋より小さな家に住む」と批判した。

3 Unwin, R., 1909, *Town Planning in Practice*, T. Fisher Unwin, p. 375, pp. 381-382. 西山康雄、1992、『アンウィンの住宅地計画を読む』彰国社。

4 西山康雄、同上、第 6 章。

5 中西輝政、前掲書、p. 221。

6 水谷三公、1991、『王室・貴族・大衆：ロイド・ジョージとハイ・ポリティックス』中央公論社、p. 39。

7 西山八重子、2000、『イギリス田園都市の都市社会学』ミネルヴァ書房。

8 Department of Trade and Industry, 2002, *Social Enterprise: a strategy for success*, DTI.

9 Osborn, F. J., 1950, "Sir Ebenezer Howard: the evolution of his ideas", *Town Planning Review*, Oct., p. 230.

10 日本の郊外型区画整理は、都市化社会を代表する基盤整備手法である。そして、「区画整理は都市化を財源化した手法」（W. ドーブル・ハーバード大学教授）とか、「区画整理では公共事業を企業化した（民間区画整理組合の手で、道路を整備した）」（石川栄耀・東京都建設局長）といわれる。二人のコメントを一体化し田園都市に適用してみた。

11 中西輝政、前掲書、p. 290, 296。

12 Cullingworth, J., B., & Nadin, V., 2002, *Town & Country Planning in the UK*, Routledge, p. 20.

13 中西輝政、前掲書。

14 日本都市計画学会編、1988、『近代都市計画の百年とその未来』日本都市計画学会。

15 西山康雄、2000、『危機管理の都市計画』彰国社、第 10 章。

16 Cullingworth, J., B., & Nadin, V., op. cit., p. 4.

17 西山康雄、2000、前掲書、第 9 章。

18 西山康雄、1996、『業務拠点都市・クロイドン開発の歴史的経緯』計画計量研究所。

19 西山康雄、1978、『イギリス都市計画の歴史的構造：物象主義の系譜』東京大学学位請求論文。物象主義は次の文献にあるフィジカリズムの訳語である。Blair, T. L., 1978, *The Poverty of Planning*, Macdonald, p. 22.

20 西山康雄、1988、「サッチャリズムの都市計画」日本都市計画学会、前掲書。

21 西山康雄、1997、『イギリス都心再生策調査報告書』日本地域開発センター。

22 山口二郎、2005、『ブレア時代のイギリス』（岩波新書）、岩波書店。

23 Rydin, Y., 2003, *Urban Environmental Planning in the UK*, Palgrave. 第 3 部の目次より。

24 Brown, C., and others, 2003, "The RTPI's Education Commission", *Town Planning Review*, Vol. 74, No. 3, p. 340.

제 2 장 거버넌스형 마을 만들기의 전개

1. 거버넌스형 마을 만들기란 무엇인가

1-1 거버넌스에 대해

영국에서 거버넌스가 본격적으로 논의되게 된 것은 1990년대에 들어서이다. 1980년대에 대처정부가 추진한 공공지출 삭감과 공공부문에 대한 시장 섹터의 도입 결과 이제까지 정치적인 자원배분의 중심에 있던 중앙정부의 통치능력이 저하되고 정부와 시장 섹터의 관계가 변화되었다. 도시계획 분야로 말하면 정부 섹터가 시장 섹터의 토지 이용을 컨트롤한다는 거버먼트형 도시계획의 약화이다.

이러한 통치구조의 변화를 설명하기 위해 거버넌스 개념이 검토되었다. 로즈는 정책 네트워크라는 관점에서 정부 섹터와 시장 섹터의 상하관계에서 이루어졌던 자원배분을 둘러싼 정책 형성이 시민단체인 볼런터리 섹터와 지역조직 등의 커뮤니티 조직을 포함한 다원적인 주체의 네트워크에 의해 이루어지게 된 새로운 사태를 거버넌스라고 정의하였다.[1] 이러한 거버넌스론은 복지와 지방정치의 구체적인 분야에서 검토되어 소셜(social) 거버넌스나 로컬(local) 거버넌스로 전개되고 있다.[2]

특히 경제개발정책에서 중앙정부와 지방의 관계에서 로컬 거버넌스를 논한 스토커는 거버넌스를 성립시키는 중요한 요소로 정부의 파트너십 정책에 주목하고 있다. 즉 파트너십 정책에 의한 거버넌스가 구체화되고 현실화되었지만 현재의 파트너십 정책에는 많은 문제가 있어 반드시 거버넌스를 유효하게 이끌어야 하는 것은 아니라는 지적도 있으나 경제개발 및 사회개발, 커뮤니티 개발에 있어서의 유효성은 인정된다.[3] 커뮤니티 개발과 관련된 도시재생사업에서 파트너십 정책이 거버넌스 형성에 크게 기여했다는 것은 이 책에서 드는 사례를 통해서도 잘 나타나 있다.

거버넌스 구조는 정부 · 시장 섹터와 커뮤니티, 볼런터리 섹터 등 다원적인 주체가 자원배분 결정과 관련된 정책결정 과정이다. 이런 다원적 구조는 국민 국가 차원에 그치지 않고 지방자치단체의 정치 과정에서도 확산되었다. 또한 지구환경문제, 지속적인 개발, 무역문제 등에서 UN이나 EU 등 글로벌 또는 트랜스내셔널한 국제기관에 국가의 권한과 기능이 이양됨에 따라 거버넌스는 국가를 초월한 확산을 띠게 되었다. 이렇게 거버넌스는 다원적임과 동시에 중층적인 구조라는 것을 알 수 있다. 즉 거버넌스는 '다원적, 중층적, 조직적 구조임과 동시에 여기에는 각 차원을 연결하면서 새로운 구조를 형성해가는 능동적인 영위이기도 하다' 는 견해가 설득력 있다.[4]

이론화 과정에 있는 거버넌스 개념이지만 이 책에서는 커뮤니티개발과 관련된 도시재생사업 분야에서 새로운 동향을 분석하는 유효한 개념으로 주목하였다. 정부 섹터와 시장 섹터의 상하관계로 진행되어온 도시개발과 이를 제도적으로 유지시킨 도시계획은 1970년대 이후의 도시빈곤층이 안고 있는 문제를 해결할 수 없었으며 볼런터리 섹터가 관련된 마을 만들기에 의해 착실한 성과를 올리고 있다. 이 책은 이러한 마을 만들기를 거버넌스형 마을 만들기로 논한다.

1-2 거버넌스형 마을 만들기에 대해

거버넌스형 마을 만들기란 도시개발과 관련된 모든 이해관계자(정부 섹터, 시장 섹터, 볼런터리 섹터)가 대등한 관계로 사업계획을 책정하고 사업 실태나 사업결과의 사후 평가를 함께 실시하는 도시재생사업이다. 즉 정부의 중앙집권적 '통치'(거버먼트)를 기반으로 한 계획결정이나 실시가 아니라 해당 지역을 구성하여 관련된 모든 단체가 협력체제를 구축함으로써 가능한 '함께 이끌어가는'(거버넌스)로 표현되는 정치적인 과정이다.

거버넌스형 마을 만들기가 성립되기 위해서는 그동안 사회적으로나 재정적으로 약자 입장에 있었던 볼런터리 섹터가 다른 두 섹터와 대등한 관계를 유지할 필요가 있지만 많은 어려움이 따른다. 특히 도시계획 분야에서는 전문적인 지식, 기술, 지역이나 제도와 관련된 정보수집 등 고도의 전문성을 필요로 한다. 그리고 도시공간 정비와 개발이라는 공공적 성격과 관련된 사업은 정통성을 가져야 하며 사회적 신용도 있어야 한다. 또한 사업의 사후평가를 하여 설명 책임을 부과하는 등 사회적 책임도 크다. 이처럼 매우 높은 전문성과 공공성에 응할 수 있는 볼런터리 조직은 매우 적은 것이 사실이다. 전문성을 높인 볼런터리 조직을 어떻게 키울 것인가, 즉 시민사회가 얼마나 역량을 가지는가가 거버넌스형 마을 만들기의 성공을 좌우한다고 해도 과언이 아니다.

이 책에서는 복지국가를 비판하는 사회운동에서 생겨난 볼런터리 조직이 마침내 국가의 도시재생사업에서 파트너십 정책으로 자리매김되어 볼런터리 섹터로서 조직적 자립이 가능한 과정과 그에 따라 거버넌스형 마을 만들기가 전개된 과정에 대해 검토한다. 그리고 조직적 자립은 사업의 지속성과 이를 유지하는 재정적 기반 확립에 의해 가능하다는 것, 이를 위한 수법이 사회적 기업이나 커뮤니티 기업이라 불리는 비영리 마을 만들기 사업체의 설립이며 지역의 모든 자원(토지, 건물 등 물적 자원과 인적 자원)을 이용하면서 사업 운영, 즉 에셋 매니지먼트, 그리고 에셋 매니지먼트가 파트너십 정책에 유지되어 지역의 다양한 인적, 조직적인 네트워크에 의해 가능해진다는 것을 알아보기로 한다. 그리고 사회적 기업의 사업 운영에 따른 수익이 주민의 생활 능력이나 생활 향상과 커뮤니티 전체의 사회 서비스에 둘러싸여 개인과 커뮤니티의 엠파워먼트로 이어짐을 검증한다.

2. 이너시티 문제와 볼런터리 섹터의 탄생

2-1 이너시티 문제와 도시사회운동의 개시

이미 1960년대 초에는 산업구조의 전환과 공장의 전출, 뉴타운 정책에 따른 교외화 등에 의해 런던 등의 대도시 도심 주변의 인구 감소가 가속화되었고 실업이나 황폐해진 주택, 이민 문제, 높은 실업률, 마약과 범죄 같은 도시 문제가 심각해졌다. 이른바 복지국가의 존립을 지탱하는 '정당성의 위기' (J. 하바머스)라 불리는 문제이다.

'복지국가에서 왜 이너시티 문제가 해결되지 않는 것인가' 하는 의문이 높아졌으며 마침내 다양한 영역에서 체제를 변혁하려는 사회운동이 발생했다. 학생운동, 페미니즘운동, 장애인운동, 환경운동 등의 운동은 '새로운 사회운동' 이라 불리며 특히 대도시 중심의 쇠퇴지역에서는 도시공간의 현실을 문제로 하는 도시사회운동이 전개되었다. 런던 동부에서도 열악한 거주환경에 대해 노동자가 폭동을 일으키는 등 격한 운동이 반복되었다.

이러한 운동을 배경으로 그동안 방치되었던 이너시티 지구를 재생시키기 위해 노동당 내부의 급진 개혁파를 중심으로 구체적인 전략이 나오기 시작했다. 그들은 신도시 좌익[5]이라 불리며, 복지국가의 중앙집권적이고 관료주의적인 경직성과 중앙정부에 추종하는 지자체 행정을 비판했다. 그리고 지역사회의 다양한 자원을 이용해 이너시티를 경제적으로 재생시킨다는 것을 목표로 이를 위해 지자체의 자치권을 확립하고 지자체의 의사결정에 주민을 참가시키는 분권화정책이 요구되었다.[6]

그들은 복지국가의 기본 영역인 사회복지와 도시계획에 있어서의 분권화를 중시했다.[7] 도시계획에 있어서 분권화란 지자체에 대폭적인 계획 권한을 인정하고 주민과 서비스 이용자의 대표를 계획 책정에 참가시키는 것 등이다. 또한 시민에게 봉사하는 전문 직능의 모습, 지역에 필요한 공공 서비스 공급방법 등의 개혁을 목표로 했다. 중류계급인 엘리트층이나 체제에 봉사하는 도시계획 전문가의 모습을 비판하고 시민에게 봉사하는 마을 만들기 전문가를 원했던 것이다. 즉 거버먼트형 도시계획을 지탱하는 전문 직층에 대한 비판이다.

이러한 도시계획의 계획책정 과정에 대한 시민 참가의 요구는 1968년 도시농촌계획법과 1969년의 보고서 '시민과 도시계획',[8] 이른바 스케핀톤 리포트로 제도화를 꾀했다. 이들법에 의해 전문자격을 가진 도시계획가가 일반 주민과 협력하여 계획을 책정하는 것이 가능해지고 지금까지의 중앙 집권적 계획수법이 수정되었다. 또한 민간 차원에서도 주민 참가를 지원하는 조직이 생겨났다. 1969년에는 프리 포럼 트러스트나 인터 액션 등이 런던에 설립되어 지역주민 그룹에 전문적인 서비스를 무상으로 제공하고 주민과 함께 지역 요구에 맞는 계획을 책정했다.

1970년대에 들어오면서 주민 참가의 지원조직이 전국적으로 결성되어 볼런티어 단체가 많이 조직되었다. 도시농촌계획협회인 계획원조조직(플래닝 에이드)이나 노포크를 비롯하여 전국에 건축 에이드 운동이 확산되었다. 이들은 급진 건축가를 중심으로 단순히 주민에게 기술만 지원하는 것이 아니라 주민과 함께 도시환경을 개선하는 일종의 사회운동으로 주목되었다.

1976년에 결성된 커뮤니티 아키텍처 운동[9]은 그 대표적인 것으로 주택과 시설뿐만 아니라 공원, 거주환경, 나아가서는 노동환경, 교육환경 등 도시환경을 종합적으로 다루었다. 전문자격을 가진 도시계획가가 지역주민에게 부여하는 도시계획이라는 과거의 모습에서 지역에서 요구하는 내용을 바탕으로 한 계획을 주민과 함께 만들어간다는 도시계획에 대한 새로운 전환을 모색했다.

이처럼 시작 단계인 시민 참가 경험과 이너시티를 둘러싼 새로운 사회운동은 마침내 전국 규모의 볼런터리 조직으로 전개되어 선진적인 마을 만들기 사업체인 코인 스트리트 지구의 사례 등에서 볼 수 있는 거버넌스형 마을 만들기의 기초를 구축하게 되었다. 거버넌스형 마을 만들기를 진행하기 위해 필요한 조건은 '볼런터리 조직의 단위조직으로서 자립'과 '집합체인 볼런터리 섹터로서의 확립'이다. 영국에서는 볼런터리 섹터의 확립이 정부의 분권화 정책과 파트너십 정책을 배경으로 가능해졌다는 것을 이어서 검토한다.

2-2 이너시티 문제에 대한 대응책과 파트너십

심각한 이너시티 문제에 대한 대응책으로서 당시의 윌슨 노동당 정권은 도시 프로그램을 도입했다. 도시 프로그램이란 1969년에 제정된 지방자치단체보조금법[10]을 바탕으로 한 시책의 총칭으로 지자체가 실시하는 사회 · 지역사업에 대해 중앙정부가 그 75%를 보조금으로 제공하는 제도이다.

당초 도시 프로그램은 사회복지와 고용대책 등에 초점을 둔 프로젝트 기반인 것이 대부분이었지만, 이후 지역의 경제재생정책 전체로 확산되어 간다.[11] 이를 구체화한 것이 1977년의 이너 에리어를 위한 시책[12]이다. 이는 경제와 산업의 활성화에 의한 지역재생을 중심으로 한 것이며, 이제까지의 관할을 내무부에서 환경부로 이전하고 사회적 배제에 대한 대책으로 연간 예산을 대폭 증액했다.

여기서 주목되는 것은 이 시책을 시작으로 파트너십이라는 용어가 사용되게 된 점이다. 단, 여기서 말하는 파트너십이란 지금의 의미와는 전혀 다른데 '중앙정부와 지방자치단체와의 연계'를 의미하고 있었다. 구체적으로 '도시 프로그램의 보조금 수급에 관해 높은 우선순위가 부여된 지역'에 7개의 파트너십이 구축되었다. 이는 중앙정부 주도의 거버먼트형 도시재생정책에서 지자체와의 파트너십을 바탕으로 한 공공서비스 공급으로의 전환이라 보는 견해[13]도 있다. 그러나 파트너십에 투입된 재정지원은 소액이었고,[14] 여기에는 민간기업이나 볼런터리 조직은 거의 상정되지 않았으며 '민간'의 역할이 매우 작았다. 이 점은 이후 대처정부의 도시정책과 크게 다른 점이다.

이렇게 1970년대까지 커뮤니티 개발 영역에서는 볼런터리 섹터의 역할이 작았고 오히려 중앙정부가 내리는 시책에 의해 이너시티 문제를 해결하고자 했었다. 1970년대 이후 복지국가 재편에 의해 '작은 정부'가 논의되는 가운데 사회복지 영역에서는 볼런터리 조직의 역할이 재평가되고 다양한 볼런터리 활동이 증가했다(표 2-1).

이를 정책 차원에서 자리매김한 것이 1978년의 '울펜덴 보고서'이다. 울펜덴 보고서에서는 이제까지 국가가 공공서비스의 중심을 맡아온 복지국

표 2-1 도시정책에서의 파트너십 개념 변화와 볼런터리 섹터의 역할 변화

	중앙정부의 도시재생정책	파트너십의 내용	볼런터리 섹터의 특징
I기 (1960, 70년대)	도시 프로그램 슬럼 클리어런스	중앙정부와 지자체	채리티(자선) 문화 특징 : 조정 · 적응
II기 (1980년대)	민간주도 규제완화	중앙정부와 민간기업	협조문화 특징: 협력 · 보완대책적
III기 (1990년대)	파트너십 추진 커뮤니티 재평가	중앙정부와 지방 여러 주체와의 연계(지자체 중심이며 시장, 볼런터리 섹터를 포함)	계약문화 특징 : 계약 · 공적 서비스 공급 · 발전적 · 다양성
IV기 (2000년대)	지역 한정적 프로그램 실시 근린지역재생의 국가전략	정부와 지역 여러 주체와의 연계(정부 · 시장 · 볼런터리섹터)	파트너십 문화 특징 : 협동 · 공적 서비스 변혁 · 혁신적

가체제가 아닌 다양한 섹터가 다원적으로 서비스 공급을 맡는 복지다원주의[15]를 내놓았다. 공적 섹터의 중요성을 인정하면서도 볼런터리 섹터가 고용정책이나 커뮤니티사업, 주택정책에 있어서 중요한 서비스 공급 주체가 된다는 것이 정책 차원에서 명시되어 많은 정부보조금이 재정적 기반이 약한 볼런터리 섹터로 투입되었다. 특히 사회복지나 커뮤니티 케어 영역에서는 풀타임 스탭에 의해 조직화를 꾀하고 계획 책정에 참가하는 볼런터리 조직을 볼 수 있는 등 공적 서비스의 틈새를 메우는 보완적 볼런터리 조직으로 확대되었다. 이러한 움직임을 적극 추진한 것이 1979년에 성립된 대처 보수당 정권이었다.

3. 도시재생정책의 전환과 볼런터리 섹터의 성장

3-1 민간주도의 재개발 정책과 민관 파트너십 : 대처정부

대처정부의 통치 원리는 공공부문의 경제성과 효율성을 중시하는 '신공공관리론'을 기초로 지방자치단체에서 민간부문으로 서비스 공급주체를 이행하고 기업경영적 수법을 도입하면서 민관 파트너십을 형성하는 것이었다. 여기서의 파트너십은 민간 활력 도입에 따른 시장경제를 활성화하는 것이 목적이며, '민(民)'이란 민간기업에 한정되고 볼런터리 섹터는 전혀 상정되지 않았다. 볼런터리 섹터는 대처정부의 사회 서비스 민영화와 지자체의 권한 삭감이라는 정책에 의해 위기 상황을 맞았다.

대처정부의 첫 번째 특징인 '민영화' 추진은 주택, 의료부터 교육까지 지자체가 맡아온 공공서비스를 민간기업에 위탁한다는 것이다. '작은 정부'를 내세워 정부가 사회 서비스에서 손을 떼고 '민영화'를 추진하여 복지국가의 신자유주의적 재편을 추진했다.

도시재개발이나 지역개발에 관해서는 기본적으로 이제까지의 도시 프로그램과 파트너십 방침을 이어받았지만 그 내용은 전혀 새로운 것이 되었다. 중앙과 지방의 정치적 대립도 있고, 대처시대의 도시정책 특징은 지방자치단체에서 민간부문으로 개발 실시주체를 옮기고 효율성을 중시한 민관 파트너십을 통치의 축으로 삼아 기업경영적 수법을 도입한 시책을 내놓은 것이었다. 민간기업 활용에 의한 기업유치특구와 도시개발공사 등의 수법이 그 전형적인 예로, 최우선 지정지역에 중앙정부가 재정을 지원하고 민간 주도에 의한 도시재생을 실천했다.

또한 민간 주도의 도시재개발을 추진하는 다양한 제도도 정비되었다. 예를 들면 1982년에 창설된 도시개발보조금은 지자체가 책정한 사업계획에 민간투자를 유도하고 사업이 채산성이 있을 때까지 지자체가 재정 지원하도록 중앙정부가 자금을 보조하는 것이다. 그리고 1986년에는 민간기업이 정부로부터 직접 보조받는 도시재생보조금이 도입되는 등 점차 민간기업 주도의 도시재개발을 지원하는 제도가 창설되었다. 그 대표적인 사례가 템스 강 연안의 세계적인 하안개발로 유명한 도크랜즈 재개발이다.

이와 같이 대처 보수당 정부에서는 이제까지 맡았던 중앙정부와 지자체를 대신해 중앙정부(관)와 민간기업(민)의 민관 파트너십을 바탕으로 한 통치체제가 확립되었다(그림 2-1). 또한 민간기업뿐만 아니라 쾅고라고 불리는 준정부조직 · 특수법인과 경영자 단체, 노동자 단체, 상공회의소 등 다양한 주체가 정부의 파트너십을 상대로 큰 역할을 하였다.[16] 대처정부에서의 '민' 이란 시민과 볼런터리 섹터가 아닌 민간기업이며, 도시재개발은 지역주민의 의견을 무시하고 효율을 우선으로 추진되었다.

대처정부의 두 번째 특징인 지자체 개혁이란 '신공공관리론' 을 바탕으로 한 지방재정개혁이다. 공공투자 삭감이나 보조금과 지방세 통제에 의한 지자체의 재정적 권한을 빼앗고 강한 중앙집권화를 추진했다. 이제까지 지자체가 맡았던 주택과 의료, 직업훈련, 경제개발 등의 공공서비스 공급은 민간부문으로 이관되고 볼런터리 조직에 대한 재정 지원이 강화되게 된다.

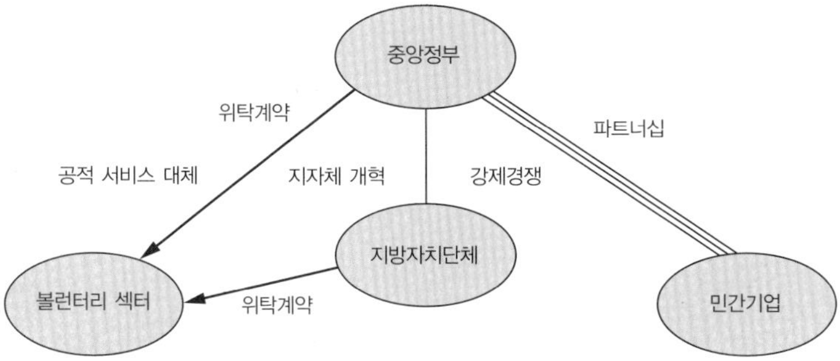

그림 2-1 대처정부에서의 파트너십

이들 부문에서는 이제까지와 반대로 공적 섹터 역할을 볼런터리 섹터가 보완하고 특히 실업대책 등에 대해 볼런티어 프로그램이 도입되었다. 그 결과 영국에서는 1976년부터 1987년 사이에 정부로부터 볼런터리 섹터에 대한 보조금액이 배로 증가하고 또한 그에 따라 볼런터리 조직의 수도 급증했다. 동시에 많은 민간비영리단체는 정부와 행정으로부터 받은 보조금과 조성금에 의존하게 되었다.

정부가 볼런터리 조직에 지원하는 재정은 사회서비스와 사회복지 영역에 한정했고, 1985년부터 1991년의 동향을 보면 커뮤니티개발과 지역개발 영역에서는 재정지출이 대폭 삭감되어, 시작 단계에 있던 커뮤니티에서 활동하는 소규모 조직은 궁지에 몰리게 되었다. 많은 마을 만들기 사업체는 재정난을 겪게 되고 활동을 중단할 수밖에 없는 상황이 되었다. 즉 복지와 커뮤니티 케어 등의 영역에서 공적 서비스 공급을 대체하는 대규모화된 볼런터리 조직은 지자체의 위탁사업을 인수하여 재정적으로 안정되었지만 한편으로는 시작 단계에서 커뮤니티 문제를 둘러싼 소규모 볼런터리 조직에 대한 재원은 대폭 삭감되어 어려운 상황에 빠지게 되는 볼런터리 조직의 양극화가 발생했다.

3-2 계약 문화에서 볼런터리 섹터의 확산

사회복지 영역에서는 볼런터리 조직이 규모를 확대시켜 관료화와 전문화가 급속히 진행되었다. 조직의 관리 · 운영에 힘을 주는 볼런터리 에이전시라 불리는 조직이 공적 서비스 공급을 대체하고 정부의 협조자로서 큰 역할을 맡게 되었다.[17]

또한 이러한 경향은 '국민 보건 서비스 및 커뮤니티 케어 법안'(1990년)에 의해 강하게 방향을 잡았다. 지방자치단체는 그 가운데 공공 서비스의 '제공자'에서 민간기업이 경쟁할 수 있는 환경정비나 서비스 공급의 감시 역할을 맡은 '권한 부여 · 조정자'가 된다고 명기되었다. 더욱이 지자체와 볼런터리 조직의 관계도 보조금이 아닌 업무위탁을 바탕으로 서비스 구입자와 제공자라는 관계로 바뀌어 서비스 공급 계약을 맺는 '계약문화'라 불리는 관계가 확립되었다.[18] 계약문화란 지자체가 커뮤니티 케어의 계획 작성과 매니지먼트를 담당하고 그 공급을 민간기관에 외부 위탁하는 것으로 많은 볼런터리 조직이 지자체의 사회서비스 위탁처로 자리잡았다. 뿐만 아니라 중앙정부가 사회복지나 생활보호, 직업훈련 영역에서 경비의 효율적 지출을 촉구하는 강제경쟁입찰제도를 강력히 권장함으로써 볼런터리 조직은 서비스 공급을 둘러싼 다른 지자체와 기업, 지자체와 국가자금의 획득 경쟁에 놓이게 되었다. 이로써 많은 볼런터리 조직의 자금조달 능력이 저하되고 국가로부터의 위탁계약에 의존하는 경향은 더욱 심해졌다.

이렇게 대처정부는 지자체 개혁을 실천하고 복지서비스 공급주체로서 볼런터리 조직에 많이 기대했지만 그 관련방식이나 지원에 대해서는 계약이라는 한정적인 방법을 취했다.[19]

3-3 파트너십 정책의 전환과 볼런터리 섹터의 성장 : 메이저정부

1990년에 탄생한 메이저 보수당 정부와 이후의 블레어 노동당 정부의 정책을 대처정부의 연속으로 볼 것인지, 아니면 단절로 볼 것인지는 논의가

엇갈리고 있다. 메이저정부에 관해서는 지자체의 개혁노선이나 볼런터리 조직의 계약문화를 계승했다는 점에서 연속성이 강하지만 도시재생책에 관해서는 크게 다르다. 대처정부에 의한 물적 환경정비 중심과 톱다운 개발은 부동산 개발에 어느 정도의 성과를 가져왔지만 결국 지역 주민의 이익이나 이너시티 문제 해결로 이어지지 않고 오히려 도시의 황폐가 가속화되었다.

따라서 메이저정부의 도시재생정책은 포괄적인 보조금을 통해 중앙정부의 지도력을 유지하면서도 이제까지 배제되었던 지방자치단체 및 지역 조직의 '참가'를 중시하는 파트너십으로 크게 정책을 전환하게 되었다. 실제로 1980년대 말부터 1990년대에 걸쳐 도시재생의 목표는 '공간적에서 사회적으로', '시장주의에서 지속가능성으로', '경제성에서 전체성으로', '국익과 · 사적 이익에서 지역이익'으로 크게 변화되었다. 그리고 파트너십 재편으로 볼런터리 섹터가 재평가되었다.[20] 또한 다양한 파트너십을 바탕으로 한 도시 정책으로 크게 전환하여 정부에서 많은 자금이 각지에 투입되었다(그림 2-2).

특히 1991년 메이저정부의 도시재생정책 시티 챌린지와 이를 이은 포괄적 도시재생예산(2002년에 단일예산이 됨)이 파트너십 정책을 전환시켜 거버넌스 형성의 계기를 가져온 것이 주목된다.

시티 챌린지는 지방자치단체가 재생사업의 과제나 실시 기한을 정하고 그 성과를 묻는다는 지자체 주도형의 파트너십 사업이다. 지자체가 민간 섹터와 볼런터리 섹터, 지역 제반 조직과 파트너십을 구축하여 환경부의 경쟁입찰과 계약에 의해 자금을 획득하는 것이다. 또한 용도가 한정되지 않은 포괄적 보조금이라는 것도 특징이다.

그리고 1994년의 포괄적 도시재생예산은 다섯 개 지역 20개 프로젝트를 통합한 것이다. 주로 고용 재검토, 교육과 기능 향상, 사회적 소외에 대한 대처와 약자의 기회 확대, 환경 · 인프라 보전 및 개선, 커뮤니티의 안전성 향상과 쇠퇴가 심한 지역의 커뮤니티에서 종합적 대책을 목적으로 한 사업자금 제공이다. 예산조치를 강구할 때 신청제로 하고 신청에는 지방자치단체, 기업, 지역단체나 주민 · 시민단체 중 둘 이상의 파트너십을 편성하는 것을 조건으로 했다. 이로써 지방자치단체는 다른 민간단체와 파트너십을 형성해야 하며, 또한 자치단체가 참가하지 않은 파트너십에서도 예산 신청이 인정되었다.

이러한 포괄적 도시재생예산에서 볼 수 있는 파트너십 형성은 지자체를 다른 이해관계 단체와 같은 레벨로 두고 예산 획득을 경쟁시키는 것이었다. 다른 한편으로 시민 단체도 파트너십 사업에 참가하면 계획책정이나 실시 능력을 묻게 되며 이제까지의 자치단체나 민간조직 각각에 단체로서의 독자성과 전문성, 자립이 요구되게 되었다. 또한 시티 챌린저가 5년 기한이었던 것에 비해 포괄적 도시재생예산은 1년부터 7년으로 기한이 유연하다.

이처럼 기한이 대규모 정부자금 사업이 완료된 후 누가, 어떻게 사업을 계속할 것인지, 이어나갈 조직이 큰 과제가 되었다. 여기서 지역주민과 함께 지역문제 해결 때문에 조직된 마을 만들기 사업체의 존재가 중앙정부의 파트너십 사업 계승조직으로 주목되었다. 당시 마을 만들기 사업체의 대부분은 대처정부때의 재정 삭감으로 활동이 어려웠지만 이 책에서 예로 든 웨스트웨이 마을 만들기 사업체나 코인 스트리트 마을 만들기 사업체 등은 에셋 매니지먼트에 의해 독자적인 재정 기반을 구축하여 선진 사례로 주목받았다. 1990년대 이후의 파트너십 정책은 이러한 마을 만들기 사업체에 새로운 사회적 위치를 부여하여 전개를 한층 촉진하였다.

이와 같이 메이저정부의 도시재생정책은 지자체뿐만 아니라 볼런터리 조직 등 지역 모든 주체의 참가에 의한 파트너십이 중시되었다. 또한 1994년에 국영 복권기금이 도입되어 볼런터리 조직을 유지하는 새로운 자금원이 확보되었지만 중앙정부가 자원배분을 통해 파트너십의 주도권을 잡는다는 기본구조에는 변화가 없었다. 그리고 경쟁 또는 계약을 통한 정부자금

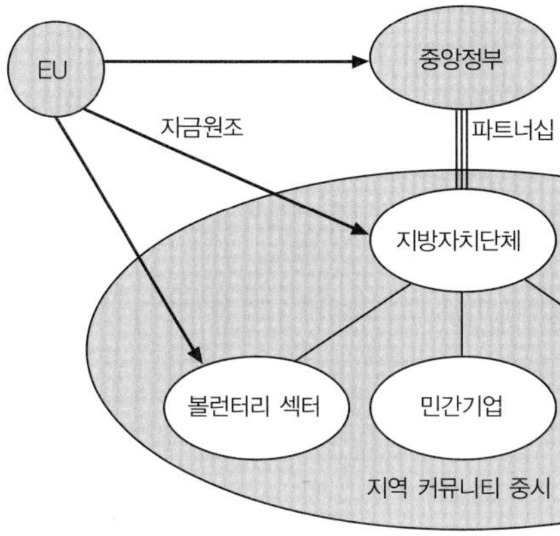

그림 2-2 메이저정부에서의 파트너십

획득에 의해 자립적 볼런터리 조직이 행정에 소속되고 하청화되는 것에 대한 불만도 많았다고 한다.[21] 이러한 상황을 크게 바꾼 것이 블레어 노동당 정부의 정책이었다.

3-4 커뮤니티 재생정책에 있어서 볼런터리 섹터의 자립 문제 : 블레어정부

1997년에 성립된 블레어 노동당 정부는 지자체의 합리화를 추진하고 지역의 여러 단체와의 파트너십을 중시했다. 1998년에는 보수당 정권이 도입한 강제경쟁입찰제도를 폐지하고 경쟁뿐만 아니라 행정서비스의 질적 향상을 위한 '최고가치의 원칙'을 바탕으로 한 지자체합리화에 들어갔다. 대처정부는 지자체의 사업을 민간기업에게 이관함으로써 지자체의 권한을 축소시키려 했다. 이에 대해 블레어정부에서는 국가가 지자체에 권한위양[22]을 추진하면서 그 운영의 근대화, 설명 책임 강화를 강조했다는 점에서 큰 차이가 있다. 즉 지자체가 노력하지 않으면 그 기능을 축소시켜 민간기업이나 볼런터리 조직에 권한을 이관한다는 것이며 공공서비스를 둘러싸고 지자체, 시장 섹터, 볼런터리 섹터의 3자는 병렬 경쟁상태에 놓였다(그림 2-3).

또한 정부와 볼런터리 섹터와의 관계에 대해서는 '계약문화'에서 '파트너십 문화'로 크게 방향을 전환했다.[23] 영국에서 정부와 볼런터리 섹터 및 지연단체 등 커뮤니티 섹터와의 관계에 대해 '컴팩트'라는 협정이 1998년에 결성되었다. 법적 구속력은 없지만 볼런터리 섹터와 커뮤니티 섹터가 역할과 의의에 관해 서로 합의한 협약이며 자금 및 정책의 협의와 평가 등 정부와 볼런터리 섹터 사이에서 구체적으로 다루어야 할 과제를 명시한 것이라 할 수 있다. 컴팩트 기반에는 '민주적이고 모든 사람들을 대상으로 한 사회 발전에 볼런터리 및 커뮤니티 활동이 필요불가결하다'는 철학이 있다. 컴팩트 보급에 있어서 지역성을 중시한 컴팩트를, 지방자치단체와 볼런터리 조직 사이에서 지방판 컴팩트로 성립시키는 것을 권하며 양자가 함께 논의하여 컴팩트를 만들어내는 과정이 중시되고 있다.[24]

이와 같이 블레어정부에서는 컴팩트 실천을 통해 환경부가 내놓은 '지속 가능한 발전'을 바탕으로 다양한 도시재생정책을 추진하였다. 그 특징은 도시재생사업의 권한을 지역커뮤니티로 이양한 데 있다.

지역 커뮤니티에 초점을 둔 정책으로 1998년의 '커뮤니티를 위한 뉴딜'과 2001년의 '근린지역재생의 국가전략'이 있다. '커뮤니티를 위한 뉴딜'은 정부의 사회적 배제대책을 구체화하였다. 극빈곤 커뮤니티(약 1,000~4,000호)를 대상으로 지자체가 아닌 커뮤니티가 파트너십의 중심이 되어 사업계획을 결정하고 경쟁원리를 도입한 신청방식을 바탕으로 배분을 하여 3년 동안 8억 파운드가 투자되었다.

'근린지역재생의 국가전략'은 쇠퇴 지역에 있는 병원이나 학교, 경찰조직, 볼런터리 조직 등 다양한 지역조직이 지역전략 파트너십에 참가하여 근린지역재생 자금을 얻어 재생사업계획을 책정한다. 이는 중앙정부가 지정한 88개의 지자체에 대해 인구규모 등을 고려한 산정 · 배분방식에 집중적으로 재정지원하는 것이다. 비교적 자유로운 보조금 사용으로 포괄적이고 장기적으로 지역재생에 참여하는 것이 가능해졌다. 근린지역의 수단으로 책정된 재생사업을 지자체가 받아들이는 과정에서 행정서비스가 근대화되는 것을 목표로 하고 있다.

또한 1999년에는 지역단위로 시책을 전개하는 지역개발청이 설립되었다. 이는 포괄적 도시재생 예산 사업을 추진하는 조직으로 영국에서는 9개 지역에 설립되었다. 고용 창출, 건강 향상, 범죄 방지, 교육 기회 향상, 거주 환경 향상 등의 지역문제에 종합적이고 장기적으로 대처하기 위한 조직이며 스스로가 우선 순위를 정한 지역재생사업에 대해 자유롭게 예산을 배분하는 권한을 가진다. 또한 2002년 지역개발청의 자유재량권을 높이기 위해 각 관계기관의 보조금을 통합한 단일예산이 포괄적 도시재생 예산을 대신해 제정되어 지역에 더욱 밀착된 효율적인 도시재생사업이 가능해졌다.

이상과 같이 블레어정부에서는 파트너십 형태가 크게 변화되어 지역단위나 수천 명 규모의 커뮤니티, 또한 지역에 밀착된 근린지역이 도시재생정책 단위로 주목되었다. 사람들의 일상생활권을 대상으로 지자체, 볼런터리 조직, 민간기업의 대등한 관계를 바탕으로 파트너십이 큰 역할을 맡게 되었다. 이는 실로 거버넌스형 마을 만들기의 실현이라 할 수 있다. 중앙정부로부터의 자금배분이라는 구조 자체는 그다지 변화되지 않았지만 지역 여러

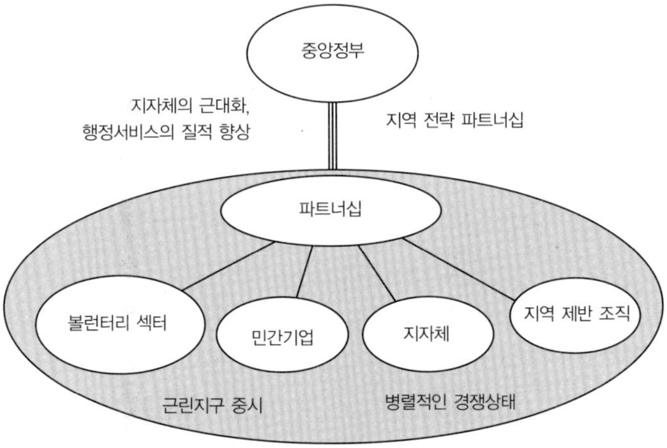

그림 2-3 블레어정부에서의 파트너십

단체가 형성하는 파트너십의 자유재량권이 매우 높아지고 주민과 대등한 차원에서 지역의 여러조직을 키워 복지와 교육, 경찰 등의 공공서비스 내용을 다시 물을 수 있게 되었다. 이와 같이 보텀업(bottom up) 방식의 도시정책으로 지방자치단체의 정책이나 행동 양식은 크게 변용하여 지역 주민의 주체적 활동에 대한 측면적 지원으로 역할을 변화시켰다. 다양한 주체가 파트너십에 참가하는 것을 통해 매우 상세하게 지역 커뮤니티와 주민의 요구에 대응할 수 있는 구조 만들기가 추진되었다고 할 수 있다.

4. 사회적 기업과 거버넌스형 마을 만들기

4-1 사회적 기업이란 무엇인가

이상과 같이 영국에서는 도시정책이 전환되면서 1990년대부터 커뮤니티개발과 마을 만들기를 추진해온 볼런터리 조직에 대규모 정부 자금이 투입되어 지속적 · 장기적으로 도시재생사업에 참여하도록 요구되었다. 따라서 많은 볼런터리 조직은 정부나 시장으로부터의 독립, 조직적 자립, 정치적 교섭력, 네트워크화 등의 요소를 높이면서 왕성한 기업가 정신과 사회적 목적을 겸비한 사회적 기업으로 전개되었다. 즉 사회적 기업으로의 전개는 볼런터리 섹터가 행정이나 민간 기업과 대등한 관계를 맺고 거버넌스를 창조하기 위한 하나의 중요한 선택안이었다.

본 서에서 6개의 마을 만들기 사업체는 커뮤니티나 근린에 존재하는 버려진 토지와 건물, 인적 네트워크 등의 '지역자원'을 발견하고, 이를 시장경제 속에서 사업화하여 수익을 거두고 쇠퇴지역의 재생을 실현해온 민간 비영리의 사회적 기업이다. 근래에 여러 마을 만들기 사업체가 기존 제도의 변혁 · 새로운 가치 제기를 위한 운동성과 활동을 지속시키는 사업성을 양립시키는 사회적 기업으로 활동하고 있다.

사회적 기업은 종래의 시장 섹터나 볼런터리 섹터의 틀에 넣을 수 없는 특징을 지닌다. 민간기업과 마찬가지로 새로운 비즈니스 수법을 개발하는 데 주력하여 수익을 거두고 그 이익을 사회서비스 공급에 재투자하는, 정부와 지방자치단체 같은 공익성을 지닌 역할을 맡고 있다.

통상산업부는 사회적 기업을 '사회적 목적을 지니며 주주의 이윤을 최대화시키기 보다는 원칙적으로 그 이익을 그 사업이나 커뮤니티에 재투자하여 사회변혁을 목표로 한 사업'이라고 정의했다.[25] 그리고 현재 영국에서는 복지서비스나 취로, 도시재생 영역에서 사회적 기업이라 불리는 조직이 급증하여 2006년 전국에 1만 5,000명을 넘어 약 80만 명의 고용을 창출했다.

특히 블레어정부는 사회적 기업을 지원하여 2001년에는 통상산업부에 사회적 기업 담당부서를 설치하고, 2002년에는 사회적 기업을 추진하기 위해 '사회적 기업 : 성공을 위한 전략'을 정리했다. 사회적 기업이 실업이나 빈곤 같은 사회적 소외 문제에 대해 큰 역할을 맡기를 기대하고 있지만 이렇게 사회적 기업이 중앙정부의 정책에 자리매김함과 동시에 사회적 기업에서의 노동이 신자유주의의 노동력, 과재상품화 흐름에 참여할 위험을 지니고 있다는 점에도 유의해야 한다.

사회적 기업 중에서도 사회적 목적을 커뮤니티로 한정한 범위내에서 하는 조직을 커뮤니티기업이라 하는데, 마을 만들기 사업체의 대부분도 커뮤니티기업임을 자인하고 있다. 이러한 움직임을 배경으로 2004년에는 사회적 기업을 위한 커뮤니티 이익회사(community interest company)라는 새로운 법인이 도입되었다. 지금까지 사회적 목적을 추구한 조직은 채리티라는 지위를 얻은 경우 해당 단체의 목적에 직접 연결되는 사업 외의 영리활동을 하는 것이 허락되지 않았다. 즉 채리티는 자금조달이나 조직운영에 관한 제한이 매우 많았다. 이에 대해 커뮤니티 이익회사는 지역 커뮤니티의 전체 이익을 만족시키는 활동이라면 등록도 용이하고 이익이나 자산을 구성원들에게 배분할 수는 없지만 원활한 자금조달을 위해 배당액에 상한이 있는 주식을 발행할 수 있다.

이와 같이 이제 영국에서는 사회적 기업이 존재감을 높이고 있다. 그 배경에는 사회적 소외와 지역재생 등 정부의 최우선 과제에 파트너십 전략이 도입되고 파트너십 전략의 한 주체로서 볼런터리 조직이 자리매김되었다는 점, 또한 계약문화에서 볼런터리 조직이 정부 및 지자체와 대등한 관계가 될 것이 요구되었고, 특히 정부의 시한이 정해진 사업이 종료된 후에도 사업을 계속 이어가기 위해 계승 조직으로서 자립적 운영이 과제가 되었다는 점, 그리고 그 자립을 유지시키는 전국적 중간지원조직, 예를 들면 마을 만들기 사업체 협회와 캔(제8장) 등이 결성된 것이 있다.

즉 볼런터리 조직이 사회적 기업화되는 가장 큰 목적은 정부 및 시장원리에 의한 개입을 받지 않고 독립성을 획득함으로써 이것이 파트너십의 주체로서 존재감을 높이고, 나아가서는 지역 커뮤니티에서 거버넌스로의 가능성을 열게 된다.

4-2 거버넌스형 마을 만들기의 가능성

영국 정부가 추진한 파트너십 사업은 결과적으로 지방자치단체의 개혁과 시민단체의 성장을 촉진했다. 또한 파트너십에 의한 도시재생사업은 이해관계자 단체의 협의와 조정에 의해 추진되는 새로운 의사결정수법으로 실시되었다. 그리고 모든 단체가 대등한 관계로 추진하는 의사결정 과정과 관리운영 방법이 거버넌스로 설명될 수 있게 되었다는 점이다. 현재 영국에서 전개되고 있는 거버넌스론은 서두에서도 말했듯이 도시재생 파트너십에 있어서 거버넌스를 하나의 전형으로 보는 연구가 많다.[26] 이러한 거버넌스론을 이해하여 이 책에서는 정부 및 시장 섹터와 볼런터리 섹터가 파트너십을 구축하여 도시재생사업을 실현하는 것을 거버넌스형 마을 만들기로 보았다.

거버넌스형 마을 만들기의 특징을 정리하면 다음과 같다.

① 개인과 커뮤니티의 엠파워먼트 : 복합적 빈곤지역인 이너시티 문제를 거점적으로 커뮤니티 차원의 도시재생사업을 전개함으로써 해결한다. 이제까지처럼 정부 섹터의 종합적인 물적 개발 수법에 의해 도로, 건물, 토지이용을 중심으로 광역적으로 정비하는 것은 아니다. 빈곤지역의 주민이 살아갈 힘과 자기 표현능력을 획득하는 사업에 의해 생활 총체의 재건을 목표로 한다.

② 도시사회계획 : 물적 환경 정비와 사회서비스 제공을 조합시킨 복합적 커뮤니티 재생사업이다.

③ 섹터간의 파트너십 : 마을 만들기 담당자는 정부, 시장, 볼런터리 섹터의 3자간 파트너십이다. 사업을 추진하는 데 있어 이들 섹터의 역할과 책임을 명확히 하며 상호 관계는 협조 · 대립 · 보완 등을 이룬다.

④ 사회적 기업화 : 볼런터리 조직이 재정적으로 자립하기 위해 사회적 기업화 수법을 취하는 경우가 많다.

첫 번째 특징으로 든 '복합적 빈곤지역'이란 경제적 빈곤이 세대간에 걸쳐 이어지고 사회적으로나 문화적으로 문제가 심각해지는 도심 주변부의 이너시티이다. 미래에 희망이 없는 약자의 범죄나 무기력, 이민 등 민족적 차별문제, 교육의 기회를 잃은 여성, 지역에서 고립된 고령자 등 빈곤 문제가 복합적으로 나타나 지금까지 정부가 빈곤 대책을 강구해왔음에도 불구하고 효과를 거두지 못했다. 이러한 지역의 재생은 물적 환경 정비만으로는 불충분하며 주민의 생활 총체를 재건하는 것이 중요하다. 즉 지역재생의 열쇠는 무기력하고 고립된 주민들이 살아갈 의욕을 찾고 다른 사람들과 협력하여 커뮤니티를 구축할 힘을 만들어내는 것이다. 물적 · 사회적 · 경제적 재생사업에 지역주민이 주체적으로 관여해 나가는 조직 만들기가 중요하다는 것이다.

또한 복합적 빈곤지역의 재생사업은 지역의 다양한 요구를 정확히 파악하기 위해 커뮤니티 레벨로 전개할 필요가 있다. 지역의 특정 과제에 맞게 물적 정비형, 사회서비스 제공형 또는 이들 두개의 조합으로 문제를 해결하려고 하는 것이다. 이제까지의 거버먼트형 도시계획이 물적 정비 중심이며 또한 거버먼트형 복지정책도 획일적인 사회서비스 제공이었다는 점과는 달리 지역의 실정에 맞게 마을 만들기의 사업내용이 정해진다. 이제까지 복지국가의 공공정책에서 일관한 공평, 평등의 이념에서 책정된 획일적인 지역정비 정책이 유효하지 않다는 것이 밝혀졌다.

즉 거버넌스형 마을 만들기는 복합적 빈곤을 안고 있는 지역의 주민 한 사람 한 사람이 스스로의 힘으로 살아갈 힘과 자기표현 능력을 몸에 익히는 개인의 엠파워먼트와 지역사회 전체에 활력을 주는 커뮤니티의 엠파워먼트를 함께 실현하는 사업이라는 것을 알 수 있다. 거버먼트형 도시계획에서는 주민 참가를 제도화하는 것이 하나의 과제였으나 거버넌스형 마을 만들기는 주민 참가에 그치지 않고 지역문제를 해결하는 현실적인 제도를 현장에서 강구할 수 있는 개인을 육성한다. 즉 주민 참가는 기존의 도시계획 제도라는 틀 안에 많은 것을 참가시킬 것을 의미하는데 거버넌스형 마을 만들기에서는 제도 자체를 다시 묻는 개인을 목표로 한다고 말할 수 있다.

거버넌스형 마을 만들기의 중요한 조건이라고도 할 수 있는 섹터간의 파트너십은 복합적 빈곤지역의 재생사업에서 특히 필요하다. 재생사업에 있어서 자금 확보나 계획 입안, 사업 실시, 사업의 관리운영 등 각 프로세스에서 각 섹터의 역할을 명확히 하고 책임을 다할 것이 요구된다. 정부 섹터는 희소한 재원 배분에서 공공성을 추구하고 시장 섹터는 투자사업에서 최대한의 이윤을 추구한다. 볼런터리 섹터는 지역사회나 생활 관점에서 본 재생을 사회적 사명으로 하고 있다. 주도적 역할을 맡은 볼런터리 조직은 커뮤니티의 요구를 파악하고 이들을 정책 · 제언해 나가는 애드보카시 기능을 가진 조직이기도 하다.

볼런터리 섹터는 공적 섹터나 시장 섹터로부터 독립된 입장을 취하는 것을 목표로 하고 있지만 정부의 지원이 필수적이며 또한 시장으로부터도 많은 편익을 받고 있는 것도 사실이다. 중요한 것은 이들의 권력에 지배되지 않도록 거리를 유지하면서 관계성을 구축하는 것이다. 즉 볼런터리 섹터는 정부나 민간기업과 대항적인 상보관계에 있다고 할 수 있다. 이런 대항적 상보관계[27]야말로 거버넌스형 마을 만들기의 전제조건이다.

이와 같이 거버넌스형 마을 만들기에 있어서 볼런터리 섹터의 자립이란 마을 만들기 현장을 담당하는 마을 만들기 조직의 자립이라는 것을 알 수 있다. 이 책에서는 마을 만들기 사업체가 사회적 기업화됨으로써 자립을 획득하는 과정에 주목했다. 즉 마을 만들기 사업체가 커뮤니티에 숨은 자원을 발견하고 토지나 건물 등의 자산을 경영하며(에셋 매니지먼트), 지역 주민에게 살아갈 힘과 사회성을 키워 커뮤니티를 형성하는 과정에서 조직적 자립을 획득해나가는 것이다. 또한 파트너십에 의한 사업을 전개해나가는 중에 볼런터리 섹터에게 다양한 네트워크가 형성되어 마을 만들기 사업체의 자립을 유지하는 힘이 되며 나아가서는 주변 지역의 생활환경을 바꾸는 힘이 된다는 것도 검토한다.

거버넌스형 마을 만들기의 본질은 마을 만들기 조직이 커뮤니티를 자주적으로 관리 · 운영하기 위해 필요한 조직적 자립을 다양한 단체의 지원과 네트워크에 의해 가능하게 하는 것이며, 또한 주변의 도시재생사업과 관련된 모든 단체와 협의하는 주체로서 힘을 발휘해가는 것이다. 즉 개인이나 커뮤니티를 엠파워하는 도시재생을 모든 이해집단의 협의체제 및 네트워크 형성 과정에서 실현해가는 활동이라 할 수 있다. 거버넌스형 마을 만들기와 마을 만들기 사업체와의 관계를 도식화하면 그림 2-4와 같다.

이상 거버넌스형 마을 만들기는 볼런터리 섹터의 성장을 전제로 하고 있지만 그 성장을 유지시키는 것이 영국에서는 분권화와 지방자치단체 개혁 운동이다. 또한 볼런터리 섹터의 조직적 자립은 국가의 제도적 후원에 의해 비약적으로 진행되었다. 파트너십 정책은 과거에는 행정업무였지만 민간기업을 참가시켜 협력체제를 이루는 것이 아니라 볼런터리 조직이 공

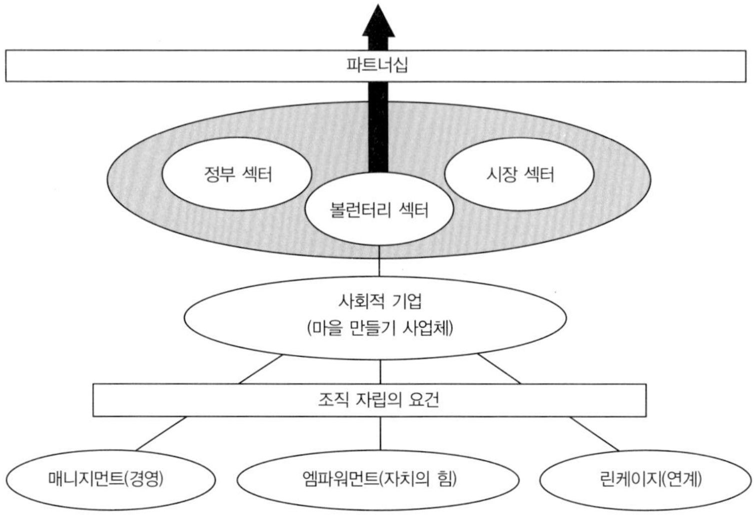

그림 2-4 거버넌스형 마을 만들기와 마을 만들기 사업체의 관계
정부 · 시장 · 볼런터리의 3개 섹터는 대등, 병렬관계(파트너십)로 협동한다. 마을 만들기계열 볼런터리 섹터의 주력이 마을 만들기 사업체이며, 핵이 되어 지역 커뮤니티를 거버넌스한다.
조직적 자립이 중심 과제이며 매니지먼트(경영), 엠파워먼트(자치의 힘), 린케이지(연계)가 중요하다.

공기관을 대신할 수 있을 만큼의 힘을 낼 수 있도록 제도적으로 지원하는 것이다. 시민사회가 힘을 내어 다양한 도시재생을 실현하면 도시공간은 풍요로움을 증가시키고 도시의 매력도 늘어난다.

거버넌스형 마을 만들기는 이러한 풍요로운 도시문화와 도시공간을 형성해가는 사상과 수법을 제시하고 있다.

〈注〉

1 Rhodes, R. A. W., 1997, *Understanding Governance*, Open University Press.

2 ガバナンスに関しては、Stoker, G., ed. 1999, *The New Management of British Local Governance*, Macmillan.; John, P., 1997, "Local Governance", in Hollidays, I., et al. eds. *Developments in British Politics*, Macmillan, London. 神野直彦・澤井安勇編、2004、『ソーシャル・ガバナンス：新しい分権・市民社会の構図』東洋経済新報社などを参照した。

3 Jessop, B., 2000, "Governance Failure" in Stoker, G., ed., *The New Politics of British Local Governance*, Macmillan Press.

4 山口二郎他編、2005、『ポスト福祉国家とソーシャル・ガバナンス』ミネルヴァ書房、p. 5。

5 とりわけ都市自治体を改革の拠点にしたため「新都市左翼」と呼ばれた。Gyford, J., 1985, *The Politics of Local Socialism*, George Allen & Unwin.

6 君村昌・北村裕明編著、1995、『現代イギリス地方自治の展開』法律文化社に詳しい。

7 彼らは、*Labour Activist, Socialist Organizer, Labour Herald, Local Socialism, Chartist, Marxism Today, New Socialist* などで主張を展開した。

8 Ministry of Housing and Local Government, 1969, *People and Planning* (Skeffington Report), HMSO.

9 Wates, N., and Kmevitt, C., 1987, *Community Architecture*, Penguin Books. (塩崎賢明訳, 1992, 『コミュニティ・アーキテクチュア』 都市文化社)。

10 特別な社会ニーズに対応するための財政支出を必要とする地方自治体に補助金を交付する権限を環境大臣に付与する法律。

11 自治体国際化協会、 2004、『CLAIR REPORT 英国の地域再生政策』253 号、p. 4。

12 1978 年の「都心周辺地区法」(Inner Urban Act) により、インナー・シティ問題への解決取り組みに対する自治体の権限が強化された。

13 白石克孝、2005、「イギリスにおける地域政策の変遷とパートナーシップの意味変容」岡田章宏・自治体問題研究所編『NPM の検証：日本とヨーロッパ』自治体研究社、p. 140。

14 自治体国際化協会、前掲書 、p. 6。

15 福祉多元主義とは、福祉社会への移行によりサービス供給が公的セクターだけでなく、インフォーマル・セクターやボランタリー・セクターなどを含めた主体へと多元化することを主張した議論である。Evers, A., 1995, "Part of Welfare Mix: The Third Sector as an Intermediate Area", *Voluntas*, 6(2) : pp.159-182 ; Pestoff, V. A., 1998, Beyond the Market and State, Aldershot. (藤田暁男・川口清史・石塚秀雄・北島健一・的場信樹訳、2000、『福祉社会と市民民主主義：協同組合と社会的企業の役割』日本経済評論社) などを参照した。

16 若松邦弘、2003、「イギリスにおける地方政治の変容：サブナショナルなレヴェルの活性化」日本比較政治学会編『EU の中の国民国家：デモクラシーの変容』早稲田大学出版会、pp. 78-79。

17 Kramer, R. M., 1981, *Voluntary Agencies in the Welfare State*, Berkeley, University of California Press.

18 補助金にくらべて委託金の方が完全に経費支出をコントロールできることから、自治体からボランタリー組織への資金も補助金から委託事業へと大きく変化していった。

19 Deakin, N., 1995, "The perils of partnership: the voluntary sector and the state 1945-1992" ; Smith, J. D., Rocheser, C., and Hedley, R., *An introduction to the voluntary sector,* Routledge, pp. 61-62.

20 1992年にチャリティ委員会の権限強化を図る「チャリティ法」が改正されたことにより、小規模団体の登録が求められ、チャリティ登録団体が爆発的に増加した。

21 若松邦弘、前掲書、p. 81。

22 2000年の「地方自治体法」では自治体にコミュニティ政策の責任と権限を与え、「最小の投資で最大の効果を得る」だけでなく、地域住民の満足を得るようサービスの質を向上させることが明示された。

23 NCVO, 2001, *Next Step in Voluntary Action*, NCVO, p.18.

24 イギリスのコンパクトについては Craig, G. et al., 2002, *Contract or Trust? The Role of Compact in Local Governance*, The Policy Press、および リズ・バーンズ・山崎美貴子、2003、『イギリスのコンパクトから学ぶ協働のあり方』東京ボランティア・市民活動センターなどを参照した。

25 Social Enterprise London（SEL）の定義によると、社会的企業とよばれる組織形態には、協同組合、ソーシャル・ファーム、クレジット・ユニオン（credit union）、まちづくり事業体（Development Trust）、労働市場媒介会社（intermediate labour market companies）、ソーシャル・ビジネス（social business）、コミュニティ・ビジネス（community business）などがある（SEL, 2001, *Introducing Social Enterprise*, SEL）。

26 Stoker, G., ed., 2000, *The New Politics of British Local Governance*, Macmillan Press; Hau, M., Heinelt, H., and Stewart, M., ed., 2004, *Urban Governance and Democracy*, Routledge などがある。

27 梶田孝道、1988、『テクノクラシーと社会運動：対抗的相補性の社会学』東京大学出版会。

제2부

커뮤니티를 기업화한다

사회적 기업의 사업화 프로세스와 특징

제II부에서는 거버넌스형 마을 만들기를 실천하는 볼런터리 섹터 중 사회적 기업화를 꾀해 조직적 자립을 목표로 한 '마을 만들기 사업체'(Development Trust)에 초점을 두고 구체적인 활동과 거버넌스형 마을 만들기의 실태를 알아보고자 한다. 제3장에서는 마을 만들기 사업체의 특징과 역사적 전개, 제4장부터 제9장까지는 6개의 마을 만들기 사업체를 개관하여 거버넌스형 마을 만들기의 내용을 분석한다.

거버넌스형 마을 만들기는 마을 만들기 사업체가 운영하는 커뮤니티 내부에서 실현되는 커뮤니티 거버넌스와 커뮤니티를 초월하여 널리 전개되는 로컬 거버넌스라는 중층적 구조를 갖고 있다. 커뮤니티 거버넌스에서 로컬 거버넌스로의 전개는 각 마을 만들기 사업체의 사업내용과 주변 환경의 관계에 따라 차이를 보인다.

1971년에 설립된 웨스트웨이 마을 만들기 사업체(제4장)는 마을 만들기 사업체의 선구적 사례로 커뮤니티 거버넌스를 성숙화시켰다. 1984년에 설립된 코인 스트리트 마을 만들기 사업체(제5장), 1978년 리버풀에 설립된 엘도니안 마을 만들기 사업체(제9장)는 커뮤니티 거버넌스에서 로컬 거버넌스로 전개된 사례이다. 1979년에 설립된 환경 트러스트(제6장)는 각 지구의 커뮤니티 거버넌스를 지원하고 이들 사업을 연계 · 네트워크화함으로써 로컬 거버넌스를 실현하고 있다.

이러한 네 개의 선진적 마을 만들기 사업체의 경험과 지식, 나아가서는 자립을 유지하는 경영기술을 계승하면서 런던의 칙샌드 시티즌스 포럼(제7장), 브롬레이 바이 보 센터(제8장)의 마을 만들기 사업체가 커뮤니티 거버넌스를 중심으로 한 거버넌스형 마을 만들기를 실현하고 있다.

제 3 장

마을 만들기 사업체의 역사적 전개와 사례 평가

1. 마을 만들기 사업체란 무엇인가

1-1 마을 만들기 사업체가 생겨난 사회적 배경

1960년대 말에 탄생한 마을 만들기 사업체는 운동의 목적, 이념, 조직형태를 변화시키면서 크게 성장해왔다(표 3-1). 도시재개발에 대한 반대 운동으로 출발한 초기의 마을 만들기 사업체는 1980년대에 지속적 활동의 이념을 모색하고 1990년대 중반에는 그 활동이 전국적으로 전개되었다. 그리고 에셋 매니지먼트라는 수법을 개발하여 조직의 자립성과 활동의 지속성을 높여 현재에까지 이른다.

제2장에서 살펴보았듯이 영국에서는 1960년대부터 복지국가의 모순이 도심 주변부의 쇠퇴, 즉 이너시티 문제라는 형태로 나타났다. 1960~70년대에 설립된 초기의 마을 만들기 사업체는 민간 개발업자의 급속한 도시재개발에 의해 쫓겨난 주민운동과 이너시티 문제에 대한 이의 제기 운동이 발단이었다. 이 시기에는 학생운동, 페미니즘운동, 시민운동, 소비자운동, 환

경운동, 평화운동 등 이른바 기존 체제를 변혁하고자 하는 새로운 사회운동이 확산되었다. 그 중에서도 초기의 마을 만들기 사업체 운동은 자본 축적을 위해 도시공간을 바꾸면서 주민이 소외된 '공간의 상품화'에 저항하는 일종의 도시사회운동이었다.

특히 노동당 내부의 신도시 좌익이라 불린 급진 개혁파는 도시자치단체에 대한 분권화를 목표로 했다. 마을 만들기 사업체를 주도하는 지도자들은 대부분 당시의 이러한 사회운동에 공감한 혁신적인 주민운동가이며 중앙정부와 행정에 대한 이의를 제기하고 캠페인에 의한 기존 제도의 변혁과 정책을 비판했다. 이런 의미에서 마을 만들기 사업체는 행정이나 다른 주체로부터의 재정지원에 의존하는 톱다운 조직과는 달리 당초부터 지역주민 중심인 보텀업 조직의 성격이 매우 강했다.

그러나 이미 영국에서는 전쟁 전부터 커뮤니티개발과 마을 만들기에 편성된 볼런터리 조직이 다수 존재했다. 예를 들면 전국 볼런터리 섹터(줄여서 전국 섹터라고 함)는 다양한 주민 서비스를 제공하는 볼런터리 조직을 산하에 둔 조직으로 1919년에 설립되었다.[1] 전국 섹터는 영국에서 가장 유명한 볼런터리 조직의 중간지원조직으로 일본의 사회복지협의회와 같은 존재라고 보면 된다. 이 조직은 정부나 지방자치단체 같은 정부 섹터와 재정적 · 정책적으로 강한 유대관계를 맺고 있다. 그리고 정부와 볼런터리 섹터 사이에서 1998년에 체결된 컴팩트 작성에 공헌하는 등 정책형성 과정에도 영향을 미쳤다. 참가 단체는 2007년에 5,000여 단체까지 증가해 교육, 건강, 사회적 지원을 비롯한 폭넓은 서비스를 제공하고 있다.

또한 1968년에 환경개선운동으로 국가의 지원 하에 시작된 네트워크 조직 그라운드워크는 보텀업 조직인 마을 만들기 사업체와 대조적이다.[2] 그라운드워크의 목적은 황폐한 도시 · 농촌지역의 환경개선을 통한 기술훈련과 고용 창출에 있으며 전원지역위원회의 활동에서 생겨났다. 정부와 지자체의 공동출자로 설립된 유한보증회사로 국가의 자금에 의존하기 때문에 톱다운 조직의 성격이 강하다. 또한 중앙 본부의 활동방법을 전국으로 확산시키는 프랜차이즈 방식을 취하고 있는 점도 지역의 고유성을 중시하는 마을 만들기 사업체와는 이념이나 활동 방법이 다르다고 할 수 있다.

즉 도시재생 · 커뮤니티 개발에 참여한 볼런터리 조직 중에서 마을 만들기 사업체로 발전한 단체는 정부나 지자체와 거리를 두고 긴장 관계를 유지하며 스스로의 활동을 통해 사회변혁과 재정적 자립을 위해 노력한다는 특징을 가진다.

표 3-1 마을 만들기 사업체의 역사와 활동이념

	마을 만들기 사업체의 활동	활동 이념
0. 마을 만들기 운동의 시작기 (1960년대 말~1970년대)	도시 재개발에 대한 반대운동 선진적인 마을 만들기 사업체 활동의 시작 크레디트 유니언 운동의 시작	애드보카시
I. 활동방향의 모색기 (1980년대)	활동이념 모색 1988년 "마을 만들기 사업체 창조" 출판 볼런터리 조직의 자립 모델 제시	자조의 에토스
II. 활동의 성장기 (1993~1995년)	1993년 마을 만들기 사업체협회의 결성 1994년 복권기금 획득 환경청과의 협력관계	네트워킹 인터미디얼리
III. 활동의 발전기 (1996~2001년)	1996년 에셋 매니지먼트 수법 개발 1998년 스코틀랜드, 웨일즈에서 활동 1999년 마이널리티 집단과의 공동 활동 2000년 매니페스트 제시 2001년 농촌지역에서의 활동 시작	에셋 매니지먼트 커뮤니티 소유
IV. 활동의 자립기 (2002년~)	기업화로 전개 다른 단체와의 연계 모색	커뮤니티를 기업화함

1-2 마을 만들기 사업체가 목표로 하는 것

1970년대 후반부터 중앙정부의 도시 정책은 슬럼 클리어런스와 대규모 재개발을 통해 수복형 도시재생으로 변화되었다. 이에 따라 마을 만들기 사업체의 활동도 권력에 대한 저항운동에서 지역사회자체적으로 실천해나가는 운동으로 변용되었다. 이러한 변용은 도시정책이 복지국가가 주도하는 거버먼트형에서 지역의 모든 주체와 파트너십을 바탕으로 한 거버넌스형으로 전환된 점과 깊은 관련이 있다. 특히 1990년대에 들어 EU통합이나 급속한 글로벌화 진전에 의해 도시간 경쟁이 극심해지자 지역의 거버넌스가 내셔널 서브 내셔널 차원으로 재편되었고, 유럽 각국에서의 사회적 기업 증가도 글로벌 차원에서 변동이 커뮤니티 차원의 거버넌스를 재편해가는 과정이라고 할 수 있다.

마을 만들기 사업체의 활동목적[3]은 첫째 쇠퇴 지역의 토지나 건물, 인적 네트워크 같은 지역 자원을 발견하고 이를 지역문제 해결을 위한 자산으로 재가치화하는데 있다. 이때 중요한 것은 커뮤니티의 참가를 얼마나 얻어내느냐이다. 마을 만들기 사업체는 주민과 전문가가 참가하여 구체적인 개발에 다양한 의견을 반영시키는 보텀업 방식의 커뮤니티개발을 목표로 한다. 기존의 지역자원을 이용하면서 환경, 사회개선활동뿐만 아니라 경제 개선까지 포함하고 있다는 점이 특징이다.

둘째는 자체 방법으로 지역 문제를 해결하기 위해 재정적 자립 운영을 목표로 한다. 자립 운영이란 그 활동이 정치적 당파성, 압력 단체, 주요 스폰서로부터 독립함으로써 단순히 외부로부터 재정적 지원을 받지 않는다는 것에 그치는 것이 아니다. 오히려 재원을 다양한 방법으로 얻는 '수입원의 혼합화'로 활동의 안정화를 꾀하고 있다는 점에 큰 특징이 있다. 물론 비영리 조직이기 때문에 이윤 추구를 위한 활동은 아니지만 효율적 이익을 내면서 지역 커뮤니티 개선에 재투자하고 있다. 커뮤니티에 대한 강한 구애라는 의미에서 마을 만들기 사업체의 리더는 스스로를 사회적 기업이 아니라 커뮤니티 기업이라 부르는 경우가 많다(그림 3-1). 그러나 블레어정부가 이러한 사업체를 사회적 기업으로 받아들이자 사람들도 혼용하게 되었다.

셋째는 정부, 시장, 볼런터리 섹터 등 다양한 이해관계자(스테이크 홀더)의 참가를 얻어 파트너쉽을 구축함으로써 커뮤니티 생활의 향상을 목표로 한다. 이들은 지역 커뮤니티 전체의 개선을 목표로 하기 때문에 다양한 이해를 조정하면서 프로젝트를 추진해나가야 한다. 이때 정치적 교섭능력, 전문 지식, 자금력 등이 요구된다. 그래서 볼런터리 조직으로서의 자립성을 유지하면서도 국가나 지방자치단체 나아가서는 민간기업과의 파트너쉽 형성을 적극적으로 모색하게 되며 이러한 경향은 블레어정부의 지역전략 파트너십 정책 하에서 더욱 강해졌다.

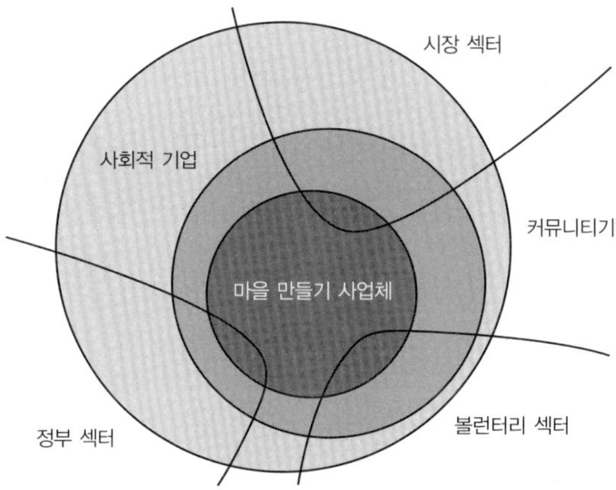

그림 3-1 마을 만들기 사업체의 개념도
마을 만들기 사업체는 커뮤니티 기업, 사회적 기업이다. 또한 정부, 시장, 볼런터리 섹터의 파트너십으로 운영된다.
(출전 : Development Trust in 2005; Annual Membership Survey)

1-3 트러스트 형태를 취한다는 것의 의미

마을 만들기 사업체는 신탁조직인 트러스트의 형태를 취하고 있다. 트러스트란 공익적 활동을 하는 시민단체 중 국가의 채리티 위원회에 의해 사회공헌조직으로서 '채리티' 로 인정받은 조직을 말한다. 주요 신탁자는 외부 스폰서, 트러스트 자체, 이익을 받는 지역주민 등이며 공익 목적이기 때문에 수탁자(트러스트)가 토지나 건물을 소유하고 관리운영하는 경우가 많다.[4] 즉 트러스트의 형태는 사익 목적이 아니라 공공 목적을 위한 활동이라는 것을 나타내며 이로써 사회적 신용을 얻어 활동이 용이해진다.

트러스트 중에서도 내셔널 트러스트는 역사적으로 가장 오래되었다. 1895년에 설립되어 토지나 역사적 건조물을 매입하는 활동을 하고 트러스트 조직을 명확히 유지한다. 내셔널 트러스트가 소유한 에셋은 공익 목적을 위해 소유하고 관리 · 운영된다. 또한 1957년에는 토지나 건물을 매입하는 것이 아니라 도시환경 보전이나 개선을 하는 공익 신탁 시빅 트러스트가 설립되었다. 지역 어메니티 단체의 활동 지원, 지역 환경 만들기에 대한 공헌, 경관 디자인 컨설턴트 등의 활동을 전개하고 있다.

이와 같이 영국에서는 일반적으로 환경 보전이나 지역개선 등의 공익적 활동을 할 때 채리티 단체가 된다. 이는 단체가 채리티로 인정되면 세제상의 특전으로 소득세와 법인세 등이 비과세되며 또한 많은 조성을 받을 수 있고 사회적 신용을 얻을 수 있기 때문이다.

마을 만들기 사업체도 도시 극빈곤지구의 생활환경 개선을 위한 공익적 활동단체로 트러스트의 형태를 취하며 사회적 신용을 얻으려고 하지만 채리티로 인정받더라도 기부만으로는 운영하기 어려우며 조직 운영을 위해 유급 스탭을 고용하는 사업을 하려면 특전과 함께 다양한 제약이 따른다. 따라서 많은 마을 만들기 사업체는 수익을 주주에게 배당하지 않는 회사, 즉 모든 수익을 공익활동에 재투자하는 '유한책임보증회사' (a company limited by guarantee) 형태를 취하며 법인자격을 취득하고 있다.

1-4 마을 만들기 사업체의 조직적 특징

① 마을 만들기 사업체의 활동 내용

마을 만들기 사업체협회(Development Trust Association)의 조사 5에 따르면 2007년 현재의 회원은 영국 전체에 423단체이며, 그 중 38단체가 2006년에 새로 참가했다. 1970년대에는 회원이 적어 선구적 웨스트웨이 마을 만들기 사업체와 코인 스트리트 마을 만들기 사업체 등에 그쳤다. 1990년대에 급증한 배경에는 제2장에서도 지적했듯이 1990년대에 중앙정부 주도하에 대규모 도시재생 자금이 지자체와 지역조직에 투입되어 파트너십형 도시재생 정책으로 전환한 것이다(그림 3-2). 그 계승조직으로 기대된 것이 마을 만들기 사업체였다. 또한 1993년에 마을 만들기 사업체 협회가 설립되어 조직의 설립지원체제가 확립된 것도 급증한 배경에 있다.

마을 만들기 사업체의 설립은 영국 전체로 확산되어 가장 많은 곳이 스코틀랜드(97단체)이고, 이어서 요크셔 햄버사이드, 런던, 웨일즈, 북동 잉글랜드로 이어진다. 이너시티 문제를 둘러싼 운동체로 시작한 마을 만들기 사업체는 지금도 47%가 도시에서 활동하고 있지만 최근 농촌에서도 34%로 많은 편이다.

마을 만들기 사업체는 다양한 사회 서비스를 지역 커뮤니티에 제공하고 그 내용은 지역 요구와 지역 자원, 조직의 발전 단계에 따라서도 다양하다. 예를 들면 커뮤니티에 대한 조언, 직업 훈련, 약자와 어린이의 활동 지원, 지역 안전활동 외에도 커뮤니티 기업의 경영지도가 있다.

② 조직적 구조

2005년에 마을 만들기 사업체는 전체 5,000명의 유급 스탭과 1만 2,000명의 볼런티어가 일하고, 사업체의 2/3는 유급 스탭 5명 이하인 소규모 단체가 많다. 또한 주목해야 할 것은 수입구조인데 활동 영역의 확대에도 불구하고 정부보조금이 많이 증가되지 않아 많은 단체들이 자주사업으로 운영을 지탱하고 있다.

수입 규모는 2006년에 급증하여 전년도 대비 11%가 증가했다. 마을 만들기 사업체의 1/3은 총사업수입이 연간 10만 파운드 이하이며, 한편 14%는 연간 100만 파운드 이상으로 같은 마을 만들기 사업체라도 큰 차이가 있다(그림 3-3).

사업체의 1/4은 반 이상의 수입을 자체사업에서 얻고 있다. 사업수입에서 가장 많은 것이 건물과 작업장 운영, 위탁사업, 컨설턴트, 물품판매이며 리사이클과 커뮤니티 교통의 운영도 포함된다. 협회 전체의 2006년도 자체사업은 보조금 · 기부금을 포함해 총액 7,500만 파운드이다.

그러나 마을 만들기 사업체협회는 앞으로도 보조금이 안정적이지 못하므로 에셋 매니지먼트를 강력히 권하고 있다. 2002년에는 재정적 지원을 하는 독자 펀드로 어드벤처 캐피탈 펀드를 설립하고 커뮤니티 기업이 토지와 건물 등의 에셋을 소유함으로써 장기간의 커뮤니티 재생사업을 할 수 있도

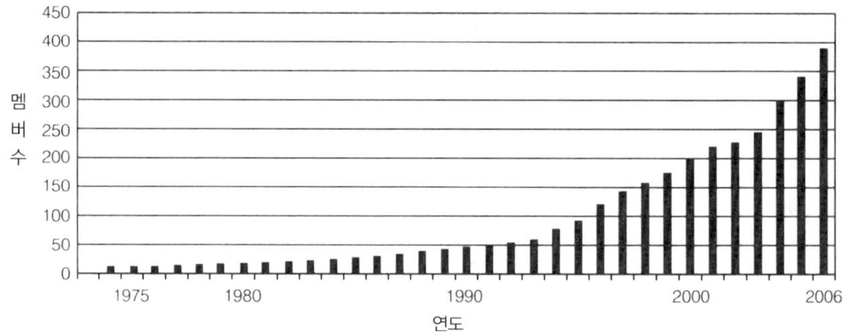

그림 3-2 마을 만들기 사업체 수의 경년변화(영국 전체)

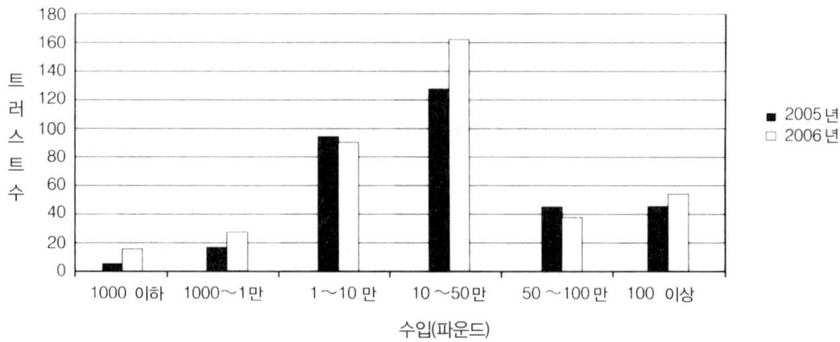

그림 3-3 마을 만들기 사업체 수입 규모(영국 전체)

록 지원하고 있다.

그 결과 마을 만들기 사업체의 80%가 에셋을 소유하고, 18%의 사업체가 100만 파운드 이상의 에셋을 소유하고 있다(그림 3-4). 대부분은 건물이며 그 중에는 토지나 시설건물을 가진 단체도 있다. 마을 만들기 사업체 전체가 에셋 매니지먼트에 의해 생긴 총이익은 1,900만 파운드이며 25%는 연간 10만 파운드 이상이라고 한다. 그리고 마을 만들기 사업체 관계자는 에셋 소유에 의해 장기간 자립적인 조직 운영이 가능해졌다는 점을 강조하고 있다.

2. 마을 만들기 사업체의 역사적 전개 : 전국 조직화와 사회적 기업으로의 과정[6]

2-1 마을 만들기 사업체의 위기와 전국 조직화

1980년대 대처 보수당 정부(1979~1990년)가 추진한 신자유주의적 정책 때문에 여러 마을 만들기 사업체가 위기 상황에 놓이게 되었다. 대처정부는 노동당이 지배하는 지자체를 무너뜨리려고 대런던청을 폐지하고 커뮤니티 개발의 시작 단계로 조직된 볼런터리 조직에 지원하는 보조금을 대폭 삭감했다.

대처정부의 재정지원을 받는 볼런터리 조직의 대부분은 복지와 커뮤니티 케어를 담당하는 민간복지단체이며, 공공서비스 공급의 대체와 보완으로 간주되었다. 이러한 볼런터리 조직의 대규모화나 관료화 등으로 근본적인 성격과 자립성을 잃은 것은 이미 제2장에서도 언급했다. 이러한 정부와 지방자치단체의 보조금, 위탁에 의존하는 경향을 마을 만들기와 관련된 많은 볼런터리 조직이 문제시되었다. 재정상의 문제는 단순히 조직 존속이 아니라 활동의 사회적 사명을 좌우한다는데 위기의식을 강하게 했던 것이다.

재정기반이 약한 볼런터리 조직은 보조금 외의 자금 획득 방법을 찾기가 어렵고 그 결과 1980년대에 많은 볼런터리 조직이 보조금을 얻어 조직을 확대하고 정부의 하청이 되는 한편, 마을 만들기와 관련된 볼런터리 조직은 보조금 중단으로 조직의 존속이 위태로워지는 양극화를 보였다.

이러한 상황을 불안정한 공적 자금에 의존하는 것에 대한 위기를 실감한 마을 만들기 사업체 지도자는 자조 에토스를 바탕으로 한 자립적인 조직을 모색하게 되었고, 그 결과 ① 에셋 매니지먼트 도입(사회적 기업으로 가는 길), ② 마을 만들기 사업체 협회의 설립이라는 두 가지 방향을 모색했다.

지도자 사이에서 커뮤니티 재생을 위한 활동을 어떻게 자립적으로 계속할 것인가? 새로운 조직은 어떻게 해야 하는가?가 논의되었다. 즉 1980년대 말 각지의 볼런터리 조직은 위탁이나 보조금에 대한 의존에 의해 사회적 사명을 잃는 것을 위기로 느꼈고, 마을 만들기를 위한 사업체는 어떻게 조직적 자립이 가능한지를 모색했다.

그 결과 마을 만들기 사업체는 전국 네트워크를 형성하고 자립을 위한 상호협조체제를 만들었으며 조직의 재정 기반을 확립하기 위해 에셋 매니지먼트, 외부 영리사업 부문의 경영 방법을 개발하여 사회적 기업화를 목표로 했다. 1990년대에 들어오면서 EU 통합과 급속한 글로벌 경제의 진전 등

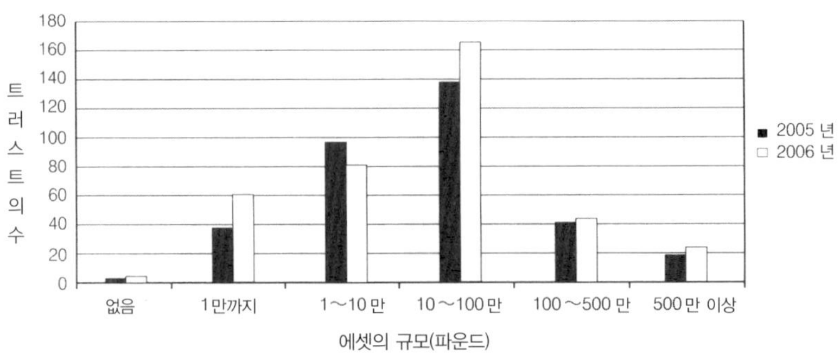

그림 3-4 마을 만들기 사업체에서 볼 수 있는 에셋의 규모

매크로 차원의 변동이 지역의 정치·사회적 구조를 크게 바꾸었다. 영국에서도 1990년대 초부터 정부의 도시재생 정책이 이제까지의 민간기업 주도에서 지자체 및 파트너십을 맡은 볼런터리 섹터로 주목을 모았던 것이 마을 만들기 사업체였다.

특히 마을 만들기 사업체를 지원한 것이 정부와 대립관계에 있던지, 지방자치단체의 세력을 억제하는 데 유효하다고 판단했던지간에 보수당 정부 수뇌부는 마을 만들기 사업체에 관심을 보였고, 이 시기에 도시재생을 담당했던 환경부는 선구적인 마을 만들기 사업체의 지도자가 계획했던 전국 규모의 협회조직 설립에 대해 약 4만 파운드의 자금 제공을 제안했다. 이것이 계기가 되어 1993년 정보교환과 상호협력, 조언, 스탭 훈련, 새로운 마을 만들기 사업체의 설립지원 등을 목표로 한 네트워크형 중간지원조직으로서 마을 만들기 사업체 협회가 설립되었다.

마을 만들기 사업체 협회는 당초 스코틀랜드의 협회가 탈퇴하는 등 지역간의 조정이 잘 이루어지지 않아 활동이 불안정했다. 또한 일부 지역단체에 의한 협회 지배를 막기 위한 이사회 멤버의 비율을 지역이 아닌 출자율로 정하는 등의 방법을 고안했다. 협회 활동은 라틴 아메리카의 민간기업에서 활동하고 있던 여성이 초대 사무국장이 되면서 더욱 진전시켰으며 멤버간의 네트워크 형성과 정책 제언 면에서 신뢰를 얻으며 많은 과제에 착수했다. 1994년에는 멤버가 100을 넘었고 또한 활동자금으로 복권기금을 획득하는 등 활동 기반 만들기가 추진되었다.

네트워크화 움직임과 동시에 조직의 자립도 크게 논의되었다. 1988년에 환경부가 출판한 「마을 만들기 사업체 창조」[7]에서는 사회적 목적을 위한 채리티 조직이 수입을 창출하는 자립적 경영모델이 제시되었다. 이 같은 움직임은 1990년대에 들어 에셋 매니지먼트라는 형태로 결실을 맺었다. 이는 마을 만들기 조직이 사회적 기업으로 조직 전환을 하는 계기가 되었다.

2-2 사회적 기업으로서 마을 만들기 사업체 : 에셋 매니지먼트로의 흐름

마을 만들기 사업체가 중시하는 자조 에토스는 1990년대 중반부터 에셋 매니지먼트라는 구체적인 방법으로 확립되었다. 이 길을 연 것이 아일랜드의 델리에 있는 이너시티 트러스트이며 1994년에 호텔 경영을 시작했고, 이 사업체 대표인 돌티 씨가 마을 만들기 사업체의 에셋 매니지먼트 기초를 만든 것으로 알려졌으며 이후 마을 만들기 사업체 협회의 회장이 되었다.[8]

또한 도시고속도로 고가 아래의 에셋 매니지먼트로 선구적 사례인 웨스트웨이 마을 만들기 사업체는 상점, 공장, 사무소에 대한 임대료 수입으로 각종 사회 서비스를 제공하고 공원 · 녹지를 정비했다. 그러나 이러한 시도도 쉽게 진행되었던 것은 아니다. 주민 중에는 비영리조직이 하는 영리사업에 반대하는 사람도 있었다. 사회적 사명을 강하게 추진한 웨스트웨이의 사업 실적을 보고 볼런터리 조직이 점차 자산을 소유하는 의의를 이해하게 되었다. 이렇게 에셋 매니지먼트에 대한 이해는 확산되기 시작하여 마을 만들기 사업체 협회 멤버의 30%가 1만 파운드 이상의 에셋을 소유하고 있다(2003년).

물론 비즈니스 영역에서 볼런터리 조직이 활동할 때 리스크가 전혀 없었던 것은 아니다. 실제로 웨스트웨이 마을 만들기 사업체는 1990년대 초 불경기 때 수익 감소와 정부보조금 대폭 삭감에 직면했다. 그러나 토지 · 건물을 소유하고 있었기 때문에 정치적 동향이나 시장의 움직임에 좌우되지 않고 조직의 목적과 이념을 확고히 유지할 수 있었다고 한다. 또한 2000년 블레어정부가 지방자치단체 개혁의 이념인 '최고가치의 원리'(best value rule)를 도입함에 따라 지자체 소유의 토지 · 건물 처분이 용이해지고 마을 만들기 사업체는 에셋 매니지먼트에 점점 더 주목하게 되었다.

웨스트웨이나 코인 스트리트 같은 선구적 마을 만들기 사업체는 에셋 매니지먼트가 볼런터리 조직의 지속적이고 독립적인 재정 운영에 큰 가능성을 가져왔음을 보여주며 각지의 마을 만들기 사업체에도 많은 영향을 주었다. 이러한 에셋 매니지먼트 방법은 협회가 1997년에 출판한 「커뮤니티 재생조직을 위해 에셋을 바탕으로 한 개발」[9]로 정리되었다. 이후 각 마을 만들기 사업체는 포괄적인 도시재생예산 등 중앙정부의 도시재생자금에 의해 시장 가격보다 싼값에 에셋을 획득하여 재정 기반을 강화했다.

2-3 마을 만들기 사업체 자립기 : 사회적 평가와 새로운 문제

1990년대 말, 블레어 노동당 내각에 마을 만들기 사업체 협회와 깊은 관련이 있는 인물이 입각함으로써 도시재생 정책과 마을 만들기 사업체에 관한 정책 담당자로서 큰 기대를 모았다. 그리고 파트너십의 추진 주체로 정치적 활동 면에서도 실천적 움직임을 보였다. 블레어정부의 '제3의 길'은 제3섹터의 사회적 역할을 인정하고 능동적인 시민을 권장한다는 것으로 마을 만들기 사업체의 이념과 매우 가깝다. 블레어는 수상으로 취임하기 전 이미 마을 만들기 사업체 협회의 전국대회에 출석하여 중핵 멤버와도 친분을 가졌고, 이 시기에 마을 만들기 사업체는 더욱 주목받게 되었다.

그러나 반대로 마을 만들기 사업체의 활동이 정치와 얽힐 위험성이 크다고 할 수 있다. 기업가 정신 육성과 이노베이션 촉진을 목표로 했던 '제3의 길'은 네오리베러리즘의 흐름과 조화를 이루었다고 지적한[10] 것처럼 개인을 엠파워하는 사회적 기업의 육성은 정부가 추진하는 자발적 경쟁과 일치한다. 마을 만들기 사업체가 사회적 기업으로 전개되는 것에는 새로운 경제를 창조하는 사회적 혁신력이 될 수 있는 한편, 그 자발성이 글로벌한 경쟁 조건에 적합하도록 재편된다는 양면성을 지닌다. 이러한 양면성 가운데 사회적 기업에는 정치적 교섭능력, 전문성 등을 높이면서 커뮤니티 요구에 대응한다는 원칙을 추구하는 것이 요구된다.

실제로 마을 만들기 사업체가 성장하고 에셋 매니지먼트의 규모가 확대되면서 비즈니스 지향이 강해지며 지역 요구로부터 멀어지고 있다는 문제도 지적되었다. 시장과 거리가 가까워짐으로써 재정이 안정되는 한편 지역사회로부터 비영리활동으로서의 공감을 얻을 수 없게 된다는 문제이다. 이러한 비판은 사회적 기업으로서 새로운 길을 여는 과정에서 분명 피할 수 없는 것들이지만 사회적 기업으로서 맡아야 할 사회성을 어떻게 지켜나갈지는 조직의 존립을 뒤흔드는 큰 문제라고 할 수 있다.

2002년 마을 만들기 사업체 협회는 사회적 기업을 지원하기 위한 독자적 금융제도인 어드벤처 캐피털 펀드를 창설했다. 마을 만들기에 참여한 커뮤니티 사업의 초기 자금을 융자하는 제도로 5년 동안은 1%의 낮은 금리로 사회적 목적을 가진 사업 착수나 에셋 소유를 용이하게 하는 등 초기 사업체 경영에 공헌하였다.

마을 만들기 사업체는 협회로서 전국 차원의 네트워크를 형성하고 소규모 사업체의 설립을 지원하며 연수 등을 통해 스탭의 전문능력을 높이는 훈련을 하였다. 이처럼 마을 만들기 사업체간의 네트워크화와 함께 새로운 움직임으로써 타 분야 단체와의 수평적 연계 움직임도 있다(제11장). 2004년부터 구체화된 커뮤니티 동맹(community alliance)은 각각 성격이 다른 4개의 볼런터리 조직의 전국 조직이 연계되어 지방자치단체에 대한 요구를 종합하는 압력 단체가 되는 것을 목표로 한다. 조직이 수평으로 연결됨으로써 지식이나 정보, 기술을 멤버끼리 교환하며 사업체의 지속적 성장을 가능하게 하고 있다.

이렇게 볼런터리 조직이 커뮤니티를 기반으로 종횡무진 네트워크화함으로써 정부와 지자체, 민간기업과 대등하게 정책 결정에 참가하여 커뮤니티 거버넌스를 추진하고 있다고 할 수 있다.

3. 사례 연구 평가

다음은 이 책에서 여섯 개의 마을 만들기 사업체의 지리적 위치와 특징을 살펴보겠다. 리버풀에서 활동하는 엘도니안 마을 만들기 사업체를 제외하고 나머지 5개의 마을 만들기 사업체는 모두 런던의 도심주변 지구에 있으며 런던의 산업구조 전환, 글로벌 경제의 영향을 직접 받는 도심부와 인접해 있다(그림 3-5).

우선 마을 만들기 운동을 커뮤니티 재생 담당 사업체로 전환시켜 이념을 형성한 선도 사업체로 다음과 같은 단체를 들 수 있다.

마을 만들기 사업체의 길을 맨 처음 열어 사회적 기업으로서 주목을 모은 웨스트웨이 마을 만들기 사업체, 웨스트웨이와 어깨를 나란히 할 만큼의 수익을 올려 노동자를 위한 도심 거주를 실현한 코인 스트리트 마을 만들기 사업체, 웨스트웨이의 성과와 경험을 이스트엔드 일대에 확산하기 위해 설립된 환경 트러스트, 리버풀의 거주지 재생을 맡은 엘도니안 마을 만들기 사업체이다.

1971년에 설립된 웨스트웨이 마을 만들기 사업체(설립 당초의 명칭은 엔캣)는 런던 중심부인 시티 남쪽의 켄징턴 첼시 구에 있다(제4장 참조). 구 남부의 첼시는 부유층이 많이 사는 런던에서도 손꼽히는 고급 주택가이다. 한편 마을 만들기 사업체가 활동하는 북부의 노스 켄징턴은 도시빈곤층, 특히 모로코계에서 이민해온 사람들이 많이 사는 지구이다. 1958년 노팅힐 폭동이 일어나면서 문제가 표면화되는 등 구의 남북으로 사회적 격차가 뚜렷하다.

웨스트웨이 마을 만들기 사업체는 유럽 최대의 도시고속도로를 노동자 주택지구에 건설하는 것에 대한 반대운동으로 시작되었다. 당초, 주택 부족과 생활환경 파괴라는 이중의 위기를 호소했던 주민은 고속도로 건설은 타협할 수 있어도 고속도로 아래의 공지는 자신들의 생활 요구를 충족시키는 공간으로 정비하도록 요구했다. 그리고 아이들의 놀이터, 보육원 등의 계획안을 작성하여 실현하기 위해 마을 만들기 사업체를 설립했다. 고가 아래의 토지는 빌린 땅으로 상점, 공장의 임대로 수익을 올리고 그 지방의 NPO 활동에 사무소를 저가로 빌려주거나 시민복지 서비스 제공의 거점 만들기 등 비수익 부문으로 돌렸다. 또한 수익 · 비수익의 양면을 지닌 스포츠 시설을 대규모로 경영하였다. 이와 같이 고가 아래의 토지를 운용함에 따른 수익을 그 지방의 커뮤니티 복지에 환원하는 수법에 에셋 매니지먼트의 본질이 있으며 웨스트웨이 마을 만들기 사업체의 사례는 개척이라는 의미가 있다.

코인 스트리트 마을 만들기 사업체는 템스 강 남쪽인 서더크구와 람베스구에 걸친 도심인접지구에 있다(제5장). 선박 하역장과 창고, 공장 등이 들어선 지역 일대는 1960년대 선박업 등이 사양길로 접어들자 폐허가 되었다. 런던의 경제활동을 떠받치는 미숙련노동자가 모여 사는 서민들의 마을은 인구 감소와 실업, 고령화 등의 빈곤 문제를 안고 있었다. 또한 서비스산업에 대한 구조 전환과 경제의 글로벌화가 진행됨에 따라 민간 개발업자에 의한 투기 개발 프로젝트가 붐을 이루며 그 지방에 원래 살던 주민들을 쫓아내는 개발이 급증했다. 이에 대해 주민의 요구를 바탕으로 한 커뮤니티 재생계획을 실현하는 주민운동이 전개되어 이후 코인 스트리트 마을 만들기 사업체를 창설했다.

투기적인 도시재개발을 피하고 도심에서도 저소득층이 살거나 일할 수 있는 환경을 지역 주민이 중심이 되어 만들기 위함이었다. 마을 만들기 사업체를 조직한 주민은 대런던청이 소유한 토지를 낮은 가격에 취득하고 상업시설이나 주차장 경영으로 수익을 올려 주택 코프를 건설하거나 공원을 정비했다. 코인 스트리트의 사례는 경제의 글로벌화에 대항하면서 지역 주민이 주체가 되어 로컬한 공간을 거버넌스하는 사례로 다루었다.

이어서 환경 트러스트인 칙섄드 시티즌스 포럼, 브롬레이 바이 보 센터는 이스트엔드라고 총칭되는 타워 햄릿구에 위치한다.

이스트엔드에는 7세기 프랑스에서 종교 탄압을 받아 망명한 신교도 유구노파 사람들이 이주해온 것을 시작으로 19세기에는 유태인, 전쟁 후에는 방글라데시에서 이민해온 사람들이 유입되어 이민, 난민, 빈곤층이 사는 지구라는 이미지가 계속 되었다. 야채 · 과일 시장 거리로 300년의 역사를 지닌 스피탈필드 지구는 유태인 거리에서 지금은 주민의 75% 가까이가 방글라데시인의 거리가 되었다.

지역 산업은 유구노들이 만든 직물, 봉제업 등이 지금도 계속 이어지고 있다. 경공업이나 화학, 수송 플랜트 공업도 입지하여 소규모 영세 가내공업이 많다. 또한 이스트엔드의 슬럼에서는 19세기 후반부터 자선활동이 활발하여 교회활동뿐만 아니라 자선가에 의한 토인비 홀 건설, 대학생들에 의한 세틀먼트 활동이 있었다.

정치적으로는 노동당 지지자가 많고, 공산주의자들의 활동도 활발하여 1945년에는 공산당 의원이 처음으로 구의회 의원으로서 당선된 경우도 있다. 마을 만들기 사업체는 정치세력과의 거리를 유지하는 것을 강조하고 있는데, 그 창설기에는 노동당 지지자뿐만 아니라 공산당 지지자도 많은 영향력을 가졌다고 한다.

이와 같이 이스트엔드에서는 늘 인종 · 민족적 차별이 복잡하게 얽혀 사회적 소외라 불리는 빈곤문제가 재생산되었고 심각한 이너시티 문제를 보이고 있었다. 이에 대해 시작 단계의 마을 만들기 사업체인 환경 트러스트는 환경개선사업을 전개하고 주민이 주체적으로 커뮤니티 재생과 마을 만들기와 관련된 조직을 고안했다.

환경 트러스트는 웨스트웨이 마을 만들기 사업체의 원래 이사장이 1979년 이스트엔드 지구 재생을 위해 설립한 조직이다. 아이들의 환경교육과 에너지절약, 자연에너지이용의 조사연구, 환경주택건설을 추진하기 위해 지구의 방치된 공공용지나 건물을 에셋으로 빌려 운영하는 수법으로 쇠퇴지역의 도시재생을 가능하게 했다(제6장). 또한 소규모 볼런터리 조직의 설립을 지원하고 주민판 금융기관(마이크로 크레디트)을 설립하는 등 중간지원 조직으로서의 역할도 담당하고 있다. 거버넌스형 마을 만들기를 유지하는 볼런터리 섹터가 자체 독립한 사업체가 되었기 때문에 재정 기반을 어떻게 확립해나갔는지 그 가능성을 검토할수있는 좋은 사례이다.

초기 마을 만들기 사업체의 네 번째 사례는 1978년 리버풀에 설립된 엘도니안 마을 만들기 사업체이다(제9장). 도심주변지구의 거주환경정비를 중심으로 한 마을 만들기 사업체로 노동당이 추진한 중앙집권형, 대규모 이

1. 웨스트웨이 마을 만들기 사업체
2. 코인 스트리트 마을 만들기 사업체
3. 환경 트러스트
4. 칙샌드 시티즌스 포럼
5. 브롬레이 바이 보 센터
6. 타워 햄릿구
7. 템스 강 8. 도크랜즈 9. 시티
10. 정부가 인정한 우선도시재생지역

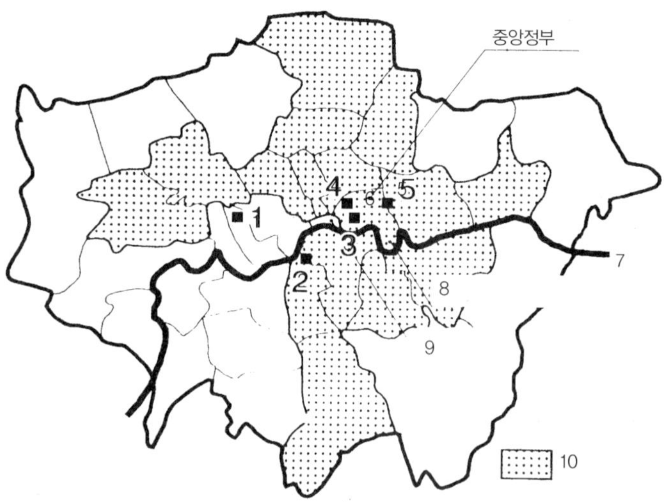

그림 3-5 런던에서 5개 분석 사례의 위치

도심 · 시티의 주변 지구에 입지. 우선 도시재생지역이란 각종 쇠퇴지표를 통해 정부가 선택한 것. 엘도니안 마을 만들기 사업체는 리버풀에 있다.

전, 물적 환경정비 중심의 슬럼 개선책에 대한 반대운동으로 시작하여 거주자가 주체적으로 주택지 개발 · 관리에 관여하여 사회서비스 공급, 민간과의 공동개발과 도시 경영까지 손을 뻗쳤다. 슬럼 클리어런스에 의한 커뮤니티 파괴가 중지되고 슬럼 주택지를 주민 주체로 재건하여 인간관계를 유지하면서 다시 거주한다는 거주지 재생사업이 전개되었다. 거버넌스형 마을 만들기의 기본이념인 커뮤니티 요구를 거주자가 직접 파악하고 계획을 입안하여 실천한 사례라 할 수 있다.

거버넌스형 마을 만들기에서 개인과 커뮤니티의 엠파워먼트를 보여주는 사례로 칙샌드 시티즌스 포럼(제7장)과 브롬레이 바이 보 센터(제8장)가 있다. 환경 트러스트의 지원으로 설립된 칙샌드 시티즌스 포럼은 영어를 못하는 벵갈인에게 보습학교를 비롯하여 이후 구에서 소유한 토지를 장기간 빌려주고 정부와 EU로부터 나오는 보조금으로 건물을 지어 사무소와 집회실을 만들고 여기서 나오는 임대료로 주민의 기업화와 커뮤니티 활동을 지원한다. 포럼의 토지 · 건물의 에셋 매니지먼트는 글로벌화에 의해 심각해지는 사회적 소외에 대해 지역사회에 잠재된 개인의 능력과 비즈니스 기회를 자원으로 활용하여 커뮤니티를 활성화하는 엠파워먼트 활동 사례라 할 수 있다.

이에 대해 개인이 살아갈 힘을 엠파워하는 것에 주력한 것이 1984년에 설립된 브롬레이 바이 보 센터이다. 브롬레이 바이 보 센터는 이제까지 교회 중심이었던 자선적 구제활동을 변혁시켜 마을 만들기 사업체로 전환한 조직이다. 지구의 빈곤문제를 근본적으로 해결하기 위해서는 자선적 활동을 하는 것뿐만 아니라 주민 스스로 지구의 교회나 공원 등 여러 자원을 이용하면서 해결방법을 찾아내는 것이 중요하다고 여겼다. 교회 목사인 A. 모슨을 중심으로 이스트엔드의 빈곤지구 브롬레이 바이 보에서 교회를 커뮤니티 재생사업의 중심시설로 두고 건강, 복지 서비스 공급과 문화예술 활동을 연결하여 사업화하고 있다. 살아갈 희망을 갖지 못한 저소득층 주민이 참가하는 과정에서 개인이 살아갈 힘과 문제해결능력을 갖는 엠파워먼트 과정을 중시한 사례이다.

〈注〉

1　全国ボランタリー・センター（NCVO）に関して、http://www.ncvo-vol.org.uk/ を参照した。

2　グランドワークの活動展開や特徴については、Groundwork, 1991, *Groundwork Ten Years On*, Groundwork Foundation と、小山善彦、1996、『英国における環境づくりの新方向』自治体国際化協会を参照した。

3　Wilcox, D., 1998, *The Guide to Development Trusts and Partnership*, DTA.

4　山崎康仁、1994、「環境問題とトラスト」加茂直樹・谷本光男編 『環境思想を学ぶ人のために』世界思想社、pp. 252-276。

5　Development Trust Association, 2006, *Annual Membership Survey Report 2006*, DTA.

6　まちづくり事業体の歴史は、Development Trust Association, 2005, *Ten: Celebrating ten years of the DTA*, DTA を参照した。

7　Warburton, D. & Wilcox. D., 1988, *Creating Development Trusts, Good Practice in Urban Regeneration*, DoE, p.76.

8　まちづくり事業体の運動は、1960 年代北部アイランドにおけるクレジット・ユニオン運動から始まった。ドルティ氏はデリーの湿地帯で生活する人びとのために自らの銀行が必要と考え、独自のクレジット・ユニオンを作り、運動を展開した。

9　Hart, L., 1997, *Asset base development for community-based regeneration organizations*, Development Trust Association.

10　渋谷望、1999、「参加への封じ込め：ネオリベラリズムと主体化する権力」『現代思想』第 27 巻 5 号、pp. 94-105。

제 4 장

시민 복지 커뮤니티의 자립적 경영

웨스트웨이 마을 만들기 사업체

1. 마을 만들기 사업체에 의한 시민 복지 커뮤니티 경영

런던의 주요 역 중 하나인 패딩턴역에서 자동차를 타고 교외 서쪽으로 간다면 웨스트웨이를 택하면 빠르다. 1970년에 개통되어 당시 유럽에서 가장 긴 토목구축물이라는 도시고속도로이다. 이 고가도로 아래 1.4km에 이르는 공간에 연도를 합한 총 9.1ha를 1971년에 설립된 웨스트웨이 마을 만들기 사업체가 경영하고 있다(Westway Development Trust, 엔캣이라 불리던 것을 2002년에 개명).[1]

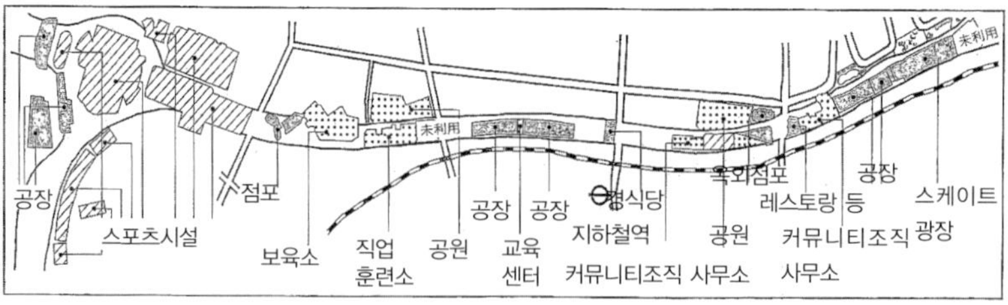

그림 4-1 웨스트웨이 마을 만들기 사업체의 토지이용 현황도
도시고속도로 고가 아래를 3종류(수익계, 중간계, 시민복지서비스계)의 토지이용으로 나누어 경영. 선형이기 때문에 서비스권이 넓다.

표 4-1 2004년도 웨스트웨이 마을 만들기 사업체의 재정 상황

총수입 : 518만 파운드			총지출 : 530만 파운드		
스포츠 레크리에이션 시설 사용료	263만 파운드	51%	스포츠 레크리에이션시설 운영비	339만 파운드	64%
토지건물 임대료	194	37%	커뮤니티 · 교육 · 예술문화활동 지원비	75	14%
건물 서비스료	30	6%	환경개선 · 관리비	14	3%
커뮤니티 런냅갬 예술문화 활동	16	3%	자선목적(사회적 목적)의 지출소계	428	81%
보조금 · 기부	3	0.6%	건물간접경비 · 대출이자	55	10%
이자 · 잡수입	12	2%	건물 서비스료	32	6%
			마을 만들기 사업체 경영비	15	3%

주: 2004년도란 2004년 4월 1일부터 2005년 3월 31일까지를 말한다.
자료 출전: Westway development Trust, Annual Review 2005, p.25

표 4-2 웨스트웨이 마을 만들기 사업체의 개발 경위

	연도	웨스트웨이 마을 만들기 사업체 관련
맹아기 (1966~71년)	1960년대 1964 1966 1967 1968 1970	• 북켄징턴 지구는 런던에서 가장 가난한 도심주변지구 중 하나 • 도시고속도로건설 결정. 강제수용에 의해 세대를 쫓아냄 • 도시고속도로건설 착공, 주민은 모험광장에 이용 • 노팅힐 주민협회 설립 • 대런던청이 주차장과 공원개발 구상 • 주민의 의향을 반영한 개발구상 결정. 모터웨이 마을 만들기 사업체로 개조. 크롬톤 의원과 주민과의 대립 심각화 • 도시고속도로 완성
요람기 (1971~75년)	1971 1974 1975	• 다른 조직인 엔켓 설립 • 젠킨스 · 2대째 이사장 취임, 고가 아래의 임대지 계약 완료 • 사회 클럽, 공장 건설 개시
조직재 · 건설기 (1976~89년)	1976 1977 1978 1979 1983 1987 1989	• '투쟁의 5년간'으로 엔켓 붕괴 직전 2대째 매트랜드 사무국장 취임 • 3대째 윌콕스 이사장 취임 • 막실러 보육원 개원 • 장기적 경영전략 입안 • 시빅 트러스트상 수상, 사회적으로 인지 • 구 보조금은 이 해가 마지막, 점차 재정적으로 자립 • 주요 건물 건설 완료, 총 투자액 32억 엔
재정적 자립기 (1990년~)	1993 2002 2005	• 마을 만들기 사업체 협회 설립 • 엔캣은 웨스트웨이 마을 만들기 사업체로 개명 • 2005년도 총 수입 10억 4000만 엔, 총 지출 10억 6000만 엔

민간 비영리 조직이자 민간 공익 조직인 웨스트웨이 마을 만들기 사업체는 이 도시고속도로 고가 아래의 땅을 장기간 빌려(120년) 토지이용을 ① 수익계, ② 중간계(스포츠 레크리에이션 시설), ③ 시민 복지 서비스계의 세 부분으로 나누었다(그림 4-1). 상공업시설에서 나오는 임대료와 스포츠 레크리에이션시설 운영에서 나오는 수익을 사업체의 사회적 사명에 따라 스포츠 레크리에이션시설의 운영 · 정비, 커뮤니티 개발 · 교육 등의 시민 복지 서비스, 공원을 포함한 환경정비 · 관리에 사용하고 있다. 그리고 그 수입원으로 사업비를 조달하여 '재정적 자립'을 확립하였다.

여기서 주목할 만한 것은 그 규모이다.

2004년도 총수입은 518만 파운드, 총지출은 530만 파운드, 지출은 ① 스포츠 레크리에이션 시설 운영(64%), ② 커뮤니티 · 교육 · 문화예술활동 지원비(14%), ③ 환경개선 · 관리비(3%) 등으로 ①②③을 합한 총액은 428만 파운드, 81%를 차지한다. 시민 복지 서비스율이 81%라는 것이다(표 4-1). 엄청난 규모의 사업이며 건물을 중심으로 한 총 자산평가액도 2,790만 파운드로 거액이어서 경영은 자립 · 안정적이며 총 고용자수도 800명, 도시 극빈곤지구에서의 지역 경제 활성화에 기여한 바가 크다. 그리고 1993년에는 커뮤니티 기업기구의 특별상을 받을 정도로 성장했다.

> 이상은 〈지속가능〉한 도시재생 프로젝트에 대한 것입니다. 영국 최초의 커뮤니티 기업이며 후발 프로젝트에 도시경영의 새로운 발상과 희망을 주고 있습니다.[2]

사업체로서 영리를 추구하고(기업성), 일반기업과 마찬가지로 효율적으로 경영하고 수익을 시민 복지 서비스 형태로 커뮤니티에 환원한다는(사회성) 점을 평가하고 있다. 즉 기업성과 사회성을 양립시킨 커뮤니티 기업이라는 것이다.

웨스트웨이 마을 만들기 사업체의 경험은 '이제 자립을 위한 제2세대에 들어섰다. 그러나 공익과 영리의 뚜렷하지 않은 구분이라는 과제도 있다'.(아사히신문, 2003년 4월 1일자)는 일본에서의 논의에 '이 웨스트웨이 마을 만들기 사업체에서 볼 수 있듯이 공익과 영리는 양립할 수 있다.' 는 것을 강하게 시사하고 있다.

이 장에서는 선구적 사례인 웨스트웨이 마을 만들기 사업체를 예로 들어 첫째 '볼런터리 조직은 마을 만들기 사업체를 어떻게 운영하여 재정적 자립을 이루었는가' 그 경위를 분석하고, 둘째 '장기간 안정적으로 독자적인 경영 판단에 의해 제공하는 시민 복지 서비스란 무엇인가, 사업체가 목표로 하는 시민 복지 커뮤니티란 무엇인가' 에 대해 고찰한다. 그리고 볼런터리 조직이 정부 · 시장에 이어지는 '제3의 주체' 로서 시민 복지 서비스를 제공하기 위해 지역 요구를 파악하고 사회성과의 밸런스를 유지하면서 기업화하고 재정적 자립을 실현하고 있음을 밝힌다. 그리고 이들 활동을 통해 거버넌스형 마을 만들기에 대한 전개를 고찰해보고자 한다.

2. 볼런터리 조직의 형성 과정

웨스트웨이 고속도로가 있는 북켄징턴은 19세기 말에 개발된 조례주택지로, 런던에서도 가장 빈곤한 이른바 버려진 도심 주변지구였다. 60년대 좌익활동가는 '사회적으로 소외되었다' 는 분노 때문에 격한 정치운동을 전개했다. 폐쇄적 관리의 공동공원을 점거하여 커뮤니티에 개방을 요구, 전국 최초로 임차인의 권리를 옹호하기 위한 주택행동센터와 법률상담센터를 개설했다. 또한 1966년부터 노팅힐 카니발을 만들어낸 주민 파워도 갖고 있었다. 그리고 60년대 후반, 도시고속도로건설이 시작되었을 때 주민들은 심하게 저항했다.

이 같은 일련의 행동들이 시작되어 켄징턴 · 첼시 구의회와 대런던청은 움직였다. 그리고 고속도로 아래의 토지를 커뮤니티가 인수한다는 전대미문의 일이 일어났다.[3]

볼런터리 조직의 형성과 재정적 자립에 이르는 경위로 볼 때 볼런터리 조직의 '발아기', '요람기', '조직재편 · 건설기', '재정자립기'의 4기로 나눌 수 있다.

2-1 볼런터리 조직의 발아기(제1기, 1966~1971년) :

'어린이 놀이터를 만드는 모임'에서 '모터웨이 마을 만들기 사업체'로 '볼런터리 조직의 발아기'는 사회적 소외를 해결하려는 정치운동과 고속도로건설 반대 및 지역시설 정비를 원하는 주민운동이 힘을 모아 고가 아래의 공간을 경영하는 볼런터리 조직으로 자란 시기이다. 1966년부터 1971년에 걸친 약 5년간을 제1기로 했다.

전쟁 전부터 구상되었던 도시고속도로건설은 가난한 노동자 1,000명에게 이주하도록 압박하고 주택 600호를 부수어 지역사회는 말 그대로 폐허가 되었다. '지옥 같다. 당장 재 거주용 집을 제공하라' 등 반대 운동시 사용되던 플래카드 내용 중 한 문구이다. 소음 · 진동으로 인한 거주환경 악화도 운동에 박차를 가했다.

1966년 도시고속도로건설 착공을 계기로 전환기를 맞았다. 젊은 지역활동가들은 지역의 지원을 받아 고속도로 예정 공지를 놀이터로 잠정 이용하여 어린이들이 마음껏 놀 수 있게 하려는 데 뜻을 모았다. 당시의 문서 · 팸플릿에는 '어린이를 위해 놀이터와 레크리에이션시설 정비를'이라는 요구문언을 많이 볼 수 있다. 정치운동과 주민운동은 '어린이를 위해'를 공통표어로 사용하고 또한 '고가 아래의 공간을 지역사회를 위해 어떻게 이용할 것인가'를 구체적인 테마로 지역에 대해 깊이 생각했다.

고가 아래 토지의 지주였던 대런던청은 1967년 '교차부 아래의 대공간은 공원녹지, 중앙은 버스 주차장으로 이용한다' 는 안을 내놓았다. 지역 주민의 활력을 무시하는 대응안을 내놓은 것이다.

주민 그룹인 어린이 놀이터를 만드는 모임은 부정적으로 받아들이고, '더 이상 최악의 이용안은 없다. 너무 부적절하고 퇴보적인 안이다.', 그리고 '고가 아래는 위험하다. 그러나 어찌됐건 여기에는 공간이 있다' 고 보고 1968년 봄 보육원, 공원, 스포츠센터, 예술센터, 창고, 레스토랑을 포함한 종합적인 '대체안' 을 독자적으로 정리했다. 고가 도로 아래에 무엇을 만들기를 원하는지 주민들은 행정에 모든 요구를 제시했다.

이 대체안은 낭만적인 꿈을 그린 것에 불과하다며 부정적으로 평가되었다. 같은 토지의 이용을 여러 조직에 약속하는 등 나중에 혼란이 예상되는 계획내용이었다는 것도 사실이지만 다음과 같은 2가지측면에서 주민요구를 공간화한 제1차 안으로 평가할 수 있다고 생각한다. 첫째, 그 공간 구성에는 토지이용상의 합리성이 분명히 인정된다. 슈퍼마켓, 점포의 입지는 기존 상점가 · 노상 마켓, 지하철역과 관련하여 회유성을 만들어내도록 배려하고, 교차부 아래의 넓은 토지는 실내 스포츠센터, 각종 운동광장, 모험광장 등을 상정했다. 둘째, 토지이용을 유형화하면 사업내 비용이전이라는 발상을 읽을 수 있다. 토지이용은 ① 녹지계, ② 커뮤니티시설계, ③ 상공업계, ④ 스포츠계의 네 가지로 분류할 수 있고 ③을 수익계로 상정했으며, 주민 조직은 이미 67년 초 고가 아래의 토지 건물을 빌려 어느 정도의 사업수입을 얻을 수 있다는 소박한 원리를 생각하고 있었다고 한다. 어찌됐든 과하다 싶을 정도의 주민 요구를 공간화한 것이지만 공간이용의 원형을 읽을 수 있다. 또한 이 대항적인 제1차 안의 책정을 통해 주민 조직, 대런던청, 지자체가 참가하는 작업부회가 설립되었고 그 지역의 유력자도 적극적인 관심을 갖게 되었다. 어린이놀이터를 만드는 모임은 점차 지역조직으로 인정받게 된 것이다.

그림 4-2 1978년 여름, 건설 제3기에 들어간 엔캣의 상황
아직은 빈곤함이 엿보이는 광경이다.

그리고 1968년 가을, 임의 단체인 어린 놀이터를 만드는 모임은 지역 주민과 구의회 의원으로 구성된 민간 비영리 조직, 모터웨이 마을 만들기 사업체로 개조되었다. 리더격인 아담스 씨에게 당시의 사정을 들어보았다(2002년 7월).

> 나는 커뮤니스트입니다. 이곳은 런던에서도 노동자가 가장 많고 황폐한 곳이었습니다. 운동센터나 수영장은 망가졌고 코인 런드리도 폐지될 만큼 행정적으로 무시받던 곳이었습니다. 관련된 지역 그룹이 모여 지자체와는 다른 독립된 민간 비영리 조직을 만들어 건설, 관리한다는 이미지였습니다.

당시 모터웨이 마을 만들기 사업체는 '공적인 시설이며, 정비 자금은 당연히 국가 · 지자체의 책임이지만 건설 내용의 결정과 운영은 주민들의 요구를 가장 잘 아는 주민 주체의 사업체가 맡아야 한다'고 주장했다. 한편 보수적이었던 구의회는 '세수가 없는 켄징턴지구에 직접 투자하는 것을 피하기 위해 볼런터리 조직이 바람직하다'고 여겨 '볼런터리 조직'에 의한 운영이라는 점에서 큰 차이가 없었다.

그림 4-3 2002년 겨울, 25년 후 정비된 공원(그림 4-2와 같은 장소)

2-2 볼런터리 조직의 요람기(제2기, 1971~1975년) : 엔캣 설립

공적 자금을 정말 조달할 수 있을까, 즉 '어떻게 만들까' 는 또 다른 어려운 과제로서 1971년부터 75년까지의 '요람기' 는 충분한 고통을 겪었다. 볼런터리 조직의 '발아기' 였던 동시에 정치운동조직으로서의 한계도 함께 느꼈다.

고가 아래의 사업은 모터웨이 마을 만들기 사업체가 당연히 담당하는 것으로 생각했지만 정치적인 문제로 1971년 구의회 보수계 의원의 영향력으로 다른 볼런터리 조직, 엔켓(NKAT, North Kensington Amenity Trust)이 결성되었고, 두 조직은 주도권 싸움을 하게되고 지역 커뮤니티는 혼란에 빠졌다. 혼란의 이유는 두 가지이다.

첫 번째 이유는 보수계의 우두머리인 크롭톤 의원이 '지역활동가가 모터웨이 마을 만들기 사업체를 지배하고 있다' 고 여겨 경계했던 것이다. 지도자인 아담스 씨는 '토론회에서 앞에 앉아도 보수계 의원은 얼굴을 돌렸다' 고 회고한다. 양자의 대립은 1974년 엔켓 이사회 선거에서 3명의 지역활동가가 이사로 뽑힌 시점에서 극에 달하였다.

하지만 왜 크롭톤 의원은 구의회가 강하게 컨트롤할 수 있는 공적 기관이 아닌 모터웨이 마을 만들기 사업체와 같은 민간 비영리 조직 엔켓을 설립하려고 했을까. 보수계 의원은 고정자산세(구세)의 상승이 적은 빈곤지구

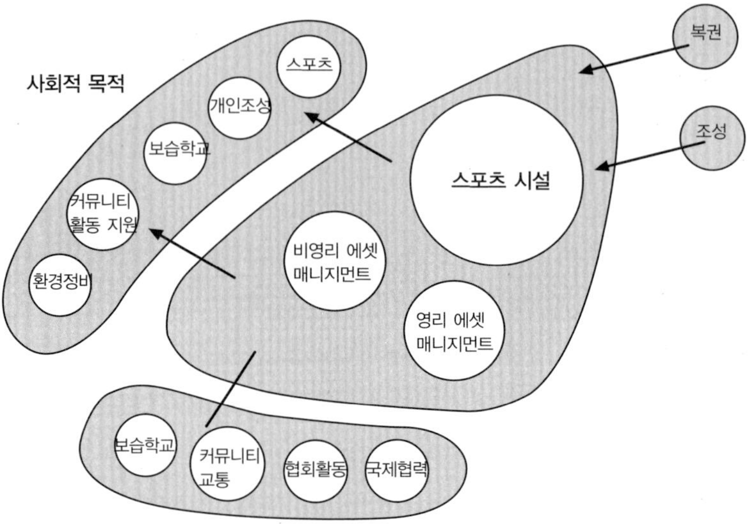

그림 4-4 웨스트웨이 마을 만들기 사업체의 경영구조도
2대 수입원은 스포츠시설 경영과 에셋 매니지먼트이다. 사회적 목적은 주민 복지 서비스와 거주환경 정비가 중심이 되었다.

에 대한 공공투자를 강하게 반대했고 '빈곤지구에서 거주환경을 개선하기 위해 공적 기관, 민간 비영리 조직, 민간의 각 섹터를 묶어 커뮤니티의 왕성한 에너지를 이끌어내는 것 외에 방법이 없다.'[4]고 여겼다. 지금까지의 공공투자 누적에도 불구하고 좀처럼 개선되지 않는 빈곤과 거주환경이라는 도시 현실을 직시했던 회사경영자와 지주에게 주중매인이라는 보수계 의원다운 판단이다.

이 시기에 같은 고가 아래의 공간 경영을 둘러싸고 두 민간 비영리 조직 모터웨이 마을 만들기 사업체와 엔켓이 존재했다. 모터웨이 마을 만들기 사업체는 엔켓에 대한 비판을 계속하며 양자는 격하게 대립했다. '정치 게임을 즐기고 있으며 쓸데없는 시간 낭비에 불과' 하다고 1970년대 중반 엔켓은 조직 붕괴에 직면했다.

혼란의 두 번째 이유는 의회에서 기대했던 엔켓의 사무국 체제가 약했던 것이다. 초대 사무국장이었던 페리 씨는 원래 영화 프로듀서였으며 지역에 대한 관심은 많았지만 기업화를 위한 전문적 지식이 결여되어 격한 정치적 대립을 진정화시키지 못했다.

그러나 실무에 관한 지혜와 스탭 자금을 갖지 못한 모터웨이 마을 만들기 사업체는 사업실현이라는 점에서 더욱 지연되었고 비판세력에 밀려 결국 소멸되었다. 1975년 손수 만든 광고지에서 엔켓의 활동을 다음과 같이 평가했다.

사무국 운영은 매우 비효율적이어서 10점 만점에 1점에 불과했고 건설착수는 조금씩 진행되고 있으므로 5점, 주민들의 의욕을 이끌어낸 점은 호응이 없어 1점, 종합 평가로는 2점, 내년에는 더욱 분발하자.[5]

대립과 혼란이 계속된 엔켓의 사무국 운영에 대해서는 '1점' 으로 심했다. '건설착수 5점' 이란 1974년에 2대 이사장인 젠킨스 씨가 취임하여 고가 아래의 임차지 문제를 해결하고 건설에 착수한 점을 평가한 것이다. 사실 엔켓의 75년도 연차보고서는 '드디어 알찬 성과가 나왔다' 고 기록하고 있다.

젠킨스 이사장은 노동당 국회의원의 부인으로 '노블레스 오블리지' 를 느끼는 여성이었으며 조정 능력과 도시경영 재능이 풍부했다. 젠킨스 씨는 '반드시 자금을 이끌어내는 사업을 시작해야 한다. 어떻게든 기회를 잡는다' 고 확신하고 영리사업에 착수했다. 당초 주민들은 영리사업의 상업주의적인 것을 기피하여 다음과 같은 견해를 보였다고 한다. 따라서 스스로 이익이 되는 사업에 손을 댄다는 것은 예상치 못했던 일이다.

> 토지개발에서 이익을 올린다는 것은 과혹한 집세를 물리는 지주 · 집주인과 같은 발상이지 않은가. 이 사업은 우리가 하는 것이며 적의 생각과는 반대다(1990년 매틀랜드 사무국장 인터뷰).

젠킨스 씨는 볼런터리 조직이 자체재원을 확보하는 것은 정치적 대립에서 중립이었기 때문에 중요하다고 주장하고 주민들을 설득했다. 수익원을 경공업으로 한 점도 토지였기 때문에 합리적이었다. 전형적인 빈곤지구이며 민간의 상업투자는 기대할 수 없었고 창고와 달리 공장 유치는 지역에 고용을 창출한다.

초기인 1974년에 개발방법은 크게 3가지였다. 모험광장은 주민 그룹이 활동해 대런던청에서 보조금을 받아 건설되었다. 경공업 공장 건설은 독지가의 개인 보증에 의한 은행융자로 조달하였고, 민간 비영리 조직을 위한 사무소 건설은 지역 건설업자의 선의로 만들어졌다. 그야말로 모든 수단을 동원한 힘든 과정이었다.

2-3 볼런터리 조직의 재편과 시설 건설기

(제3기, 1976~1989년) : 사업의 약진

조직 재편과 시설 건설의 제3기는 1976년부터 시설이 완성된 89년까지의 기간으로 16개의 주요사업을 완성시켰으며 총 투자액은 1600만 파운드였다. 이러한 다이내믹한 사업 전개로 '약진기' 라고 일컫는다. 76년에 초대 엔켓 사무국장이 건강악화를 이유로 사임했으며, 2대 사무국장으로 매틀랜드(재임은 1976~2005년)가 취임했다.

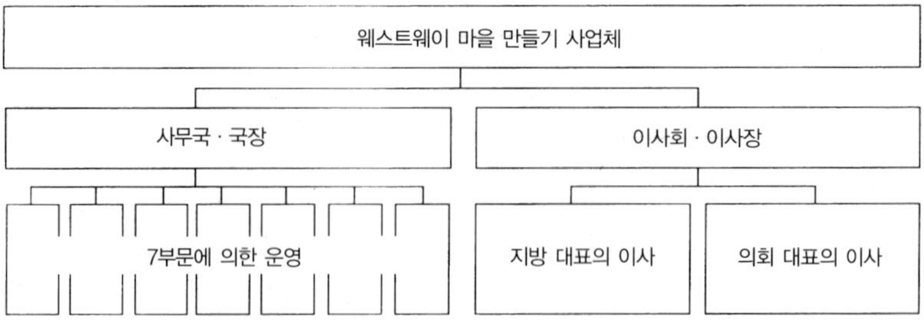

그림 4-5 웨스트웨이 마을 만들기 사업체의 조직도
각지의 마을 만들기 사업체에 공통된 조직구조

여기서는 '민간 비영리 조직의 운영 조직'과 '사업 약진 상황'이라는 두 가지에 대해 설명하려 한다. 민간 비영리 조직은 일반적으로 이사회와 사무국으로 구성된다. 이사회는 경영 방침을 정하고 사무국은 경영을 전문적으로 맡는다. 현재 웨스트웨이 마을 만들기 사업체의 이사회는 15명으로 구성되어 있으며, 이사장 1명, 켄징턴 · 첼시 구의회가 추천한 의회 · 지자체 관계자 7명, 개별 볼런터리 조직에서 선거로 뽑힌 주민 7명이며 사무국이 사무를 집행한다(그림 4-5).

이사회에서의 논의는 지역 민주주의의 성숙도를 나타낸다. 민간 비영리 조직 활동은 이사장이 어떤 자질을 갖춘 인물인가에 따라 크게 좌우되며 사무국장의 역할에 따른다. 이처럼 제3기에는 젠킨스 이사장이 조직 재편에 역점을 두고 매틀랜드 사무국장이 건설을 추진했다. 이 두 사람은 명콤비였으며, 조직은 순풍에 돛을 단듯 원활하게 운영되었다.

다음은 제3기의 사업 약진을 1975년과 1990년의 지표들을 비교하면서 구체적으로 파악해보면 완성된 건물의 총 바닥면적은 280㎡에서 2만 3,200㎡로 80배, 공원 등의 녹화면적은 1,000㎡에서 4.86ha로 50배, 스포츠시설 이용자 수는 주 100명에서 2,500명으로 25배, 수익계 상업시설의 테넌트수는 0에서 96, 민간 비영리 조직의 테넌트수는 1에서 34, 웨스트웨이 마을 만들기 사업체가 독자적으로 부여한 소액 커뮤니티 활동 교부금은 0에서 4만 파운드로 모두 대약진을 이루었음을 알 수 있지만 사업체의 스탭수는 13명에서 44명으로 3배 증가했을 뿐이다.

매틀랜드 씨가 사무국장 취임을 요청받았던 1976년 초, 조직은 '1971년부터 76년의 〈투쟁 5년간〉으로 붕괴 직전이었다'고 한다. 앞에서도 언급한 초기 개발의 3가지 수법은 76년 시점에서 어떻게 진행되었을까. 건설업자의 선의로 짓기 시작한 사무소 건설은 당사자가 사망하고 구두 약속이었기 때문에 일부 미완성인 상태로 방치되었고, 은행융자를 받은 공장건설은 이

그림 4-6 웨스트웨이 마을 만들기 사업체 간부
매틀랜드 사무국장(좌)과 베버리 부사무국장. 손에 든 도면은 하워드의 교외 전원도시 구상과 기성 시가지에서 전개되는 마을 만들기 사업체를 일체화한 것이다.

율이 20%라는 엄청난 조건 때문에 지불은 좌절되었다. 그나마 구에서 나오는 보조금으로 모험광장 건설이 진행되었고, 일하는 엄마 그룹이 지혜를 짜내 민간 비영리 조직 및 중앙 · 지방정부에서 자금을 모아 보육소와 주간 탁아소를 건설했다. 사무국장 취임을 요청받았던 겨울 어느 날 매틀랜드 씨는 지역을 돌며 '더 이상 어려울 게 없다' 고 판단하여 사무국장에 취임했다.

우선 해결해야 할 검토과제는 어떻게 수익성 토지이용을 설정할 것인가였다.

고가 아래를 걸으면서 여기에 많은 토지가 있는데 어떻게 이용하면 좋을지 생각했다. 주민들은 영리목적의 상업개발을 반대하며 커뮤니티 생활을 풍요롭게 하는 개발을 원하고 있다. 여러 모로 설득도 해봤지만 결국 수익률은 2할에 그친다. 이것만으로도 재정적 자립이 가능하다고 보고 타협을 했다. 앞으로 수익률을 5할로 해야 한다' (2002년 2월 매틀랜드 사무국장 인터뷰).

그는 '영리개발, 사회개발이라는 수익의 사업내 순환, 즉 사업내 비용이전이라는 발상을 당초부터 내놓았으며 단순한 토지개발에 그치지 않고 널리 도시경영을 포함하고 있었다.[6] 이처럼 제3기에 사업이 약진되었던 것은 매틀랜드 씨의 지도력이 큰 몫을 했다고 본다. 시카고대학의 대학원생 시절부터 사회복지 실천에 관심을 가졌고, 70년대 중반은 런던의 극빈곤지구인 이스트엔드에서 세틀먼트 운동에 매진했다. 마침내 사회 저변에 있는 사람들의 생활과 커뮤니티에 시선을 돌린 마음 따뜻한 인물이다. 그는 자선사업의 제도와 법률을 숙지하여 정치적 대립을 이겨내는 명확하고 뛰어난 전략을 구사하는 인물이었다.

실천하면서 배우고, 몸에 익힌 매틀랜드 사무국장의 종합력은 전문가(프로페셔널)나 기술적 숙련자(테크니컬 엑스퍼트)가 지닌 한정된 영역의 전문지식과 많이 다르다. 소위 직업적 전문가와 시민을 중개하는 사려 깊은 실천가(reflective practitioner)였다고 할 수 있다.[7] 매틀랜드 씨는 사무국 스탭에게 '첫 번째 실패는 어쩔 수 없다. 하지만 두 번째 실패는 용납할 수 없다' 고 늘 말해왔다고 한다. '사려 깊은 실천가는 행동하면서 생각한다' 라는 말은 실무를 중시하는 그의 행동 패턴 자체라고 할 수 있다.

2-4 볼런터리 조직의 재정적 자립기(제4기, 1990년~현재) : 엔켓에서 웨스트웨이 마을 만들기 사업체로

제4기인 '재정적 자립기' 는 1980년 말에 시작된다. 1989년도 결산(90년 봄)의 수지는 125만 파운드로 거의 균형을 이루었으며 전체적인 재정은 자립 단계에 이르렀다. 수입은 토지건물 임대료(70%), 구에서 나오는 보조금(18%), 스포츠 레크리에이션 시설 사용료(8%) 등이며, 지출은 ① 건설 대출 이자 지불(25%), ② 스포츠 레크리에이션 시설 운영비(23%), ③ 환경정비·관리비(15%), ④ 커뮤니티 개발비(5%)로 이어진다. ② ③ ④를 더한 시민 복지 서비스율은 43%이다. 1986년에 시작된 지방 커뮤니티 활동을 지원하는 소액 조성금은 이 시기에도 계속되어 행정 서비스의 틀을 넘은 독자적이고 매우 세세한 시민 복지 서비스를 제공했다.

특히 스포츠 레크리에이션 시설 운영은 시민 복지 서비스임과 동시에 큰 수입원이 된다는 것을 '발견' 한 점은 크다. 스포츠 레크리에이션 시설의 주요 부분은 1974년부터 83년에 걸쳐 정비되어 89년도 결산에서는 수입 10

만 파운드로 총수입의 8%, 91년도에는 45만 파운드로 28%에 그쳤지만 2004년도 결산에서는 수입 263만 파운드로 크게 늘어나 51%나 차지했다. 스포츠 레크리에이션시설 사업을 전개함으로써 공익과 영리가 양립하는 재정적으로 안정된 조직으로 자리잡았다.

웨스트웨이 마을 만들기 사업체는 이러한 발견을 2005년 스포츠 레크리에이션 시설을 개설하고 수영장, 실내 레저 센터, 복합 댄스교습공간을 포함한 새로운 사업을 구상하여 계획허가를 얻었다(2007년 8월). 또한 환경트러스트도 복합 스포츠 시설을 구상하였다.

조직 내부의 충실로 외부에 대한 관심도 넓혔다. 매틀랜드 사무국장은 '커뮤니티에 뿌리를 내린 도시 재생' 성공에 자신감을 얻어 웨스트웨이 마을 만들기 사업체의 사상과 기술을 전국에 알리기 위한 마을 만들기 사업체 협회를 창설(1993년)하는데 전력을 다했다. 협회의 설립 목적은 새로운 마을 만들기 사업체를 전국 각지에 키워 허브 조직으로서의 지역 지부를 중핵으로 네트워크를 만드는 것이며 중간지원조직으로서의 역할을 다하는 것이었다. 협회의 사무국장은 엔켓의 과거 스탭이 맡았으며 그런 의미에서 엔켓은 인재육성의 장이기도 했다.

3. 시민 복지 서비스 제공과 시민 복지 커뮤니티 형성

웨스트웨이 마을 만들기 사업체의 사회적 사명은 '시민 복지 서비스를 독자적으로 제공하고 시민 복지 커뮤니티를 형성한다'는 점에 있다. 커뮤니티 기업으로서 시장원리에 따라 크게 수익을 올리고 이를 비시장원리에 입각하여 시민을 위한 복지 서비스에 얼마나 환원하느냐 하는 사업체의 이념과 경영에 관련된 중요한 점이다. 여기서는 '시민 복지 서비스란 무엇인가', '시민 복지 커뮤니티란 무엇인가'에 대해 검토해 보겠다.

그림 4-7 도시고속도로 교차부 아래를 승마연습장으로 사용

3-1 시민 복지 서비스란 무엇인가

시민 복지 서비스란 지역 주민이 참가 · 운영하는 볼런터리 조직이 독자적인 경영 판단으로 지역의 생활 요구에 세심하게 대응하면서 복지 서비스를 제공하는 것을 말한다. 여기에는 '전후 복지국가정책은 널리 국민을 대상으로 생활 보장을 목표로 해왔지만 왜 오늘날까지도 도시 극빈곤지구나 도시 빈곤층이 사회적으로 배제되어 생활조차 어려운 상태에 있는가' 하는 전후 복지국가에 대한 비판이 있다.

웨스트웨이 마을 만들기 사업체가 제공하는 시민 복지 서비스는 2004년도 결산에서 총액 428만 파운드, 대상 인구는 약 10만 명이다. 마을 만들기 사업체는 독자적으로 시민 복지 서비스를 제공하고 국가 · 지자체 서비스와 상호 영향을 주며 개선해나가면서 다양한 지역 요구에 대응하고 있다.

그림 4-8 교차부 아래를 실내 테니스연습장으로 사용

시민 복지 서비스란 구체적으로 무엇을 말하는가. 2004년도 결산서에서 말하는 '직접적 사회 목적에 대한 지출' 이 해당된다(표 4-1). 내용은 ① 스포츠 레크리에이션 시설 운영, 스포츠 개발 지원(지출 총액에 차지하는 비율은 64%), ② 커뮤니티 개발 · 교육 · 예술문화활동에 대한 지원(14%), ③ 환경개선과 관리(3%)의 세 가지 사업군으로 직접적 사회목적의 지출이 총지출에서 차지하는 비율, 즉 사회 목적 지출률이 81%로 매우 높다. 사회 목적 지출률은 1989년도(42%), 1994년도(52%), 2000년도(72%)로 늘어나 웨스트웨이 마을 만들기 사업체가 자선조직으로서의 목적, 즉 사회성을 정착시켜왔음을 알 수 있다.

우선 ① 스포츠 레크리에이션 시설은 총지출에서 차지하는 비율이 64%, 총수입에서 차지하는 비율도 51%로 모두 높다. 경영 안정에 기여함과 동시에 이 수입이 있어야 비로소 ② 커뮤니티 개발 · 교육 · 예술문화활동에 대한 지원이 가능해진다. 그리고 매틀랜드 사무국장은 '스포츠 활동을 통해 다양한 계층의 사람들이 차별 없이 교류한다' 는 점에 주목하여 '스포츠 시설 운영은 커뮤니티의 강한 유대 만들기에 크게 기여한다' 고 말한다.

②의 커뮤니티 개발 내용은 다양하다. 볼런터리 조직이 자립하여 독자적 활동이 가능하도록 자금, 전문적 기술, 나아가서는 인적 지원을 하는 런던에서 3번째로 규모가 큰 커뮤니티 교통 정비, 비디오대학 운영, 새로운

그림 4-9 커뮤니티 조직의 사무소에 저가로 빌려준다.

시민 복지 서비스 사업 개발 · 지원, 20개의 지역 볼런터리 조직에 시장 가격의 1/3로 사무소를 빌려주는 등이 있다. 그 중 인상 깊은 것은 자금 원조에 한하지 않고 전문직 스탭을 두어 인적, 기술적으로 지원하고 있다는 점이다. 매틀랜드 사무국장은 2000년 전후 시점에서 '모로코 여성 센터를 방문해 여러 가지 상담을 하고 있다' 고 자주 말해왔다. 시간을 내어 먼저 현장에 나아가 난민 · 이민 커뮤니티를 지원하고 있던 것이다.

사업체에 등록한 지역 볼런터리 조직은 83개, 그 중 약 50개 조직을 지원, 협동하고 있다. 사업체 스탭의 바람은 이러한 개별 볼런터리 조직의 자립 강화와 함께 연계 네트워크를 형성하는 데 있다고 한다. 개별 조직과 커뮤니티의 2단계에서 지역자체관리(엠파워먼트) 강화이다.

커뮤니티 개발 소위원회의 이사는 인터뷰에서 사회 이념에 대해 다음과 같이 말한 바 있다.

> 이미 사회는 풍요로우며 따라서 좋은 사회란 사람들 사이에 교류가 생기고 사회관계가 구축되는 것을 말하는 것이 아닐까 싶다. 웨스트웨이 같은 공용 공간이 필요하다.

그리고 '사업체의 스탭들은 늘 커뮤니티에 들어가 우리 이사들보다 커뮤니티를 더 잘 알고 있다' 고도 말해 사업체 스탭에 대한 두터운 신뢰를 표했다.

다음은 ②의 교육 지원액은 28만 파운드, 지출 총액에서 차지하는 비율이 5%로 많지는 않다(2005년 현재). 그러나 개인의 자립 지원책으로서 중요하며 이런 개인의 엠파워먼트가 앞서 말한 커뮤니티 개발에 의한 볼런터리 조직의 자립 · 연계와 겹쳐 강한 커뮤니티를 형성하고 있다.

'커뮤니티란 심오한 것이다' (매틀랜드 사무국장)라는 것이다. 교육 지원으로서 과거부터 해온 생애교육, 성인 재교육과 함께 90년대 중반부터는 이민 소그룹을 위한 친자보습학교지원 프로그램에 힘을 기울였다. 그리고 2004년부터 11개의 보습학교 연계 강화와 네트워크 형성, 교육 프로그램과

교재 공동개발, 공통교재센터 설립에 주력하고 센터 건물도 제공하였다. 개별 보습학교는 개인의 자립을 지원하며 보습학교의 연계, 즉 교육 네트워크 강화는 강한 커뮤니티 형성에 기여하고 있다.

3-2 시민 복지 커뮤니티란 무엇인가

시민 복지 서비스, 시민 복지 커뮤니티라는 이름을 붙인 배경에는 또 하나의 의미가 있었다. 하워드는 약 100년 전인 1898년에 "내일 : 진정한 개혁에 이르는 평화의 길"이라는 1권의 책을 냈다. 그리고 전원도시 경영의 궁극적인 목적은 토지개발이 아니라 민간 영리 한정적 조직이 토지 · 건물을 경영(에셋 매니지먼트)하여 개발이익과 지대로 '작은 지역단위에서 노령연금 등 독자적으로 복지 서비스를 제공할 수 있는 상태' 로 하는 데 있다고 말했다. 그리고 이런 바람은 현대의 마을 만들기 사업체로 계승되고 있다 (제1장 1-3 참조).

마을 만들기 사업체는 커뮤니티라는 소단위를 대상으로 독자적 시민복지 서비스를 제공하고 도시 빈곤층을 위한 세이프티 네트를 형성하는데 노력하며 나아가서는 커뮤니티 교육 개발을 통해 개개인과 볼런터리 조직의 자립과 연계, 네트워크화를 지원하여 강한 커뮤니티를 실현한다. 시민 복지 커뮤니티는 생활 향상의 단위임과 동시에 사회 변혁의 기초 단위이기도 하다.

그림 4-10 광장의 가설 텐트
일요일은 일대가 마켓으로 변한다.

4. 마을 만들기 사업체에서의 재정적 자립성 확보

웨스트웨이 마을 만들기 사업체는 1971년에 탄생하여 이후 30년 동안 '볼런터리 조직이 토지를 개발 · 운영하며 장기적 관점에서 자체재원을 확립하고 있다는 점에 많은 관심을 가져왔다' (매틀랜드 사무국장 인터뷰)고 한다.

이 말에는 지방의회의 정쟁, 중앙정부의 갑작스런 복지예산 삭감과는 무관한 곳에서 주민의 요구를 바탕으로 재정을 자주적으로 확보하여 안정적으로 경영하겠다는 그의 바람이 나타나 있다. '지역자체관리[8]' 사상이며, 이 사상을 유지시키는 경제적 수단이 '재정의 자립성' 이다.

4-1 재정적 자립 확보

재정적 자립성을 어떻게 확보했는지 다음과 같이 다섯 가지 관점에서 살펴보겠다.

첫째, 고가 아래의 토지와 인접해 있는 땅을 빌릴 수 있었다는 점이다. 토지는 고속도로를 건설할 때 이미 대런던청이 강제수용하고 있었지만 앞서 말한 대런던청의 공원 · 주차장안은 주민 · 구의회가 모두 반대하여 안이 폐지되었다. 문제는 보수계의 우두머리인 크롭톤 의원인데, 그는 '구의회의 의향을 듣지 않는 주민조직(모터웨이 마을 만들기 사업체를 일컬음) 때문에 대런던청에서 토지를 빌려주지 않는다' 고 강하게 주장했다. 구의회와 주민조직을 상하관계로 두고 돈과 제도로 다스리겠다는 발상이다. 양자는 서로 받아들이지 않다가 교섭을 시작한 6년 후인 1974년 엔켓과 구의회간에 120년 동안 임대한다는 계약을 하고, 시설 건설에 착수했다. 이 토지 확보가 엔켓 사업의 출발점이 되었다. 고가 아래의 토지이용을 지역사회의 관리에 위임한다는 발상은 매우 독특한 것이라 말할 수 있다.

90년대 후반 마을 만들기 사업체 협회는 사업의 초기단계에서 에셋(토지 · 건물)만 온전히 확보할 수 있다면 사업을 신속히 진행하고 재정적으로

도 안정시킬 수 있다는 점에 주목하여 일련의 기술지도서를 출판했다(제10장). 또한 이 협회의 니콜슨 전 회장은 다음과 같이 주장했다.

> 우리가 지향하는 것은 커뮤니티가 부를 창조하여 커뮤니티에 축적하는 것이다. …이미 엘도니안 마을 만들기 사업체 같은 주택협회나 코인 스트리트 마을 만들기 사업체는 커뮤니티가 에셋을 보유하고 있다. 커뮤니티 소유를 어떻게 보급할 수 있느냐는 정치적 의지가 있느냐 없느냐의 문제이다.[9]

또한 2004년 리빙스톤 런던 시장은 같은 문제에 대한 관심에서 거대한 택지개발 압력에 대응하기 위해 코인 스트리트 마을 만들기 사업체를 모델로 커뮤니티 랜드 트러스트 구상을 제안했다(제10장).

둘째, 왜 정비계획이 '공적인 투자와 보조 · 조성'이 아니었는지 보수계의 크롭톤 의원과 지역활동가인 아담스 씨의 논쟁을 통해 살펴보면, 켄징턴과 첼시구는 '풍요로운 남쪽, 첼시, 부유층, 보수지지'와 '가난한 북쪽, 켄징턴, 빈곤층, 혁신지지'라는 남북문제를 안고 있었고, 남북을 대표하는 양자는 이사회에서 충돌하게 된다. 크롭톤 의원은 다음과 같이 주장했다.

> 구는 기껏해야 총 사업비의 1% 정도 밖에 지원할 수 없다. 정비자금은 민간 공익조직이나 구가 아닌 공적 조직에 의존하면 된다. 상업개발에서 얻는 수익으로 지역시설을 정비하라.

그는 세수가 적은 가난한 북쪽에 대한 공공투자를 계속 거부했다. 이에 대해 아담스 씨는 강하게 반발하며 전통적 공공투자론을 전개했다.

구에서 해야 할 복지 서비스를 우리가 하려고 한다. 전액 지자체에서 부담하는 것이 당연하지 않은가. 오랫동안 무시받았던 것에 대한 보상으로 남쪽에서 북쪽으로 세금을 보내야 한다. 부유한 남부 거주자가 사회적으로 소외된 사람들을 위해 마땅히 베풀어야 한다고 생각한다.

대립의 골을 메웠던 것은 크롭톤 의원의 '공적 자금을 투입하는 것만 아니라면 뭐든 상관없다. 자선 조직에서 사업을 진행하는 것도 방법이다[10]' 라는 판단을 내려 구의회는 마침내 1970년 봄, 민간 비영리 조직인 모터웨이 마을 만들기 사업체 설립에 합의했다.

셋째, 초기에 필요한 막대한 건설 자금을 어떻게 조달했던 것일까. 조직 초기의 자금조달은 민간 비영리 조직 경영에 공통된 과제이다. 2대 사무국장인 매틀랜드는 강한 신념과 장기간의 전략을 세워 1979년에 10년 동안의 사업계획을 입안했다. 그리고 민간 비영리 조직의 원점으로 돌아가 구의회, 소수 정치그룹과의 정쟁으로부터 일정 거리를 유지해야 한다는 필요성을 강조하고 다음과 같이 구의회를 설득했다.

> 무엇보다도 재정적 자립이 중요하며 이를 위해 구의 초기투자를 바라고 싶다. 치밀한 재정계획도 있다는 시나리오를 그렸다. 구에서 받는 초기 투자를 늘린다면 수지는 80년대 중반이면 균형을 이루어 구의 지원은 없어도 될 것이라 확신한다.

엔켓의 가능성을 확신한 프리먼 씨가 구의회의 리더가 되어 협력 자세를 보이자 구의회도 사회적으로 의미 있는 공공투자라면 찬성하겠다는 방향으로 진행되었다. 특히 사업계획의 효용은 절대적이며 1979년도의 개발차입금(반각 필요 있음)인 41만 파운드는 84년도에 241만 파운드로 급증하여 이 시기에 시설 정비가 크게 진행되었다.

넷째, 토지이용계획 중에 재정적 자립의 구조, 즉 상공업 같은 토지이용으로부터 나오는 수익을 시민 복지사업에 환원하는 에셋 매니지먼트에 의한 사업내 비용이전 수법을 채택한 점이다. 그러나 상점, 공방, 공장, 창고 등 수익계 토지이용은 시장가격으로 빌리기 때문에 시장의 황파(荒波) 속에서 부동산을 경영할 필요가 있어 일이 단순하지가 않았다.

사무국의 부동산 담당자에게 경영실태를 들어보았다. '나의 책무는 수익을 최대한으로 만드는 것입니다. 작년에는 20여 유닛이 3년 계약으로 입주했습니다'(2002년 8월 인터뷰). 예상 외로 출입이 심했다. 담당자는 '조직의 사회적 사명에 공감하여 취직했던 것이 아니다. 부동산 전문가로 고용된 것이다. 이 조직은 항상 일이 다이내믹하게 변화되고 있어 재미있다'고 말한다. 민간이 좋아해서 투자를 하는 지역이 아니기 때문에 이곳에서의 부동산 경영은 전문가가 없으면 바로 공실이 증가하여 적자가 될 것이라는 인상을 가졌다.

다섯째, 1990년대에 민간 비영리 조직을 재정적으로 지원하는 사회시스템이 서서히 정비되었다는 점이다. 2000년도 수입은 597만 파운드, 복권기금으로부터 받는 보조금이 48%로 가장 많으며 토지건물 임대료 23%, 스포츠시설 사용료 21%이다. 복권기금으로부터 나오는 거액의 조성은 스포츠시설 개선 · 설비 고도화에 사용되어 스포츠시설로부터의 안정적인 수입 확보에 기여했다. 사실 스포츠시설 사용료가 총수입에서 차지하는 비율은 1990년대 후반 40% 전후였던 것이 2003~2005년에는 50% 전후로 늘어나 스포츠시설 사용료와 토지건물 임대료의 2대 수입원으로 총수입의 88%를 차지했다(2004년).

이상으로 재정적 자립성을 어떻게 확보해 나갔는지에 대해 분석해보았다. 첫째 자치권 확보, 수익계 토지이용 설정, 수익성과 사회적 목적의 양립 등 사업 초기의 기반이 중요하다고 할 수 있다. 마을 만들기 사업체 관계자들은 '지자체의 역할은 씨뿌리기와 같다'는 말은 공적 지원에 의한 초기 조건 정비의 중요성을 지적하고 있다. 둘째는 시설 건설, 수복 등 거대한 규모의 투자를 할 때 적극적인 공적 지원이 필요하다. 시설 건설을 위한 자금조달은 1980년부터 1985년에 걸쳐 이루어졌고 시설 개수의 재정 지원은 1990년대였다. '시장에 침범한다'는 것과 '정부의 지원을 받는다'는 것의 양자를 실현함으로써 비로소 재정적 자립성을 확보할 수 있었다고 말한다.

4-2 연차보고서에서 알 수 있는 재정적 자립의 길

마을 만들기 사업체에 있어서 바람직한 경영상태란 재정적으로 자립하고 독자적인 경영 판단으로 시민 복지 서비스를 제공하는 것을 의미하지만 '재정적 자립' (self-finance)에 대한 완성된 이론은 없다. 웨스트웨이 마을 만들기 사업체는 마을 만들기 사업체로서 맨 처음 재정적 자립을 달성했다. 그리고 1989년도 연차보고서에서 '재정적으로 독립했다(셀프 서피션트)' 고 말했다. 그 경위에 대해 살펴보면 다음과 같다.

우선 관련 용어를 정리한다.[12]

① 안정적 경영(sustainable management) : 마을 만들기 사업체의 경영을 장기간 안정적으로 다른 조직의 간섭을 받지 않고 독립적인 경영 판단으로 계속할 수 있는 상태.

② 재정적 자립(self-finance) : 보조금, 조성금, 기부에 의존하지 않고도 사업내 비용이전 수법을 포함한 스스로의 사업 전개로 수입과 지출이 균형을 이루며 시민 복지 서비스 제공이라는 사회적 사명을 다하여 중기적으로는 조월금(繰越金) 축적도 할 수 있는 상태.

③ 자체수입원 확보(self-income generation, revenue generation) : 에셋 매니지먼트, 외부 영리사업과 스스로의 경영노력으로 수입을 확보하는 것.

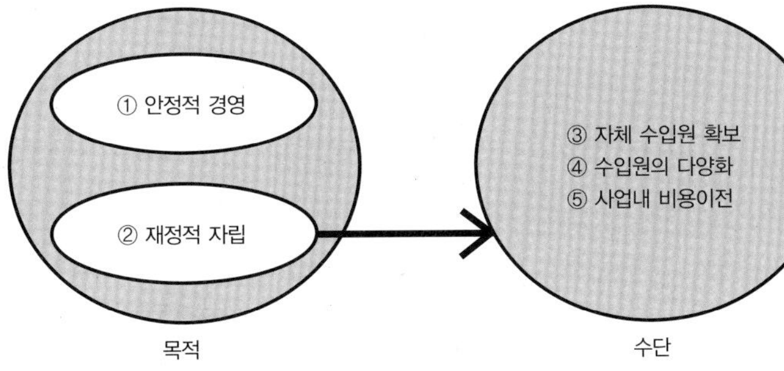

그림 4-11 재정적 자립 관련 개념의 관계

④ 수입원의 다양화(income mix) : 수입안정화를 위해 여러 수입원을 확보하는 것.

⑤ 사업내 비용이전(internal cross subsidization) : 에셋 매니지먼트와 외부 영리사업으로 수입을 확보하는 것.

①②은 마을 만들기 사업체가 지향하는 가장 큰 목적이다. ②를 달성하기 위한 수단으로 ③④⑤가 있다. 이들의 관계를 그림으로 나타냈다(그림 4-11).

재정적 자립을 충실한 경영상태와 도달한 재정상태로 나누어 검토한다. 재정적 자립 단계란 이 같은 경영 · 재정 상태를 바탕으로 한 종합적 판단이라 할 수 있다.

먼저 사업체의 건전한 경영상태란 장기사업계획 입안, 순조로운 시설 건설, 사업체의 뛰어난 경영 능력이 전제되어야 하고, 그리고 재정적 자립을 위해서는 다음과 같은 재정상태가 필요하다.

① 시설이 거의 완성되고 새로운 거대투자와 그에 따른 개발차입금, 공적 보조금 · 조성금, 기부 등의 외부 자금에 의존할 필요성이 적다.

② 시설이용료, 상공업에 대한 토지건물 임대료 등 에셋 매니지먼트에 의한 수입을 안정적으로 확보할 수 있고 지출과도 균형을 이룬다.

③ 개발차입금의 안정적 변제가 가능한 세입구조이다.

④ 주요 지출이 시민 복지 서비스 제공 등 사업체의 사회적 사명 실현에 사용된다.

대략 다음과 같은 구체적인 사실 · 상태로 1980년대 말에 재정적 자립을 이루었다고 할 수 있다. 우선 1986년에 볼런터리 조직과 개인에 대한 독자적 조성이 시작되어 사업체 본래의 목적인 커뮤니티와 개인의 엠파워먼트에 대한 투자가 시작되었다. 1987년에 마지막 구 보조금을 받아 1989년에 주요 건물이 완성되고 1974~1989년의 15년 동안 총 투자액이 1600만 파운드였다.

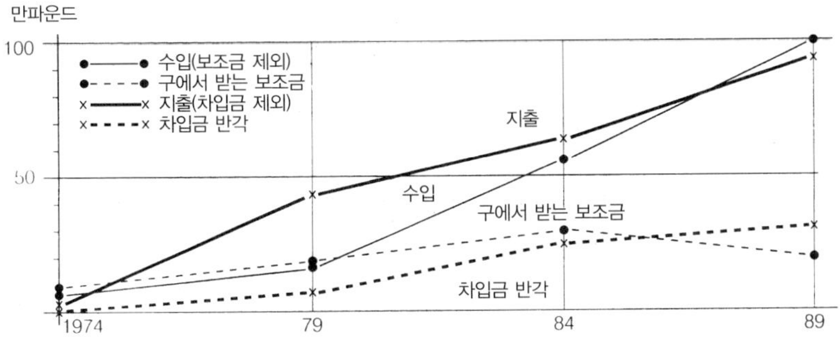

그림 4-12 재정적 자립까지의 경위

좀더 자세히 살펴보면 1989년도 연차보고서는 앞에서 언급했던 '재정적으로 독립한 상태' 라는 타이틀로, ① 사업전개에 따른 자체수입과 구 보조금 추이, ② 사업전개에 따른 지출과 차입금 변제의 추이를 그림으로 나타냈고 이와 함께 ③ 개발차입금과 구 보조금의 추이를 나타냈다(그림 4-12).

① 사업 전개에 의한 자체 수입과 구 보조금의 추이 : 자체수입이란 부동산 경영, 시설사용료 등에 의한 사업체의 독자적인 수입이며, 구에서 받는 보조금은 물론 반각할 필요가 없고 두 개의 합산이 총수입이다. 80년대에는 시설 정비에 따라 자체수입이 급증했으며 또한 보조금은 80년대 후반에 감액이 가능해져 1989년도 결산에서는 자체수입 대 보조금의 비율이 4:1이 되었다.

② 사업전개에 의한 지출과 차입금 변제의 추이 : 지출은 1970년대 후반까지 시설 건설의 초기투자로 약 9배 급증했으며 이 기간은 차입금 변제 여력이 없었다. 그리고 80년대 후반에 차입금 변제액이 보합상태가 되어 수입 증가가 시민 복지 서비스에 대한 지출 증가로 이어졌다. 1989년도의 최대 지출은 차입금 변제 25%였는데 80년대 후반에 그 비율이 점차 낮아졌다.

③ 개발 차입금과 구 보조금의 추이 : 장기 고정금리로 빌린 개발차입금은 80년대 전반 사업에 대한 신뢰와 경영능력이 1979년 입안 사업계

획으로 보증되었고 또한 시설 담보가 급증하여 집중적으로 시설을 건설 · 정비하여 자전 독자 수입을 확보하였다.

5. 영국 도시계획사에서 웨스트웨이 마을 만들기 사업체

웨스트웨이 마을 만들기 사업체의 가장 큰 목적은 도시 극빈곤지구에 사는 사람들의 생활과 공간의 재생을 거주자 스스로의 노력으로 해결한다는 점에 있다. 웨스트웨이 마을 만들기 사업체에 모인 다양한 커뮤니티 조직은 87개나 된다. 고가 아래의 공간을 거점으로 제공되는 시민 복지 서비스는 인종 차이나 소득 차이를 넘어 다양한 가치관을 가진 사람들이 서로 돕고 공조하는 인적 네트워크를 구축한 커뮤니티를 형성하고 있다.

웨스트웨이 마을 만들기 사업체의 환경정비와 시민 복지 서비스 제공을 결합시킨 사업은 이제까지의 거버먼트형 도시계획에 큰 변경을 가하는 것이다. 즉 물적 공간 정비 수법에 한정된 '협의의 도시계획'과 '복지 서비스는 국가 · 지자체가 제공하는 공공적인 것'이라는 전통적인 공공성 개념에

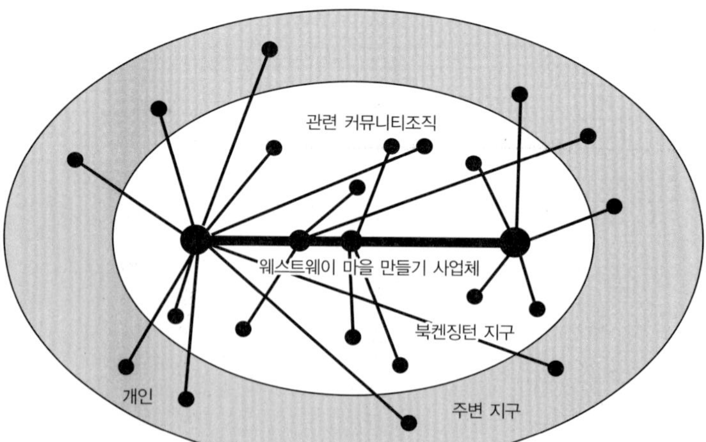

그림 4-13 웨스트웨이 마을 만들기 사업체를 핵으로 한 커뮤니티 강화의 모습

의문을 갖게 한 것이다. 정부와 지자체의 도시재생정책이 효력을 발휘할 수 없는 지역에서 볼런터리 조직이 전통적인 공사 역할을 넘어 지역 주민과 커뮤니티를 엠파워하는 도시재생사업에 착수한 도시계획적인 의의를 어떻게 파악하면 좋을지 생각해보자.

웨스트웨이 마을 만들기 사업체의 사례에서 볼런터리 조직이 사업을 착수하려고 했을 때 토지 · 건물 등의 에셋 취득이 중요하여 지자체와 의회의 협력을 필요로 했던 점, 사업체 경영에는 사회적 사명을 공유하는 전문가의 협력, 주민의 적극적인 참여가 필요했다는 점을 지적할 수 있다. 즉 거버먼트형 도시계획으로는 해결할 수 없는 지역 도시 재생사업에는 지역의 인적, 조직적, 공간적 자원들을 효과적으로 연결하여 구체적인 프로젝트로 만들어나가는 것이 중요하다는 것을 알았다. 또한 정부와 시장 섹터의 지배나 통제를 받지 않고 볼런터리 조직이 사회적 목적을 관철시키기 위해서는 볼런터리 조직의 사회적 자립, 특히 재정적 자립이 중요하다는 것을 웨스트웨이 마을 만들기 사업체의 역사가 말해준다. 이처럼 볼런터리 조직에 의한 도시재생사업의 현실은 커뮤니티가 관련된 다양한 이해관계자의 참가와 협의로 성립되며 커뮤니티 매니지먼트로 불리는 사업운영수법이라 할 수 있다. 이런 커뮤니티 매니지먼트에 의한 도시계획사업의 추진이야말로 거버넌스형 마을 만들기의 특징이다.

또한 마을 만들기 사업체의 조직적 자립이 가능해짐에 따라 행정이나 의회에 대한 발언권도 높아져 정치적 협의공간에서의 존재감도 드러내고 있다. 그리고 지역서비스를 다양한 형태로 사업화하는 과정에서 시장 섹터와 경합, 협력 관계를 맺는 경우도 생긴다. 이렇게 마을 만들기 사업체의 존재감이 사회적으로 높아진 것은 정부 · 시장 섹터에 대해 독자적인 역할과 지위를 확보하고 있음을 나타낸다. 즉 볼런터리 조직을 중심으로 다른 두 섹터와 협력 관계를 맺으면서 커뮤니티를 함께 만들어간다는 거버넌스형 마을 만들기를 실현하는 것이라 할 수 있다.

'국가 · 지자체의 재정 파탄은 이미 눈앞의 현실', '세심한 복지 서비스는 기대할 수도 없다'는 일본의 현실에서 볼 때 이 같은 거버넌스형 마을 만들기를 실현하는 마을 만들기 사업체 경영은 사회적 필요성과 가능성을 시사하는 것이라 말할 수 있다. 특히 한신 대지진 이후 초기 단계의 작은 마을 만들기 조직이 늘어나면서 조직적 자립 문제에 직면하고 있다. 볼런터리 조직의 재정적 자립을 어떻게 획득할 것인지를, 웨스트웨이 마을 만들기 사업체의 사례는 많은 것을 시사해주고 있다.

〈注〉

1 North Kensington Amenity Trust（NKAT、エヌキャットと読む）は2002年9月、対象地区と内容を正確に反映するためウェストウェイまちづくり事業体と改名した。「アメニティは1909年法にみるように、ガバメント型都市計画の象徴的目的で住民はこの用語を嫌った」と聞く。関連文献として、Warburton, D. and Wilcox, D., *Creating Development Trusts, Department of the Environment*, 1988；加藤春恵子、2004、『福祉市民社会を創る：コミュニケーションからコミュニティへ』新曜社がある。

2 North Kensington Amenity Trust, 1991, *Annual Report 1991: 20 years under the motorway*, NKAT, p.5.

3 Duncan, A., 1992, *Taking on the Motorway*, Kensington and Chelsea Community History Group, p.21.

4 Ibid., p.27.

5 *Westway News*, Oct., 1975, p.1.

6 マットランド氏は「commercialな開発を通じcommunityに貢献する行為をCommunity Commerce」と概念化している（*Town and Country Planning*, Vol. 57, No. 1, pp. 12-13, January 1988）。いかに概念化するか苦心の跡がうかがえる。

7 Schon, D., 1983, *The Reflective Practitioner*, Basic Books（佐藤学ほか訳、2001、『専門家の知恵：反省的実践家は行為しながら考える』ゆみる出版）。

8 地域自主管理の定義は次の著作に依拠した。西山八重子、2002、『イギリス田園都市の社会学』ミネルヴァ書房。

9 Hart, L., 2001, *Asset transfer: a can-do guide*, DTA.

10 Duncan, op. cit., p.27.

11 各地の民間非営利組織の運営に93年からの宝くじ基金、94年からの国の包括的都市再生予算（Single Regeneration Budget）による補助が大きく寄与した。

12 これらの用語は1980年代から始めた日本区画整理の第3世界への技術移転研究と実践のなかで、第3世界の大都市貧困地区での居住地整備の財政原理として注目してきた。

제 5 장

글로벌 도시 런던과 거버넌스형 도시재생

코인 스트리트 마을 만들기 사업체

1. 마을 만들기 사업체에 의한 도심 거주의 실현

런던의 지하철역인 엠뱅크먼트를 나오면 바로 앞에 템스 강이 위치해 있다. 템스 강을 따라 보도 전용 다리에서 남쪽 연안을 보면 코인 스트리트 지구의 심벌인 레트로풍의 옥소 타워가 눈에 들어온다. 지금은 런던의 유명 관광지가 된 코인 스트리트 지구도 약 30년 전에는 황폐한 창고와 공장들이 밀집한 허름한 해안지역이었다. 1970년대에 민간 개발업자에 의한 오피스 빌딩 건설에 반대한 볼런터리 조직이 이 땅을 노동자가 살며 일하는 물과 녹지의 마을로 변화시킨 것이다(그림 5-1).

그림 5-1 템스 강 오른편에 있는 코인 스트리트 지구(사진 오른쪽)

반대편인 왼쪽에 시티가 보인다. 템스 강은 이 지구의 골격으로 '블루 벨트' 라고 이름 지어 연안 정비를 주장하는 관계자도 있다

사우스 뱅크에 위치한 코인 스트리트 지구는 산업혁명 후 템스 강의 수운을 이용한 화물수송의 해안 거점으로 정비되어 대영제국의 물자집산기지로서 크게 번창했다. 강 입구 부근은 도크를 중심으로 수륙수송 시설과 공장, 창고가 들어서고 항만노동자와 공장노동자 등 비숙련노동자 주택들이 밀집한 지역이었다.

제2차 대전 후 해운업이 쇠퇴하고 부두가 폐쇄되자 실업률이 증가했으며 인구 감소와 함께 지역도 쇠퇴하였다. 1970년대 런던이 국제금융도시를 지향하자 강을 향해 있는 도심에서는 재개발이 사우스 뱅크까지 밀려왔다. 1974년 민간 개발업자는 유럽 최대의 초고층 빌딩 건설을 계획하고 바닥연면적 13만㎡인 사무소와 호텔 개발을 신청했다. 가난한 노동자들을 쫓아내는 이 같은 재개발계획안에 불만이었던 사우스 뱅크 주민들은 지역의 다양한 활동 그룹을 집결하여 반대 운동을 전개했다. 이것이 코인 스트리트 지

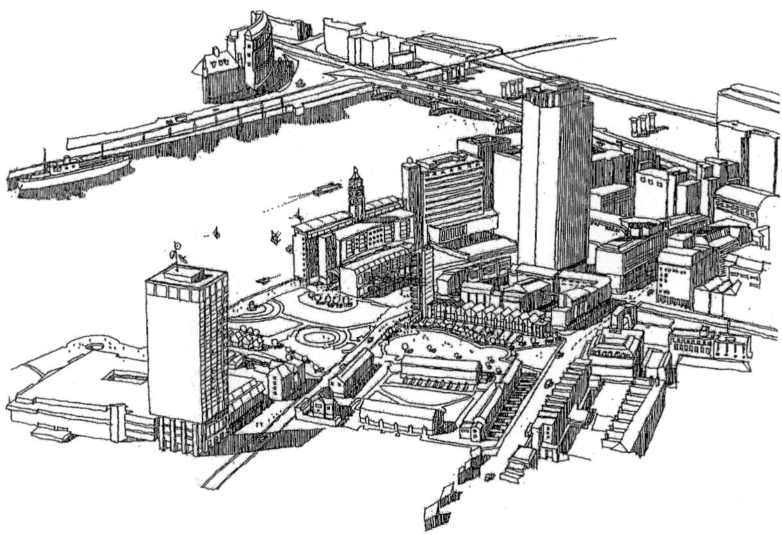

그림 5-2 코인 스트리트 마을 만들기 사업체의 사업지구(초기)와 주변 환경
30년 전에는 황폐했던 템스 강 하안의 운송 · 창고지구가 지금은 유럽의 현관, 세계적 도시 런던의 일축을 담당하는 지구로 변모했다(출전 : 코인 스트리트 마을 만들기 사업체가 발행한 소책자에서. 원래는 Architecture Today, October, 1994).

구의 마을 만들기 운동이며, 도시사회운동의 시작이었다.

주민들은 '노동자가 살며 일하는 터전'으로서의 도시재개발안을 원했다. 그리고 10년 가까이에 이르는 반대운동 결과 1984년 비영리 마을 만들기 사업체인 '코인 스트리트 커뮤니티 빌더스'(Coin Street Community Builders, 이하 '코인 스트리트 마을 만들기 사업체'라고 칭함)를 설립해 스스로 재개발을 하는 사업체를 조직했다.

코인 스트리트 마을 만들기 사업체는 취득한 5.2ha의 토지를 에셋 매니지먼트하여 시장 원리에 입각한 재개발사업으로 배제되는 저소득층을 위해 주택뿐만 아니라 녹지공원, 강가의 산책로, 복지 서비스 제공 같은 도시재생사업을 실현하였다. 이후 마을 만들기 사업체의 경영은 순조로웠으며 2002년도 수입이 400만 파운드였다.

이 장에서는 코인 스트리트 지구의 볼런터리 조직이 지역의 글로벌화에 대항하면서 커뮤니티의 생활을 지원하는 도시사회운동을 전개한 점, 마을 만들기 사업체가 커뮤니티 기업으로서 재정적 자립을 얻기까지의 과정 그리고 커뮤니티 기업이 더 넓게 주변의 지역사회로 전개되는 가운데 지자체와 다른 단체가 거버넌스를 형성해 나가는 실태를 알아보자.

2. 토지 공유와 토지 경영에 의한 비영리 마을 만들기 사업체

2-1 주민 주도의 마을 만들기를 가능하게 한 지역의 조직력

코인 스트리트 지구의 주민들이 비영리 마을 만들기 사업체를 창설하여 독자적인 도시재개발사업을 전개해온 배경에는 주민들과 지역 단체 등의 조직화에 성공했던 점과 지역 외의 단체나 전문가와 연계하고 정치와 행정의 힘을 이용하여 조직을 강화시킨 점을 들 수 있다.

도시사회운동이 전개된 계기가 된 것은 1972년 이 지구 남쪽에 있는 운동장을 철거한다는 지자체안에 대한 주민들의 반대운동이었다. 이 운동은 단순한 반대운동이 아니라 주민들의 손으로 지역 전체의 바람직한 개발계획안을 책정하자는 운동이 되었다. 계획안을 작성하는 조직으로 워털루 커뮤니티 개발 그룹(이하 워털루 그룹이라 칭함)이 설립되었다. 이후 30년에 이르는 마을 만들기 역사가 시작되었다(표 5-1).

1970년대 초에는 템스 강 남쪽에도 부동산 투기 가 성행하여 1974년 민간 개발업자의 개발계획이 구체화되었다. 코인 스트리트 지구 토지의 반을 소유한 남쪽 지역 최대의 자본가인 식육업자 베스티 경이 유럽 최대 규모의 초고층 빌딩 건설계획을 발표했다. 이로 인해 주민들은 위기감이 극에 달하여 워털루 그룹을 중심으로 대응책을 찾게 되었다.

주민들은 지역의 여러 활동 그룹 연합체를 결성하고 지역의 결속을 다졌다. 1976년 워털루 활동 그룹 연합체(이하, 그룹 연합체라고 칭함)가 설립되었다. 이는 워털루 그룹을 포함해 전투적인 공영주택 임차인협회, 보육그룹, 커뮤니티 센터, 교회, 노동조합 등을 산하에 둔 네트워크 조직이었다.

그룹 연합체는 오피스 빌딩 건설을 저지하는 운동을 추진하는 한편 많은 지역 주민들의 찬성을 얻기 위한 일상활동을 중시했다. 주민들의 모든 생활 상담에 대응하는 활동을 개시하고 '복지권' 이라는 상담 코너 등 지역 밀착형 활동으로 주민들의 이해를 얻을 수 있었다.

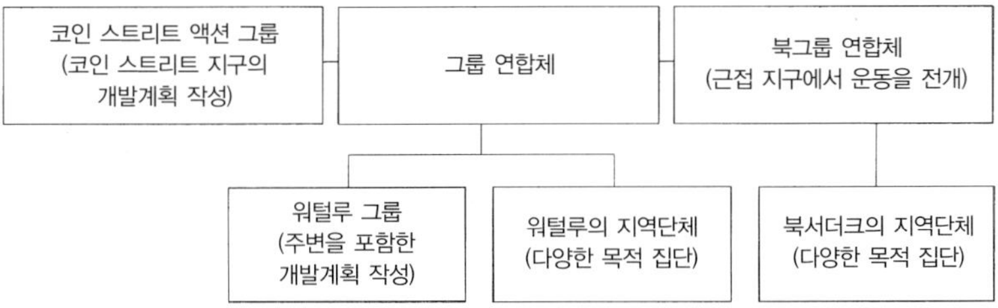

그림 5-3 코인 스트리트 지구의 운동을 지원한 지역연합조직

표 5-1 코인 스트리트 지구의 활동 역사

	년도	코인 스트리트 지구의 동향	런던 · 전국 동향
지역쇠퇴	1950년대	인구 5만 3000명, 근린관계의 강한 커뮤니티	
	1968		스케핀톤 리포트
	1970	인구 2만 명	히스 보수당 정부(1974년까지)
마을만들기운동 전개	1972	워털루 그룹 결성	
	1973		대런던청 선거(노동당)
	1974	민간 고층 오피스빌딩 · 호텔 구상	윌슨 노동당 정부(1976년까지)
	1976	워털루 그룹 연합체 결성	
	1977	코인 스트리트 액션 그룹 결성, 민간 개발업자와 주민의 개발신청이 경합	대런던청 선거(보수당) "이너시티 백서"
	1978		울펜덴 보고서(복지다원주의)
	1979	민간 개발업자, 주민의 개발신청은 모두 각하	대처 보수당 정부(1990년까지)
	1980		'런던 도심에 커뮤니티와 주택을' 결성, 주택법(지가정책, 공영주택 구입권) 도크랜즈 재개발계획, 이너시티에서 폭동, 대런던청 선거(노동당)
	1981	공개심문회 재개(82일간의 심의)	
	1983	민간 개발업자, 주민의 개발신청은 모두 허가	
마을만들기사업체에 의한 사업화	1984	민간 개발업자는 토지를 매각. 민간비영리법인 조직 코인 스트리트 마을 만들기 사업체 설립. 대런던청은 사업체에 토지를 매각	
	1985	멀버리 주택 코프 설립	리버풀 재정전쟁 개시
	1986		대런던청 폐지
	1988	멀버리 주택 코프 완성(56호) 가브리엘 부두 마켓 개설	지방정부법 (경쟁입찰제도의 의무화, 민간위탁제)
	1990		메이저 보수당 정부(1997년까지)
	1991	사우스 뱅크 임플로이어스 그룹 설립	
	1992	주택 외의 자산관리 자회사 설립	도시재생정책 '시티 챌린지'
	1993	옥소 타워 건설 개시. 레드우드 주택 코프 완성(옥소 타워 내)	지하철 지브리 라인이 워털루역까지 연장
커뮤니티 · 거버넌스로	1994	사우스 뱅크 포럼 설치 팜 주택 코프 완성	유로스타의 워털루역 개통 포괄적 도시재생예산 제정
	1995	사우스 뱅크 임플로이어스 그룹이 비영리조직이 됨	
	1996	옥소 타워 조업 개시	
	1997	스파인 루트 완성	블레어 노동당 정부(2007년까지) '커뮤니티 뉴딜' 정책 지자체법 제정(커뮤니티 전략) 테이트 모던 완성
	2000		
	2002	도심과 사우스 뱅크를 잇는 버스 서비스	
	2005	'가족과 어린이 지원센터' 구상, 보육원 · 스포츠 시설 운영, 고층복합빌딩 건설계획 신청	

또한 코인 스트리트 지구의 반대운동은 주변의 주민운동조직과 연계하여 더욱 강화되었다. 코인 스트리트 지구 동쪽에 있는 극빈곤지구를 포함한 북 서더크에서는 이미 상업주의적 재개발에 반대하는 강력한 주민조직이 활동하고 있었다. 1972년에 조직된 북 서더크 워털루 그룹(이하 북그룹연합체라고 칭함)은 나중에 대런던청의 도시계획위원장이 되는 니콜슨 씨를 고용해 커뮤니티를 위한 도시계획을 실현하기 위한 커뮤니티 계획 센터를 영국 최초로 설립하였다. 이러한 도시사회운동을 선구적으로 추진했던 북그룹연합체의 협력을 받은 코인 스트리트 그룹 연합체는 마을 만들기 운동을 강력하게 추진할 수 있었던 것이다(그림 5-3).

또한 코인 스트리트 지구의 운동이 폭넓은 시민층으로부터 지지를 얻을 수 있었던 것은 런던 전체에서 오피스 빌딩 증가에 반대하는 캠페인 조직 '런던 도심에 커뮤니티와 주택을' (치클)이 홍보를 열심히 한 데 있다. 이는 니콜슨 씨가 1980년에 창설한 조직으로 런던 도심을 오피스 빌딩 개발의 상업주의로부터 지켜내 저소득층도 런던에서 계속 살 수 있도록 호소하였다. 코인 스트리트의 도시사회운동은 이처럼 폭넓은 조직과 연계하여 지원을 받음으로써 대항적인 개발계획안 책정과 운동을 전개하였다.

이렇게 코인 스트리트의 운동은 지구의 개발 플랜을 구체적으로 작성하는 작업 그룹으로 코인 스트리트 액션 그룹을 1977년에 결성하였다. 액션

그림 5-4 멀버리 주택 코프를 옥소 타워에서 본 모습(3-2 참조)

그룹은 대런던청에 근무하는 건축가의 지원 아래 지역 주민의 의견을 받아들이면서 종합적 개발계획안을 작성했다.

그룹연합체와 액션 그룹 등 코인 스트리트의 도시사회운동은 대런던청의 협력을 배경으로 노동당과 람베스구 · 서더크구와의 협력 관계도 형성했다. 특히 대처정부에 노동당이 다수파를 차지한 대런던청은 코인 스트리트의 운동을 강력하게 지원했다. 현재의 런던시장인 켄 리빙스톤 씨가 당시의 대런던청 대표가 되어 니콜슨 씨가 도시계획위원장이 되자 코인 스트리트의 시민 주도 개발계획이 실현을 향해 크게 내딛기 시작했다. 대런던청이 폐지된 1986년까지의 5년 동안 대런던청은 코인 스트리트 지구를 위해 민간 개발업자의 계획 허가 취소와 코인 스트리트 마을 만들기 사업체에 대한 토지매각 등 큰 힘을 실어주었다.

또한 람베스구 · 서더크구와의 협력 관계도 강해 도시계획 전문가 파견 등 기술적 · 전문적 · 재정적 원조를 받았다. 도시개발 대안을 시민이 만들려고 하면 전문가의 지원은 필수적인데 코인 스트리트의 경우 지자체 전문직원의 볼런터리 참여가 효과적이었다. 이와 같이 코인 스트리트의 도시사회운동 성공은 지역 내외의 주민조직 네트워크화와 함께 대런던청과 구 행정의 협력, 노동당 지원이 큰 요소가 되었음을 알 수 있다.

이처럼 코인 스트리트의 도시사회운동에 참가한 조직은 40개소, 참가 인원은 총 500명으로 확산되었다. 그리고 1979년 주민들은 주택개발과 공원정비를 내용으로 한 대책안을 작성하여 개발을 신청했다.

2-2 비영리 마을 만들기 사업체 설립

코인 스트리트 지구의 재개발 계획안은 민간 개발업자와 코인 스트리트 그룹 연합체 모두가 제출하였다. 정부는 1979년 공개심문회를 개최하여 양자의 계획안이 타당한지 여부를 검토했다. 토지를 소유하지 않은 주민들의 재개발안이 심사 대상으로 다뤄진 것은 관계자인 주변 주민들에게도 지구

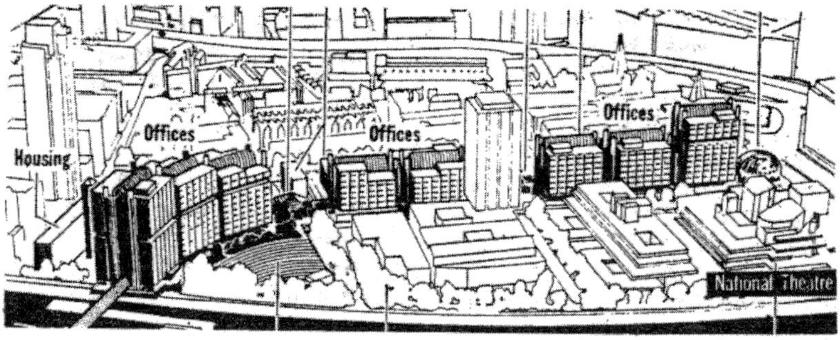

그림 5-5 민간 개발업자가 제안한 고층 사무소군
유명 건축가인 로저가 '시공주의 의향에 따라 고층을 설계한 것'이라 한다. 주민들은 '베를린 장벽 같다'고 비판했다. (출전 : 치클 팸플릿에서, 원래 그림은 선데이 타임즈에서 인용)

계획안을 신청할 권리를 영국의 도시계획제도가 인정했기 때문이다. 중요한 것은 지역계획안으로서 타당한지 여부를 심사하는 것이며 실현성은 그 다음 문제였다. 심사에서의 검토는 6개월에 걸쳐 이루어졌는데 결국 둘 다 계획허가 신청이 불충분하다고 결론지었다. 재검토사항으로 민간 개발업자측에는 개발규모를 축소하고 주민측에는 주택뿐만 아니라 고용 공간을 포함한 복합 개발로 하라는 점을 지적했다.

그림 5-6 이로코 주택 코프의 안뜰과 근린 센터(3-2 참조)
(출전 : 코인 스트리트 마을 만들기 사업체의 팸플릿)

이들의 수정안에 대해 제2차 공개심사가 개최되었다. 검토는 다시 장기화되고 맨처음 계획안을 신청한 후 4년이 지난 1983년 마침내 민간 개발업자와 주민들의 개발 신청 모두가 인정되었다.

결국 민간 개발업자인 그레이 코트 컴퍼니는 4년간의 심사기간 중에 경제상황 악화로 테넌트를 얻기 어렵다고 판단하고, 이 사업에서 물러났다. 그리고 1984년 3월 2.7ha에 이르는 토지를 대런던청에 250만 파운드에 매각했다.

흐름은 그룹 연합체에 유리해졌지만 토지 매수 및 취득은 임의의 주민단체로는 법적으로 불가능하여 조직을 법인화하기로 했다. 대런던청으로부터 토지를 구입하여 복합시가지개발사업을 추진하는 법인조직이 설립되었다. 1984년 사업 수익을 모두 사회적 서비스 제공으로 돌리는 비영리조직 '코인 스트리트 마을 만들기 사업체' 가 설립되었다. 여기에 참가한 멤버는 그룹 연합체와 북그룹연합체 출신들이며 리더는 30대의 젊은 I. 타켓 씨가 맡았다. 그는 대학 졸업 후 교육위원회의 직원이었는데 코인 스트리트 지구 반대 운동에 모친과 함께 참가하던 중 직장을 파트타임으로 바꾸고 액션 그룹의 지도자가 되어 운동에 참여했다. 당시 그는 주택 코프의 운영에 적

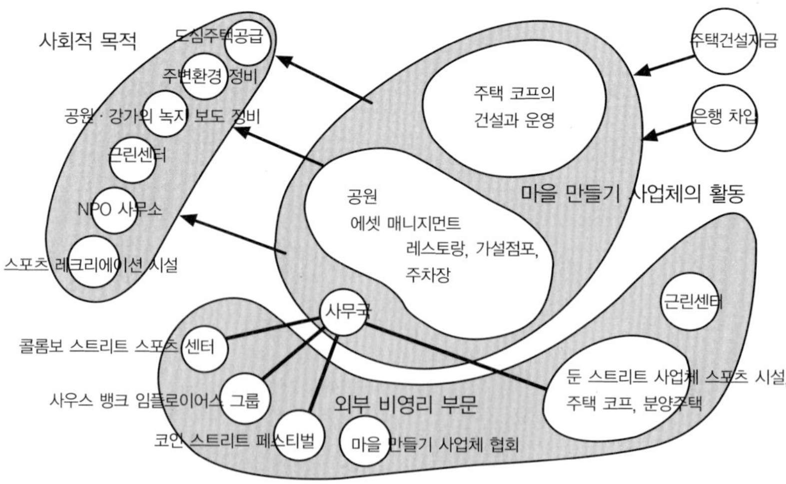

그림 5-7 코인 스트리트 마을 만들기 사업체의 경영구조도
지혜를 짜낸 수익 창출과 이용의 구조. 외부 비영리사업 부문과 일체적으로 경영하고 있다.

극적인 관심을 가지고 있었다고 한다. 현재까지 코인 스트리트 마을 만들기 사업체의 사무국장으로 실질적인 사업 경영을 맡고 있다.

대런던청은 민간 개발업자에게서 사들인 2.7ha의 토지와 대런던청이 소유한 토지를 합한 5.2ha의 토지를 시장가격으로는 400만 파운드 가까운 토지였는데 코인 스트리트 마을 만들기 사업체에 불과 75만 파운드에 매각했다. 1m²당 땅값이 3만 원에 불과한 것이다. 코인 스트리트 마을 만들기 사업체가 이렇게 싼 가격에 토지를 취득할 수 있었던 이유는 1972년 지방자치법에서 공유지를 매각할 권한을 지방자치단체에 인정한다는 것과 또한 토지 이용을 비영리로 제한할 경우 토지를 이용가치로 매매할 수 있다는 영국의 도시계획제도가 있었기 때문이다.[1] 토지이용계획을 중 · 저소득자용 주택, 경공업용 공장, 오픈 스페이스로 제한했기 때문에 특전이 있었던 것이다. 영국에서는 정권이 교체됨에 따라 토지세제도 변하는데 보수당 정부에서도 도시공간 형성을 시장 원리에 모두 맡기지 않고 공공성을 지닌 개발을 중시하는 정책에는 변화가 없었다. 이러한 제도를 이용해 코인 스트리트 지구의 도시재개발사업이 가능했던 것이다.

한편 이 토지 매각은 대처정부가 대런던청을 폐지하기 전날에 실시되었다. 이처럼 신속한 대응은 노동당 의원이자 도시계획위원장인 니콜슨 씨의 공이 크다. 그는 코인 스트리트의 주민운동에서 타켓 씨와 함께 중심적 역

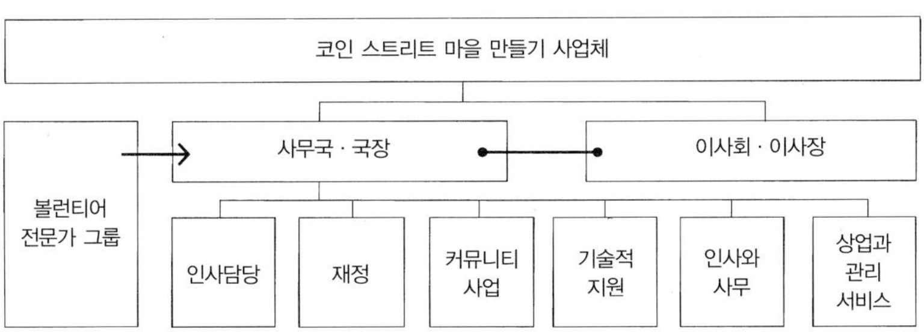

그림 5-8 코인 스트리트 마을 만들기 사업체의 조직도
업무를 공유하는 외부전문가의 협력이 크다.

할을 맡고 있었다.

토지 구입을 위한 자금조달은 대런던청으로부터 융자를 받았고, 이와 함께 대런던청이 설립한 투자육성회사인 기업공사[2]로부터도 융자를 받았다. 사업계획은 400호의 주택과 레크리에이션 시설 그리고 1,200명에게 직장을 제공하는 작업장, 상업시설을 포함한 복합시가지 형성이었다.

3. 커뮤니티를 기업화하는 마을 만들기 사업체

3-1 조직 설립시 사업체제

코인 스트리트 마을 만들기 사업체는 토지 소유자이자 토지에서 사업 수익을 올리는 유한책임보증회사 형태를 취하고 있다. 토지의 일부를 주택 협동조합에게 주택용지로 빌려주고 그 외의 토지에서 나오는 사업 수익은 공익적 서비스 제공과 함께설립한 자선 단체의 활동에 썼다. '코인 스트리트 마을 만들기 사업체는 사우스 뱅크를 주거를 위한 곳, 일하기 위한 곳 그리고 방문하는 곳으로 한층 더 매력 있는 곳으로 만든다는 사회적 사명'[3]을 가지고 도시개발과 토지경영에 사회적 평등과 공정성을 추구했다.

코인 스트리트 마을 만들기 사업체는 사무국장 하에 주택, 상업개발, 영선관리, 재정과 홍보 등 6개 부문으로 구성되었다. 임대료 및 사용료 수집과 시설관리 등의 업무는 자회사인 사우스뱅크 관리 서비스(2003년에 코인 스트리트 마을 만들기 사업체에 흡수됨)에 맡겼다. 또한 4개의 자선단체를 조직하여,[4] 사무소 제공과 활동비를 코인 스트리트 마을 만들기 사업체가 보조하였다. 코인 스트리트 마을 만들기 사업체의 직원은 현재 풀타임이 35명(처음에는 6명)이다. 볼런티어는 건축 컨설턴트, 측량사, 엔지니어, 변호사, 회계사, 케어 워커, 사업관리자 등의 전문가이며 필요에 따라 지원하는 시스템이다(그림 5-8).

경영방침과 사업내용을 결정하는 이사회는 15명의 무급 이사로 구성되었으며 법률가, 회계사 2명의 전문직 외에는 퇴직한 인쇄공과 항만노동자 등의 지역주민들이다. 이사회 사무국의 구성 멤버는 지역 출신이어야 한다는 조건이다. 즉 마을 만들기 사업체는 사회관계나 물적인 지역 원리를 이용하여 운영되며 사업 이익을 지역사회에 서비스하는 형태로 환원함으로써 커뮤니티와의 신뢰관계를 한층 두텁게 하고 있다. 커뮤니티를 기업화하고 커뮤니티의 복지를 향상시킨다는 사회적 순환이야말로 커뮤니티 기업으로서의 특징을 보여주는 것이라 할 수 있다.

15년에 이르는 사업계획 자금 600만 파운드는 주택 금융이나 람베스구와 서더크구로부터의 차입금 등 공적 섹터로부터 저금리융자를 받고 민간은행으로부터 차입하여 조달했다. 코인 스트리트 마을 만들기 사업체의 직원 급여, 토지구입 대금을 포함한 대출액 변제, 보험 등의 제경비 지불은 우선 주차장 경영과 임대 점포경영으로 조달하기로 하고 장기적으로는 주택, 사업시설로부터 나오는 임대료를 쓰기로 했다. 토지는 코인 스트리트 마을 만들기 사업체가 소유하고 주택은 협동조합에 의한 임대로 한다는 원칙은 에셋을 커뮤니티 전체가 소유하는 '공유의 원리' 로 관철되어 있다.

코인 스트리트 마을 만들기 사업체는 설립과 동시에 템스 강 연안의 보도와 인접한 베르니에 스파인 공원정비에 착수했다. 이제까지 템스 강 연안은 공장 터와 오피스 빌딩이 차지하고 있어 일반 사람들이 접근하기 어려운 공간이었다. 강을 따라 도시에 남은 풍부한 자연을 이용해 누구나 즐길 수 있는 공간으로 만든다는 것이 재생 취지였다. 현재 공원에는 로열 내셔널 시어터, 테이트 모던으로 강가 산책로로 정비되어 있다. 황폐하고 인기 없었던 가브리엘 부두는 디자이너들의 공방과 레스토랑, 카페 등 일하며 쉴 수 있는 공간으로 재개발되어 주차장과 함께 코인 스트리트 마을 만들기 사업체 초창기에 수익을 내는 사업이 되었다.

이러한 개발사업은 코인 스트리트 마을 만들기 사업체가 담당하고 주택 개발에 대해서는 저소득층을 위한 주택을 공급하는 주택 코프가 담당했다.

주택 코프의 경영은 코인 스트리트 마을 만들기 사업체의 중핵을 이루는 사업으로서 사회적 사명을 지키고 있다.

주택 코프는 코인 스트리트 마을 만들기 사업체에서 용지를 빌려 주택 개발과 관리운영을 하는데, 조직을 제1차 코프와 제2차 코프로 나누어 기능을 분담하고 있다. 제1차 코프는 입주자로 구성되어 주택 관리와 임대료 수집 등 주택관리 운영의 의무를 맡는다. 또한 제2차 코프는 건축가 · 회계사 · 변리사 등 주택설계와 건설 등을 담당하는 전문가로 구성되어 있다(그림 5-9).

3-2 주택 코프의 경영

코인 스트리트 마을 만들기 사업체는 주택을 필요로 하는 저소득층에게 시장가격의 거의 1/5이라는 낮은 집세의 주택을 공급하기 위해 주택 코프라는 주택개발방식을 택했다. 공영주택은 대처정부의 매각정책에서 정치의 영향을 많이 받아 민간기업에 의한 주택공급도 시장에 좌우되어 불안정했고, 저소득층을 위한 주택을 안정적으로 공급하기 위해서는 공적도 아니고 사적도 아닌 주택 코프가 적당하다고 판단했던 것이다. 특히 주택을 지역사회의 공동재산으로 한다는 원칙하에 영구히 개인에게 매각할 수 없는 엄격한 코프 형식(fully mutual co-op)이 택해졌다. 현재의 법제도 하에서는 사업

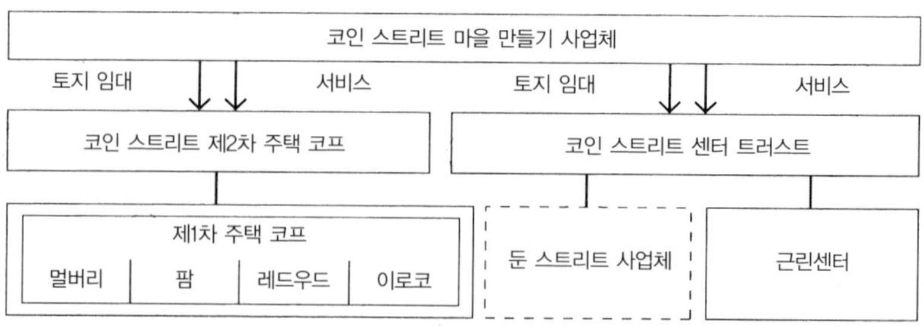

그림 5-9 코인 스트리트 마을 만들기 사업체와 주택 코프 · 외부 비영리사업 부문
지구 내에는 '커뮤니티 형성 · 거주지 자체관리에 역점을 둔 주택 코프', '외부조직', 그리고 주차장 경영 등의 수익 부문이 있다.

이익을 추구하는 코인 스트리트 마을 만들기 사업체가 주택 코프를 직접 건설하는 것이 불가능했기 때문에 제2차 코프를 주택금융에 등록된 주택협회로 조직화하여 대응했다.

제2차 코프는 토지를 코인 스트리트 마을 만들기 사업체로부터 125년 계약으로 빌려 이를 입주자로 조직된 제1차 코프에 5년마다 전대계약(서브리스)으로 빌려주고 있다. 이를 바탕으로 제1차 코프는 개별 주택의 집세를 결정하고 또한 집세 수집, 주택 수선이나 주택지 관리, 새로운 입주자를 선정한다. 제2차 코프는 제1차 코프에게 관리 능력을 높이는 지식과 기술을 지도하며, 주택관리와 관련된 각종 상담 서비스 등을 유료로 제공하고 있다.

네 개의 주택 코프가 이미 완성되었다. 56호의 멀버리 주택이 1988년, 27호의 팜 주택이 1994년, 78호의 레드우드 주택이 옥소 타워 내에 1996년, 59호의 이로코 주택이 2001년에 완성되었다. 계획은 400호 공급을 예정하고 있으며 20년에 220호라는 완만한 수준의 건설이라 할 수 있다.

주택 코프의 건설비는 가장 최근인 이로코 주택의 경우를 보면 건설비 총액 1,450만 파운드 중 약 40%를 주택금융에서, 마찬가지로 40% 정도를 코인 스트리트 마을 만들기 사업체에서 빌리고 그 외는 포괄적인 도시재생 예산인 챌린지 기금에서 얻고 있다. 집세는 방 5개 짜리가 주 100파운드~125파운드로 시장 가격과 비교해보면 믿기지 않을 만큼 싸다. 교통 편리

그림 5-10 이로코 주택 코프와 잠정 주차장

성, 거주환경 면에서 봐도 매력적이어서 입주희망자가 많다. 입주 조건은 도심에서 일하는 저소득자이며 주택이 필요해야 한다는 것 등이다.

코인 스트리트 지구의 주택 코프에는 어떤 사람들이 입주해서 어떤 의무를 지키고 있는지에 대해 알아보았다. 우선 입주자는 주택의 관리운영에 책임을 다하기 위해 그 선정이 매우 중요하다. 주택건설 자금을 람베스구와 서더크구 양쪽에서 받은 멀버리 주택에서는 모든 입주자 선정이 양쪽 구의 지자체에 맡겨졌는데 주택금융에서 자금을 얻은 다른 세 개의 코프 주택의 경우는 50% 입주자의 지명권을 가질 수 있었다.

입주자의 지명은 코프의 기회균등 정책에 입각하여 인종 · 민족 · 국적 · 종교 · 성 · 연령 · 신체장애 · 외모 · 성적 편견 · 혼인 상황 등을 이유로 차별해서는 안 된다고 되어 있다. 또한 양쪽 구에 사는 무주택자가 가지고 있는 사회적, 인종적 구성비를 반영시키기로 하여 지역의 기존 커뮤니티와 융화시키고자 했다. 그 결과 모든 주택 코프에서 입주자의 약 1/3 정도가 흑인 세대로 되었다.

그러나 지명된 사람이 모두 입주할 수 있는 것은 아니다. 입주자는 주택 코프 입주자로서의 책임과 주택관리 능력, 커뮤니티 의식을 키우기 위해 제2차 코프가 실시하는 3시간의 교육훈련 코스 11유닛을 받아야 하고, 코스 수강 결과가 좋으면 코프의 관리위원회가 입주를 최종적으로 인정한다. 주택 코프에 입주하기 위해서는 무주택자 외에 코프 경영에 적극 참가하고 교육 프로그램을 종료해야 한다. 이러한 제약은 타 지역의 주택 코프에서는 볼 수 없는 특징이다.

입주자는 출자금 1파운드의 코프 멤버로서 책임을 가지고 주택 경영에 관한 몇몇 의무를 져야 한다.[5] 그 의무란 다음과 같은 세 가지이다. 첫째는 총회에 출석하는 것으로 1/3 이상의 결석을 인정하지 않는다. 총회에서는 1인 1표의 투표권을 행사하여 관리위원을 선출한다. 둘째는 코프 경영 업무를 분담하는 것이다. 집세를 모으거나 수리를 위한 조직을 만들어 공동시설

청소와 관리 등을 한다. 또한 예산 입안, 재정 기록을 하는 등 코프의 관리 위원회가 필요로 하는 관리운영상의 업무를 맡는다. 셋째는 자체적으로 코프의 규칙에 따라 코프 경영 능력과 복지를 높일 수 있도록 노력하는 것이다.

이와 같이 코인 스트리트 지구의 주택 코프는 저소득층에게 단순히 주택공급을 하는 것으로 끝나는 것이 아니라 주택을 관리 · 운영하는 기술과 능력을 갖게 하여 자신들이 사는 지역사회에 아이덴티티를 갖게 하는 기회를 주고 있음을 알 수 있다.

3-3 주택 코프의 주민

코인 스트리트에 있는 4개의 주택 코프에서 볼 수 있는 공통된 특징을 들어보면 첫째 주민의 다양성을 존중하고 있고, 둘째 주민의 자발성, 지역의 자체관리를 존중하고 있다는 것이다.

주민의 다양성이란 가족 구성, 연령계층, 신체적 조건, 민족적 구성의 균형이다. 멀버리의 주택 56가구 중 46가구는 방 3개의 6인 가족을 위한 것이며, 2가구는 신체장애인용으로 되어 있다. 다양한 민족적 요구에 맞추기 위해 대가족용 주택의 필요성도 매우 높다고 할 수 있다. 팜 주택은 27가구 중 8가구가 연금생활자용이며, 3가구는 신체장애인용으로 되어 있어서 고령자 비율이 높다. 레드우드 주택은 78가구 중 48가구가 방 2개 짜리로서 독신자용 주택이 많고 거주자도 40세 이하가 많다. 이로코 주택은 59가구 중

그림 5-11 수입원인 강가의 전망 레스토랑에서 본 시티쪽

35가구가 방 3개이며 신체장애인용 세대도 있다.

민족적 균형에 대해서는 세대의 약 40%가 마이널리티가 되도록 되어 있다. 예를 들면 이로코 주택의 경우 영국계 백인 44%, 카리브계 및 아프리카계 15%, 아일랜드계 2%, 아시아계 9%, 그 외 30%로 되어 있다.[6]

대가족을 위한 세대는 가족구성 변화에 맞춰 바꿀 수 있는 계획이었다. 입주한 지 20년이 지난 멀버리 주택 코프에서는 방 3개 짜리의 매월 집세가 250파운드로 4개 주택 코프 중에서 가장 낮으며 민간의 1/5 정도 밖에 안 되기 때문에 바꾸는 것은 실현되지 않았다. 도심 근처에서 환경이 좋은 주택 코프의 세대가 기득권화되고 있는 것은 문제라고 말할 수 있다.

주택 코프에 공통된 두 번째 특징은 주민의 자주성, 지역의 자체관리를 존중하고 있다는 점이다. 주택 코프는 주택의 관리운영을 주민에게 맡기고 있는데, 주민은 재무위원회 등 6개의 위원회로 구성된 관리위원회를 조직하였다. 공동시설의 관리운영은 물론 퇴거자가 생기면 입주자 모집부터 면접, 입주자 결정도 해야 한다. 입주자 반수의 결정권을 주택 코프가 가지고 있기 때문이다. 입주결정자에 대해 제2차 코프가 연수를 하고 코프 입주자로서의 책임, 의무 등을 가르친다. 주민의 자발성과 자체관리 능력은 훈련과 일상생활에서 중요시 여기게 한다.

입주 전 연수가 얼마나 효율적인지는 주민들을 대상으로 한 인터뷰에서도 알 수 있다. 멀버리 주택에 사는 40대 주부는 '연수 코스에 참가하여 의견이 다른 주민과 많은 토론을 하면서 친분이 쌓이게 되었으며 입주 전부터 주택 경영에 참가한다는 것을 실감했다. 주택 코프가 있어서 커뮤니티도 생겼다고 생각한다' 고 말했다.[7] 주택 코프에 입주한 주민의 만족도는 매우 높다고 할 수 있다. 같은 멀버리 주택에 사는 40대의 휠체어 사용 주민(여성)은 다음과 같이 말하고 있다.

처음부터 입주해서 살고 있는데 입주 전 연수가 매우 인상적이었다. 코스를 수강하는 동안 서로 친해질 수 있게 되었고, 지금도 서로 도우며

> 쇼핑도 같이 다닌다. 여기서 살게 된 덕분에 가까이에 있는 TV 방송국에도 취직했고 결혼도 하게 되었다.

팜 주택에 사는 전직 중학교 교원이었던 72세의 한 노인은 관리위원회의 재무담당위원으로 주택 코프의 의의를 다음과 같이 말하고 있다.

> 사회주택은 독신자나 노인 부부들이 좀처럼 입주할 수 없다. 주택 코프는 이처럼 기회가 적은 사람들에게 주택을 제공하는 역할을 하고 있다. 주어진 주택 코프가 아니라 스스로 만드는 코프가 되어야 한다.

그리고 주택 코프의 운영에 대해 6주마다 개최되는 위원회만으로는 충분하지 않으며 매월 1회는 개최할 필요가 있다고 주택 코프의 운영방법에 대해 적극적인 의견을 제시했다.[8]

한편 주민이 지적하는 주택 코프의 문제점은 관리와 관련된 것이다. 거의 20년이 되어가는 멀버리 주택의 경우 주민들의 의식도 많이 변화되어 시설유지와 관리가 충분하게 이루어지지 않다고 한다. 또한 아이들이 정원이나 시설을 파괴하는 문제 등 다양한 가치관을 가진 주민층이 있기 때문에 생활상의 문제도 지적되고 있다. 주택과 주택지의 자체관리는 위원회에 위임되기 때문에 위원장의 리더십과 위원회의 공정한 운영이 요구된다. 특히 공가의 입주자를 결정하는 권한이 잘못 이용될 우려가 있어서 앞으로 공정함을 유지하는 제도가 필요하다고 지적된다.

4. 커뮤니티 기업의 자립과 사회적 전개

4-1 마을 만들기 사업체의 안정적 경영과 사업 확대

코인 스트리트 마을 만들기 사업체의 경영이 궤도에 오르기 시작한 1990년대 코인 스트리트 지구 주변은 다시 글로벌화의 여파로 크게 변모했

그림 5-12 템스강가의 가설 점포
여름이면 크게 장이 열려 일대의 수입원이 된다. 점포에 '잠정 이용'이라는 개념은 일본에서는 일반적이지만 런던에서는 드문 일이다.

다. 워털루역에 유로스타 발착역이 개통되고, 런던의 부도심이라 불리는 도크랜즈와 직결되는 지하철 쥬블리 라인이 연장되는 등 신규 사업들이 점차 완성되었다. 워털루역 정면에는 유리로 된 원통형의 유럽 최대 스크린을 갖춘 영화관이 오픈되고 새로운 세기를 맞은 것을 기념하여 세계 최대의 관람차인 런던 아이도 완성되었다. 코인 스트리트 지구 주위에 펼쳐진 이러한 거액의 도시재생사업은 코인 스트리트 지구에 큰 위협을 가하게 되었다. 이런 변화에 대해 코인 스트리트 마을 만들기 사업체는 템스 강이라는 자연을 살리고 예술문화시설이 집적한 지역의 특징을 살린 로컬 개발을 사우스뱅크 일대로 확대해 나가는 도시정비 전략에 대항했다. 즉 글로벌화를 이용하면서 로컬리티를 재창조해 나가기를 원했던 것이다.

전략을 실현하는 데 있어서 코인 스트리트 마을 만들기 사업체는 이제까지의 경영방침을 크게 전환시켰다. 첫째는 주택지 개발 디자인의 질을 높여 시장경제에 대항할 수 있는 가치를 만들어내 수익을 올리는 것이다. 사업에 디자인성이나 예술성을 추구하여 사업의 질을 높이기로 했다. 둘째는 인접한 주변 지구의 관련조직과의 연계를 강화하여 커뮤니티 거버넌스를 적극적으로 추진하는 것이다. 코인 스트리트 마을 만들기 사업체는 커뮤니티에서 보다 광역적인 마을 만들기로 책임을 갖게 하는 것이다.

코인 스트리트 마을 만들기 사업체가 사업의 디자인성이나 예술성을 높여 개발의 질을 신경쓰게 된 것은 시장경제에 대항한다는 전략에서 나온 것이다. 비영리 사업체가 시장경제 속에서 살아남아 최대한의 이익을 올리기 위한 하나의 전략인 것이다. 그 시작 사업으로 1990년 코인 스트리트 페스티벌을 개최하여 예술 · 문화의 발생지로서 코인 스트리트 지구를 런던 내에 널리 어필했다. 주말에 작은 이벤트로 시작한 이 페스티벌은 지금은 인근 기업이나 문화시설의 협력을 받아 매년 여름이면 열리는 연례행사가 되어 관광객 등 수만 명의 사람들을 불러 모으고 있다.

주택개발에 대해서도 디자인을 추구하여 주택 코프라고 불리는 높은 품질을 유지했다. 1994년에 완성된 팜 주택은 유명 건축가에게 설계를 의뢰했고, 이듬해 완성한 레드우드 주택도 같은 건축가가 100년 전의 아르데코풍 공장을 개축하여 옥소 타워로 재생시켰다. 팜 주택과 옥소 타워 모두 권위 있는 디자인상을 받았으며 이어서 건설된 넓은 공동정원을 둘러싼 이로코 주택도 몇몇 디자인상을 받았다. 공적인 주택은 소박하고 수수하며 일정 규격을 지니면 된다는 기존 관념을 부정하고 저소득층에게도 예술성 높은 생활환경에서 수준 높은 생활을 하기를 바랐던 것이 그대로 나타난 것이다.

옥소 타워는 원래 20세기 초 발전소로 지어졌던 것인데 이후 식육가공회사 공장이 되었으며 1970년대에는 황폐화되어 무너지기 일보직전이 되었다. 이를 코인 스트리트 마을 만들기 사업체가 2,000만 파운드의 사업비를 들여 지역의 상징 건물로 재생시켜 템스 강의 야경을 조망할 수 있는 멋진 건물로 만들었다. 타워는 주택이 아니라 1층과 2층에 디자이너들의 공방, 전문 상가, 카페 · 레스토랑, 갤러리, 공연 공간과 복합적 기능을 갖춘 건물로서 젊은 예술가들과 디자이너들을 지원하는 공간으로 제공되었다. 3층부터 7층이 레드우드 주택 코프이고 최상층은 전망대와 레스토랑이 들어서 주민뿐만 아니라 이 지역에 통근하는 사람들과 관광객들도 자유롭게 이용할 수 있는 공간이 되었다.

최상층에는 런던에서도 최고급이라 불리는 레스토랑이 들어와 고액의 임대료를 지불하고 있다. 코인 스트리트 지구의 상징이 된 옥소 타워 개발은 시장원리를 바탕으로 한 경영방법을 도입함으로써 많은 고객을 불러 모았다. 그러나 이러한 방식에 대해 코인 스트리트 마을 만들기 사업체 내외에서는 민간 비영리 개발이념에 어울리지 않는다는 비판의 목소리가 거셌다. 비영리 마을 만들기가 민간 개발업자들의 임대료를 받아 수익을 올리고 관광객 도시로 지향하는 것은 사회적 사명을 잃은 행위가 아니냐고 비판한 것이다.

이에 대해 타켓 사무국장은 다음과 같이 반론했다.

> 우리는 낡은 방식의 자선사업을 하고 있는 것이 아니며 투자한 자금에 맞는 성과를 올려 그 수익을 커뮤니티에 환원하는 것이 원칙이다. 스스로의 힘으로 스스로의 지역을 경영하기 위해서는 풍부한 재원이 필요하다. 마을 만들기 사업체에는 시장의 거친 바람에 견딜 수 있는 효율성과 수익성이 요구되고 있다.[9]

오히려 시장원리를 바탕으로 한 민간기업들이 비영리사업에 매력을 느껴 대가를 지불하고 뛰어들고 있는 점을 강조했다. 시장원리로 사업을 전개하고 거기서 얻어지는 수익을 주택 코프의 경영과 비수익사업으로 전환하는 것이 중요하다. 템스 강의 야경을 한눈에 볼 수 있는 레드우드 주택 거주자들의 평균 소득은 전국 평균에 비해 낮다고 한다. 집세는 주 80파운드로 시장가격의 20% 정도이다.[10] 여기서도 사업내 비용이전이라 불리는 마을 만들기 사업체의 에셋 매니지먼트 수법이 적용되었다.

옥소 타워를 둘러싼 의견 대립이 있어 코인 스트리트 마을 만들기 사업체의 이사회 멤버간에 균열이 생겨 몇 명은 그만 두었다.[11] 이러한 대립은 사회적 사명을 실현하는 비영리사업이 시장경제와 어떤 관계를 가지느냐는 문제를 제기하며 자립 마을 만들기 사업체가 직면하는 일반적인 문제이기도 하다.

적극적인 비즈니스 수법에 의해 코인 스트리트 마을 만들기 사업체는 현재 총수입이 연간 360만 파운드로 경영상 안정을 보이고 있다(2002년도). 그 내역은 가설 점포 같은 상업시설로부터 나오는 임대료가 약 195만 파운드로 전체의 54%를 차지하며, 주차장에서 나오는 수익이 80만 파운드로 22%, 옥소 레스토랑이 45만 파운드로 12%를 차지한다.[12]

시장원리 도입에 따른 적극적인 사업전개와 동시에 코인 스트리트 마을 만들기 사업체가 주력한 것은 주민에 대한 사회 서비스 제공이다. 즉 커뮤니티를 근간으로 한 사회적 기업으로서의 사명을 실현하는 것이다. 주민의 요구를 파악하는 앙케이트 조사를 1999년에 실시하여 도서관과 수영장 등 실내 · 실외 스포츠 시설, 보육원, 어린이 시설 등이 장래사업계획에 도입되었다.

이러한 주민들의 요구에 맞춰 코인 스트리트 마을 만들기 사업체는 '가족과 어린이를 위한 센터' 건설을 계획하고, 2005년 1월에 보육원을 개설했다. 46명 정원의 보육원과 조식 클럽, 아동보육(4~11세) 사업을 개시했다. 보육원 등은 2007년에 개설 예정인 인근 센터로 이동하게 되었다. 근린 센터에는 '가족과 어린이를 위한 센터' 외에 '학습 · 기업지원센터'가 들어올 예정이다. '학습 · 기업지원센터'는 사회적 기업가 육성과 IT환경, 직업훈련, 취업기회 개척 등을 지원한다. 또한 소규모 상가와 레스토랑 공간을 시장원리로 빌려주고 커뮤니티 카페와 집회소 등을 지역서비스로 제공할 예

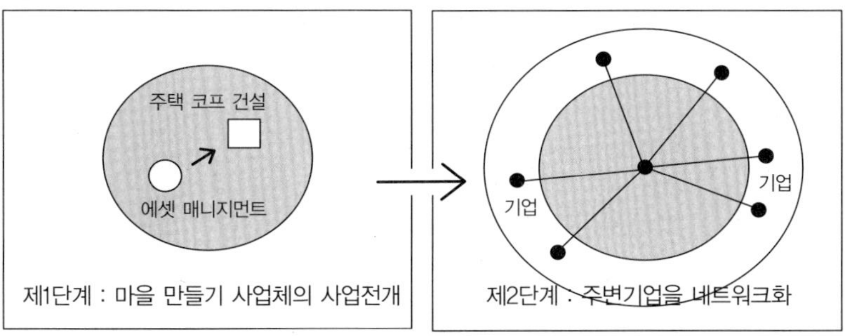

그림 5-13 코인 스트리트 마을 만들기 사업체의 발전 과정
2단계의 발전과정. ① 정부의 지원으로 주택 코프를 건설하고, 사업내 비용이전을 재원으로 지구 내를 정비하며 ② 마을 만들기 사업체가 중핵이 되어 인근의 세계기업을 네트워크화, 지구 디자인을 향상시켰다.

정이다.

스포츠시설에 대한 요구도 있어서 코인 스트리트 지구 근처의 콜롬보 스트리트에 있던 폐쇄 예정인 공공 스포츠 센터를 코인 스트리트 마을 만들기 사업체가 에셋 매니지먼트하기 위해 개축하고 있다. 또한 스포츠 센터뿐만 아니라 여기에서 가까운 황폐지를 취득하여 람베스구와 서더크구에서 보조금을 받아 풋볼 경기장, 전천후 코트를 건설해 2005년 4월부터 사업을 시작했다. 코인 스트리트 지구의 사업이 경계를 넘어 전개되고 있는 것이다.

계획이 진행중인 둔 스트리트 개발은 실내 수영장 같은 스포츠 시설, 댄스 교실, 레저 센터, 주택, 상점, 공공 스페이스 등이 들어선 고층 복합빌딩의 구상이다. 이미 2006년에 개발 신청이 허가되어, 초고층 주택은 335호로 하고 상층은 분양주택, 중간층은 중류계급용 임대주택, 하층은 주택 코프로 할 예정이다. 이 계획은 이제까지의 코인 스트리트 지구 사업과는 성격이 사뭇 다르다. 즉 초고층 건축이라는 점, 주택을 분양한다는 점, 주택 코프 외에 중류 소득층을 대상으로 한 주택개발을 지향하고 있다는 점 등이다. 저소득자용으로 임대한다는 이제까지의 주택개발원리를 넘어선 이런 새로운 계획안에 대해 비영리 마을 만들기 사업체로서의 선을 넘었다는 심한 비판이 일어나고 있다.[13]

4-2 커뮤니티 기업의 사회적 전개

코인 스트리트 마을 만들기 사업체는 1990년대 재정적으로 자립 가능성이 커지자 지역 커뮤니티를 넘어선 마을 만들기에 적극 착수하게 되었다. 구체적으로는 마을 만들기 사업체의 사회적 사명을 전국적으로 보급하는 연계조직을 설립한 것과 주변지역의 다양한 단체와 연계를 강화하여 사우스 뱅크 일대의 개발을 통제하기 위한 협의기관을 설립한 것이다.

마을 만들기 사업체의 전국조직이란 이미 제3장에서 언급했던 1993년에 설립된 마을 만들기 사업체 협회이다. 협회의 목적은 정보 교환, 상호 협력,

조언, 스탭 훈련, 새로운 사업체의 설립 지원이며 코인 스트리트 마을 만들기 사업체는 성공 모델로서 선도적 위치를 차지했다. 또한 코인 스트리트 마을 만들기 사업체에서도 협회를 통해 자신들의 사업을 외부로부터 평가받는 기회가 되어 가치가 있으며 협회가 조직 자립에 필요한 제도 개혁과 시책을 정부에 요구하는 애드보카시 기능을 높이자 조직적 연계는 한층 더 의미있는 것으로 되었다.

다음으로 코인 스트리트 마을 만들기 사업체의 사회적 전개에 있어서 중요한 것은 사우스 뱅크 일대에서 추진하는 개발을 통제하는 협의기관 설립이다. 워털루역을 중심으로 추진한 민간 도시재개발에 위기감을 가진 코인 스트리트 마을 만들기 사업체는 주변의 대기업과 문화시설 15개 단체와 연계하여 사우스 뱅크 일대의 환경개선을 직접 시행하는 비영리 회사 사우스 뱅크 임플로이어스 그룹(이하 임플로이어스 그룹이라 칭함)을 설립했다.[14] 이는 코인 스트리트 마을 만들기 사업체가 지역 일대의 마을 만들기 중핵으로서 주변 지구의 정부 · 시장 섹터와 협동하여 보다 좋은 환경 만들기에 노력한다는 커뮤니티 거버넌스 나아가서는 로컬 거버넌스를 형성하는 주체가 되고 있음을 의미하고 있다.

임플로이어스 그룹은 '어번 디자인 전략'에 따라 지역의 자연환경과 역사를 살리는 재개발계획안을 주민들의 의견을 받아들이면서 책정하고 이해관계를 조정하며 실행하여 이후의 운영관리도 돌보는 비영리회사이다. 사우스뱅크에 입지한 음악, 연극 등의 문화시설은 지역 주민들의 이용은 거의 없으며 강 건너에서 오는 중류층과 관광객을 상대로 한 시설이었다. 또한 TV 회사 같은 대기업도 고용자는 강 건너에서 다니는 화이트 컬러층이어서 심리적으로도 이 지역과는 거리감이 있었다. 또한 건물과 건물을 잇는 공간도 심심하고 활기가 없었다. 이러한 건물과 시설들의 공간을 개방적이고 회유성 있는 공간으로 만들고 디자인적으로도 지역의 특징을 살려 지역 주민들도 가볍게 이용할 수 있는 공간으로 만들기 위해 보도와 녹지 정비,

교통량 감소, 가로등 정비 등을 실현했다. '사우스 뱅크를 로컬하고, 내셔널하며 인터내셔널한 것으로 만든다'[15]는 취지를 가진 대처방안이었다.

5. 거버넌스형 마을 만들기로서의 의의

임플로이어스 그룹이 제시한 어번 디자인 전략의 특징은 거버넌스형 수법으로 추진했다는 점에 있다. 사우스뱅크의 재개발을 종합적인 지구계획하에서 통제하기 위해 람베스구와 서더크구, 의원 그리고 임플로이어스 그룹이 포괄적 도시재생 예산을 얻기 위해 파트너십을 형성하였다. 지구 내의 회유성을 높이는 사업이기 때문에 임플로이어스 그룹은 22개 단체와 정부로부터 자금을 모으고 관계된 11명의 지주와 2개 구의 이해관계를 조정했다. 또한 사우스뱅크와 템스 강을 떼어놓은 런던 도심은 교통편이 나쁘고 멀었지만 버스를 순회시켜 시간적으로나 심리적으로 거리를 좁힐 수 있었다. 이 사업을 추진하는데 있어서 사우스뱅크측의 파트너십은 강 건너 단체와도 파트너십을 형성하여 런던시와 교통국, 관광국의 지원을 얻었다. 이렇게 임플로이어스 그룹이 관여하는 사업결정과 실현 과정은 관련된 이해관계 단체들의 조정과 협의에 의한 거버넌스 방식으로 추진되었다.

사우스뱅크의 도시재개발을 계획하는 주체는 국가와 지자체의 의원, 직원 등 정부 섹터의 대표와 볼런터리 섹터인 이해관계 단체의 파트너십에 있다. 코인 스트리트 마을 만들기 사업체는 볼런터리 섹터로서의 특징을 가지지만 임플로이어스 그룹의 일원이기도 하다.

일반적인 시민과 주민들의 의견을 반영시키기 위해 사우스뱅크 파트너십은 하부 조직으로 포럼을 설립하여 연 4회 개최하고 있다. 중앙정부, 지자체, 기업 그룹으로 형성된 파트너십을 주민에게 개방하기 위한 것이다. 이렇게 사우스뱅크의 지역개발을 협의하는 단체인 임플로이어스 그룹은 거버넌스형 도시개발을 모색하여 파트너십과 포럼에 의해 개발 방향과 내용을 정하고 있다. 이를 견인해온 것이 주민 주도 개발의 경험을 쌓아온 코인 스트리트 마을 만들기 사업체이다.

하지만 문제를 안고 있는 것도 사실이다. 과거부터 있던 주민조직, 예를 들면 사우스뱅크 개발을 주민측에서 검토해온 워털루 그룹은 워털루 지역 주민 단체들의 연합조직이지만 파트너십 멤버는 아니다. 코인 스트리트 마을 만들기 사업체가 기업조직으로서 임플로이어스 그룹의 활동을 활발하게 할수록 워털루 그룹 사이에서는 긴장관계가 생겼다.[16] 워털루 그룹은 코인 스트리트 마을 만들기 사업체가 시장원리를 바탕으로 한 개발 지향을 강하게 한 것이 아니냐고 의심되었다.

이러한 문제가 있어도 코인 스트리트 마을 만들기 사업체가 코인 스트리트 지구의 커뮤니티 내에서 사업을 완결하기는 어렵다. 글로벌화되고 있는 지역 일대를 저소득층도 살 수 있게 하고 일하는 공간을 제공하며, 더욱 많은 관광객까지 불러 모으고 있는 복합적 기능을 하는 지역으로 만들기 위해서는 밀려드는 재개발의 여파를 통제하는 조직이 필요하다. 그 통제 방법을 민간 개발업자의 이윤추구형 개발이 아닌 또한 공공사업 같은 중앙집권적 개발도 아닌 단체들의 협의에 의한 거버넌스형 마을 만들기에 요구되고 있다. 임플로이어스 그룹의 설립은 코인 스트리트 마을 만들기 사업체의 경험이 보다 넓은 지역에서 적용 가능한 이념과 경영방법을 가지고 있음을 나타내고 있다. 도시재개발에서의 '자본원리' 나 '시장원리' 에 대항하여 생겨난 코인 스트리트 지구의 도시사회운동이 일상 생활화되기 위해 지구 개념을 넘은 거버넌스에 의해 가능성을 펼쳐가려고 한 것이다. 이런 의미에서 그들은 자신들의 사업체를 커뮤니티 기업에서 사회적 기업으로 전개하려는 것으로 볼 수 있다.

결론적으로 코인 스트리트 마을 만들기 사업체는 여러 지원조직의 네트워크상에 조직적 자립이 가능해지고 사회적 기업으로서의 성과를 누리고 있다. 그러나 시장경제와의 관계, 신자유주의적 정책과의 관계, 코인 스트리트 지구 내외에 있는 지역주민 조직들과의 관계에 있어서 사회적 사명을 사업화하는 것의 어려움과 위험성을 안고 있는 것도 분명하다. 사회적 기업의 선구자로서 정부 섹터와 시장 섹터를 연결하는 볼런터리 섹터의 존재의의를 확립할 수 있을지 앞으로도 주목해볼 만하다.

〈注〉

1　1972年の地方自治法セクション123および127で、地方自治体による土地の譲渡（売却）を市場価格以下で行う場合、7年以内の借地に限られている。それ以外の処分については内閣府の承認が必要であり、コイン・ストリートの場合、公共の福祉、地区詳細計画に従っているため例外として認められたのであろう。さらに、ロンドンの地方自治体である大ロンドン庁が廃止されればこの法律が適用されなくなるため、廃止直前に駆け込みで認可を得た。その後、ほかのまちづくり事業体はアセット・マネジメントのために、コイン・ストリートのように市場価格以下で土地を取得できる法整備を求め当局にはたらきかけた。1988年の住宅法と地方自治法は、社会住宅供給機構に対して認めている。

2　1980年代のロンドンの社会主義的な経済政策を具体化するもので、市内に働く場を設立しようとする事業体に資金的な援助をする組織である。

3　Tuckett, I., 1988,"Coin Street: There Is Another Way", *Community Development Journal*, Vol. 23, p. 9.

4　慈善組織は、スタンフォード埠頭の歴史的建造物を保全するためのトラスト、テムズ川岸の自然環境を保全するトラスト、研修やコミュニティ・センターの建設のためのトラストとマイノリティを支援するシラ・トラストである。

5　このような住宅コープの運営は四つの住宅地に適用されていたが、最初に建設されたマルベリ住宅はコイン・ストリートまちづくり事業体の運営方針と対立し、2001年に脱退した。そして住宅コープの全国組織の傘下に入りその規約に従い、管理運営を専門の会社に委託した。これが可能となったのは、マルベリ住宅が直接コイン・ストリートまちづくり事業体と借地契約を結んでいるため、第2次コープの方針に従う義務がないためである。マルベリ住宅のこのような性格からさまざまな問題が生じているのは事実である。2007年、再びコイン・ストリートまちづくり事業体の傘下に入った。

6　2002年6月のヒアリング調査で住宅担当部長から入手したデータである。マルベリ住宅コープのデータがないのは、当時、管理運営がコイン・ストリートのコープ組織から離れていたためである。

7　2003年8月30日の現地ヒアリング調査より。

8　2002年8月16日の現地ヒアリング調査より。

9　2002年8月、タケット事務局長へのインタヴュー。

10　*The Observer*, 7 June 1998.

11　*New Statesman*, 20 June 1997.

12　2003年12月のヒアリング調査より。

13　*The Times*, 3 August 2004. ; *The guardian*, 29 October 2007.

14　後に17団体となり、サウス・バンクに位置する代表的な企業・文化施設を含んでいる。

15　Coin Street Community Builders, n. d., *There is another way*, p.25.

16　Brindley, T., Rydin, Y., and Stoker, G., 1996, *Remaking Planning*, second edition, Routledge, p.208.

제 6 장

도시 극빈곤지구에서의 환경공생형 커뮤니티 형성

런던, 이스트엔드의 환경 트러스트

1. 극빈곤지구에서의 에셋 매니지먼트 전개

환경 트러스트(The Environment Trust)는 런던 동부의 이스트엔드를 중심으로 활동하고 있다. 템스 강 하류 근처인 이스트엔드는 실업과 전염병이 만연하는 도시 극빈곤지구였었다. 그 중에서도 타워 햄릿구에는 19세기 각종 공장, 창고, 유통시설에서 일하는 가난한 노동자 계급이 영국 북부에서 이주해왔고 이민자들까지 유입되어 빈곤과 사회문제가 집적된 슬럼을 형성해왔다. 그리고 1970년대 빈곤, 실업, 범죄, 사회적 소외로 방치된 건물과 황폐한 토지가 산재하는 전형적인 이너시티였다.

환경 트러스트는 1979년 주민운동가들이 거주환경개선을 중심 테마로 설립한 마을 만들기 사업체이다. 초창기의 활동은 민간기업과 지방자치단체의 사회 서비스가 불충분한 이른바 '버려진 지역'의 장애아동들에게 놀이터를 요구하는 주민운동으로 시작되었다. 이후 중앙정부와 지방자치단체의 정책 변화에 흔들리지 않고 지역의 환경개선과 환경교육, 빈곤문제를 독자적인 판단으로 지속시킬 여러 가지 방법을 개발했다. 4반세기의 역사를 통해 지금은 민간 볼런터리 조직에서 사회적 기업인 마을 만들기 사업체로 크게 변모하여 지역적 요구에 매우 상세하게 대응하고 있다.

환경 트러스트의 활동 역사는 네 가지 사업 모델로 시기를 구분할 수 있다.

처음에는 지자체로부터의 위탁사업을 소화하는 '제I형 : 위탁사업모델'을 취했다. 그러나 대처 보수당 정부가 지자체에 대한 보조금을 중단하자 위탁사업이 감소되었고 환경 트러스트는 재정난에 빠지게 되었다. 그리고 자체재원을 확보하기 위해 조직 외부에 영리사업 부문을 담당하는 다른 회사를 만들어 그곳에서의 이익을 본래 활동에 기부하는 '사업내 비용이전' 방법을 고안했다. '제II형 : 외부 영리사업 부문에 의한 사업내비용이전 모델'로의 전개이다. 그리고 운영의 제3단계로 재정 기반을 강화하고 장기간에 걸쳐 안정적이고 자립적인 활동을 계속하기 위해 '제III형 : 에셋 매니지먼트에 의한 사업내 비용이전 모델'을 발빠르게 도입했다. 지자체 등으로부터 토지 · 건물을 양수하여 에셋으로 운영 · 관리하고 독자 수입을 안정적으로 확보하는 수법이다. 또한 이러한 에셋 모델을 타워 햄릿구 전체에 적용하여 네트워크상에 전개했다. 개별 에셋 매니지먼트를 구 전체의 커뮤니티 매니지먼트와 관련지어 광역적으로 전개하는 '제IV형 : 에셋 네트워크 모델'이다.

이 장에서는 환경 트러스트의 활동 역사에서 다음과 같은 두 가지를 살펴보기로 한다. 첫 번째는 볼런터리 조직이 지속적으로 도시재생에 관여하여 개인과 커뮤니티를 엠파워하기 위해서는 지역에 잠재되어 있는 다양한 인적 · 공간적 자원을 지역자원으로 만들고 활용 방법을 발견해내는 것이 중요하다는 것, 두 번째는 국가나 지자체의 지역정책과 경제상태 변화에 유연하게 대응하기 위해서 다양한 재원을 획득하여 '재원을 혼합화'하는 것이 중요하다는 것이다.[1]

2. 타워 햄릿구의 사회구조와 빈곤의 역사적 누적

이스트엔드는 도시빈곤지구로서 오랜 역사를 지니고 있다.[2] 19세기에는 런던 독스, 이스트인디아 독스 등 거대한 규모의 부두가 건설되었고 그 주변에 설탕, 정유, 직물, 화학, 성냥, 비누, 가구 등 많은 공장들이 입지한 경제활동의 일대 중심지가 되었다.

급속한 공업화에 따른 노동 수요에 맞춰 잉글랜드 남부의 가난한 농민과 굶주림에 시달리던 아일랜드인 그리고 대륙에서 소외된 유태인, 식민지로 고통받던 벵갈인 등이 유입되어왔다. 언어, 종교, 생활습관이 다른 가난한 노동자들은 터널 백이라 불리는 빽빽한 칸막이집에 살면서 빈곤, 불결, 무지, 범죄가 들끓는 슬럼지구가 되었다.

이스트엔드는 19세기 서풍에 의한 공장 매연으로 낮에도 어두컴컴한 세계 최대의 노동자 거리로 불렸다. 그러나 가족과 친척간의 상호 부조화나 커뮤니티 협력이 강하였고, 다양한 빈곤조사가 실시되었다.[3] 또한 크리스트교를 중심으로 많은 자선활동이 전개되었고 사회개량가인 S. 베넷은 학생들과 함께 세틀먼트 운동을 전개한 토인비 홀도 이 지역에 있다. 또한 유구노들이 만든 직물, 봉제업 등이 지역산업이 되어 경공업과 화학, 수송 플랜트공업 등을 중심으로 소규모 영세 가내 공장도 많이 입지하였다.

그림 6-1 재도시화의 최전선
폐주택(도로 오른쪽)과 은행사무센터(왼쪽)가 인접해 있다.

그림 6-2 리버풀역에 인접한 황폐한 건축물
20년 전에는 모두 이렇게 황폐되어 있었다.

그림 6-3 초기 환경 트러스트의 핵심은 학교 녹화와 환경교육

그림 6-4 모든 황폐지를 녹지화시키는 전략

이스트엔드에 위치한 타워 햄릿구에는 19개의 주구가 있으며 약 20만 명이 살고 있다. 서쪽에는 세계 금융센터인 시티가 있고 동쪽에는 대처정부가 추진한 시장주도형 도시재생을 대표하는 도크랜즈가 위치해 있어 시티 주변부라 불린다.

인구증가율은 다른 지구에 비해 높으며 특히 20~34세의 젊은세대가 급증했다. 다민족이 함께 살아 전체 인구의 60% 정도가 비백인계 이민집단, 그 중에서도 방글라데시인이 30%가 넘으며 그 중 과반수는 20세 이하의 젊은층이고 아프리카 · 캐리비안인은 7%이다. 런던 전체의 방글라데시인은 15만 명, 그 중 6만 5,000명이 타워 햄릿구에서 살고 있다(2001년)[4]. 방글라데시인의 세대 규모는 비교적 크며 가족과 친족간의 상호 부조 등의 전통도 남아 있다(제7장 참조).

구의회의 제1당은 노동당이며 50명의 구의회 의원 중 20명이 방글라데시인으로 되어 있다. 범죄율은 20%를 넘고 '이 주변의 커뮤니티에 사는 사람들은 학교에서 낙제되고 일자리도 구하지 못했다는 의미에서 언더클래스 커뮤니티'라고 부른다[5]. 심각한 빈곤, 실업, 이민 문제를 안고 있으며 중앙정부와 EU위원회의 도시재생정책 내에서도 '런던의 도시빈곤지구'로 취급되고 있다.

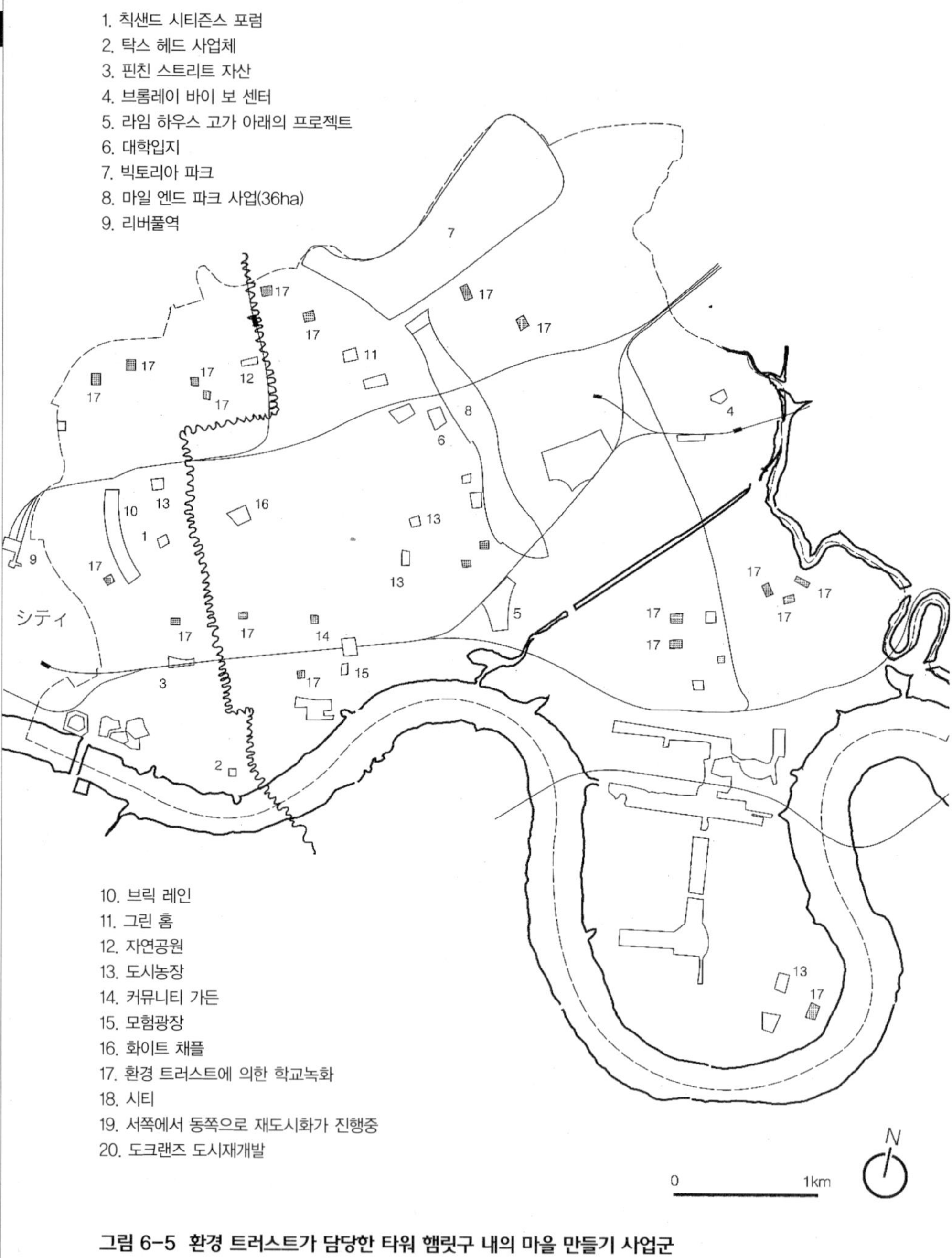

그림 6-5 환경 트러스트가 담당한 타워 햄릿구 내의 마을 만들기 사업군

황폐한 지구를 4반세기에 걸쳐 개선. 현재의 모습은 설립 지원한 칙샌드 시티즌스 포럼 등의 마을 만들기 사업체, 각 사업의 관리주체가 네트워크를 구축해 지구를 경영관리하고 있다고 할 수 있다.

표 6-1 환경 트러스트의 역사(경영수단 변천에 따른 시기 구분)

	환경 트러스트의 활동	메인 테마
I : 설립기 (1979~1982년) 위탁사업형 모델	1979년-환경 트러스트 설립 1981년-이사무국장이 활동에 참가, 지자체로부터 공원관리 위탁, 축제 기획, 환경개선사업 개시	빈곤문제 해결 생활환경 개선
II : 활동모색기 (1983~1985년) 외부영리사업 모델	대처정권의 보조금 삭감에 따른 재정난 1983년-외부영리사업 부문 설립	조직의 재정적 자립, 환경교육, 에너지절감에 관심
III : 활동성장기 (1986~1994년) 에셋 매니지먼트 모델	1986년-화이트채플 상업재개발사업 제안, 도시계획컨설턴트업무 증가 1980년대 말-에셋 매니지먼트 수법 도입	커뮤니티에 대한 개발이익 환원, 에셋 매니지먼트
IV : 활동자립기(1995년 ~현재) 에셋 네트워크 모델	1995년-대규모 공원, 마일 엔드 파크 정비, 소규모 민간비영리조직 육성과 중간지원기능 확대	지속가능한 환경, 주민 참가, 대규모 사업에 착수

3. 도시환경 개선에 착수한 사업체 설립델)

(제 I 형 : 위탁사업모델)

환경 트러스트는 1978년에 설립된 채리티 조직으로 유한책임보증회사의 법인격을 가진다. 2005년도의 유급 스탭은 20명, 연간 예산 약 75만 파운드의 사회적 기업이다. 이어서 환경 트러스트의 역사를 분석한다(표 6-1).

환경 트러스트의 설립 동기는 1970년대 후반 석간지인 이브닝 스탠더드의 도시계획 담당이었던 윌콕스 기자 외 4명이 모여 이스트엔드를 대상으로 마을 만들기 사업체의 가능성을 논의한 것에서 비롯된다. 그는 웨스트웨이 마을 만들기 사업체의 3번째 이사장이었으며 그 경험으로 도시 빈곤지구 재생에 주어진 마을 만들기 사업체의 역할을 확신하고 서쪽 지구에서의 엔켓 성공 경험을 동쪽 지구인 이스트엔드에도 적용하기 위해 도시계획 컨설턴트 회사를 설립했다. 마을 만들기 사업체의 목적을 어떻게 설정해야 하느냐에 대해 런던탑을 중심으로 한 관광 촉진, 중소기업 육성 등 다양하게 논의하여 결국 거주환경개선을 목적으로 택하여 타워 햄릿 환경 트러스트라고 명명했다.

그림 6-6 축퇴형 토지이용의 일종, 시티 팜

윌콕스 씨는 웨스트웨이 마을 만들기 사업체의 경험에서 민간 비영리 조직이 구의회의 지원을 받아 시장원리로 도시재개발을 하고 사회적 사명을 부과한다는 원리에 관심을 가져 '사회적 개발'(Social Development)이라고 명명했다. 영리 목적의 '상업개발'(Commercial Development)과는 구별되는 것이다.

환경 트러스트는 보수당이 이끄는 대런던청의 자금으로 설립되었다. 이사회는 지역 커뮤니티, 연구자, 건축가, 도시계획가, 사업자 등의 지역 관계자로 구성되었고 사무국은 도시계획 컨설턴트가 담당했다. 즉 설립 초기의 환경 트러스트는 ① 사무국은 지역 커뮤니티를 기반으로 한 현장실무가 집단이 아니라 전문가였다는 점, ② 사업자금은 보수당이 이끄는 대런던청에서 나오는 보조금이라는 2가지 특징이 있다. 당초 노동당계인 타워 햄릿 구의회는 트러스트의 활동에 관심이 없어 보조금도 주지 않았으며 이사회는 지역 정치의 대립을 풀지 못했다. 윌콕스 씨는 정치적 대립을 둘러싸고 벌어진 초기의 힘들었던 상황을 회고하며 다음과 같이 말했다.

> 노동당이 이끄는 타워 햄릿 구의회, 구직원은 커뮤니티와 지자체, 민간기업이 협동하여 환경을 개선한다는 원리를 거부했다. 노동당이 이끄는 타워 햄릿 구의회는 엔켓(웨스트웨이 마을 만들기 사업체의 전신)이 보수당이 이끄는 노스 켄징턴 구의회의 지원을 받은 사업이라고 무시하고 그 경험에 대해 아무 것도 배우려고 하지 않았다.[6]

따라서 환경 트러스트의 실질적인 활동은 1981년 올던턴 사무국장이 상근 개발담당자가 된 시점부터 시작되었다. '그의 공헌은 도시 극빈곤지구에 적합한 〈환경〉이란 무언가를 발견했다는 것이다' 라고 L. 하트 환경 트러스트 부대표가 말한 것처럼 그는 활동의 사회적 사명을 '거주환경개선' 으로 전개했다.

올던턴 씨는 사업전개에 있어서 대담했고 지역적 절충이 세심하여 커뮤니티와 지역 정치가의 인맥에 깊이 파고들어 사회적 소외층을 지원하는 사회 정의와 사업추진의 비즈니스 마인드를 겸비하고 있었다. 젊은 시절 대학 자치회, 홈리스 지원 운동가로 활약한 후 이스트엔드에서 세틀먼트 운동을 전개하였다. 올던턴 씨가 참가형 커뮤니티 활동에 착수하게 된 계기는 1982년의 포퓰러 플레이센터 건설 요구 운동이었다. 정부와 시장도 내버려뒀던 빈곤지구에서 지역의 여성들을 조직하여 장애아용 놀이터와 도로 개방을 요구하고 고용을 창출했다. 요구운동을 배경으로 구와 교섭하여 공유지를 센터용지로 확보했다. '주민 스스로가 환경개선의 주체가 됨으로써 빈곤 문제를 해결해나간다' 는 환경 트러스트의 사회적 사명에 따른 활동이며 환경 개선을 목적으로한 주민들의 엠파워먼트의 시작이었다.

초기 단계에서 2명의 주민운동가가 참가하여 조직은 안정적으로 운영 방향을 정해나갔다. 환경교육을 담당한 전직 대학강사와 1984년부터 참가

그림 6-7 녹지와 자연회복을 위해 펜스를 설치함

한 하트 씨이다. 하트 씨는 타워 햄릿구 출신의 도시계획 전문가로 지역 사정에 훤했고 런던 도크랜즈 개발에 이의를 제기하는 주민 포럼으로 활동했다. 나중에 마을 만들기 사업체 협회의 에셋 매니지먼트 이론의 제1인자가 되었으며 동시에 환경 트러스트의 외부 영리사업 부문인 도시계획 컨설턴트 회사를 이끌어 경영 안정에 기여했다. 올던턴 씨가 계몽운동, 지역 교섭, 정치 교섭을 맡고 하트 씨는 계획이론, 컨설턴트 업무 등을 분담하여 협력하면서 사업추진에 임했다.

초기의 환경 트러스트는 학교 녹화, 공원 정비, 황폐지의 녹화, 카레 레스토랑이 모인 브릭 레인에서의 축제도 기획했다. 이들의 사업 자금은 대부분 중앙정부와 지자체에서 나오는 보조금과 위탁사업으로 이른바 '제I형 : 위탁사업모델' 시기이다. 그러나 단순한 행정의 하청이 아니었다.

사업을 통해 지역 주민들의 문제의식을 높이고 엠파워하기 위해서는 교육 · 계몽활동이 중요하다고 여겨 학교녹화와 환경교육 프로그램 연계, 황폐지에 씨뿌리기, 꽃피우기 운동, 주택채소원 설립, 에너지 절감형 전구와 화장실 절수용 종이를 무상 제공하는 등 주택의 에너지 절감 캠페인을 전개했다. 당초 5년 동안 총 50개가 넘는 소규모사업을 전개했다고 한다.[7]

소규모의 활동은 사업체 자체가 지역에 뿌리를 둔 시작 운동체가 되기 위한 방법이며 각 세대를 방문하여 행하는 문답 방식은 올던턴 씨가 선호하는 세틀먼트 운동 스타일로 구축된 인적 네트워크가 있으면 구의회에 대한 직접적인 행동을 유지시키는 압력 집단이 되었다.

그가 말하는 환경개선이란 주민 참가 프로세스와 지역경제 활성화를 포함한 전체로 특히 환경개선사업을 통해 지역에 고용을 창출해내는 것을 중시했다. 1988년 환경청에 따르면 약 10년 동안의 환경 트러스트 활동에 대해 다음과 같이 평가하고 있다.

환경개선은 실적을 올려 환경의 정의도 지역의 관심과 스탭 확충에 의해

넓어졌다. 일관적으로 다양한 목적이 연계되어 있는 점은 평가받을 만하다.[8]

4. 정치상황의 변화와 심각한 재정적 위기

(제 II 형 : 외부 영리사업 부문에 의한 사업내 비용이전 모델)

1979년에 성립한 대처 보수당 정부는 노동당이 지배하는 지자체의 재정을 과감히 삭감했다. 따라서 구의 위탁사업에 의존했던 환경 트러스트의 재정기반은 위기를 맞았다. 대처정부는 1982년 타워 햄릿구를 이너 에리어 사업대상지구로 지정하고 쇠퇴지구 재생을 담당하는 민간기업에게 사업 초기에 450만 파운드의 자금을 투입했다. 즉 지방자치단체를 우회하여 민간부문으로 자금을 직접 투입한 것이다.

한편 노동당이 지배하는 타워 햄릿 구의회에 대한 보조금을 대폭 삭감했기 때문에 구의회는 삭감하기 쉬운 볼런터리 조직에 대한 보조금을 대폭 줄였다. 올던턴 씨는 이러한 정치 상황에 항의하여 1981년 봄, 예산 부활을 위해 지역주민운동 조직을 결성하고, 구의회를 찾아갔다.

> 환경 트러스트는 주민의 소리를 배경으로 정치력을 갖게 되어 구에서는 특히 반감을 갖고 있었다. 항의를 하기 위해 도시농원(시티 팜)에서 염소를 끌고 와 구청에 풀어놓았다. 우리는 직접 행동하는 것을 좋아한다. 국면을 타개하는 데 필요하다면 결국에는 이 방법밖에 없다.[9]

실제로 1990년도의 환경 트러스트 연차보고서에는 '1980년대 후반 우리 같은 자선조직에 대한 공적인 재정 지원이 대폭 삭감되었다. …재원 확보를 위해서는 이전보다 영리 활동에 더 의존해야만 한다' 고 적혀 있다. 그러나 1986년 자유당이 지역 구의회를 지배하게 되자(1986~1994년) 구 보조금은 다시 중단되었다.

조직 설립시 토지나 건물 등의 에셋을 가지고 있지 않았던 환경 트러스트는 에셋을 소유하고 있던 웨스트웨이 마을 만들기 사업체나 코인 스트리트 마을 만들기 사업체와는 달리 초반부터 재정난에 직면했다. 1981년 실질적인 활동을 시작하고 나서 약 10년 동안 중앙정부에는 대처 보수당 정부, 지역 의회는 반(反)환경 트러스트인 자유당의 정치적 폭풍이 거세게 불어 그 속에서 어떻게 위탁사업이나 보조금을 얻을지 재정난은 계속되었다.

이 시기의 주된 재원은 중앙정부로부터의 환경정비사업 자금과 준정부조직(쾅고)으로부터 받는 보조금이었다. 그러나 사용 목적은 사업별로 제한되어 지역의 다양한 요구에 적합하지 못했고 또한 본래의 사회적 사명과 거리가 먼 경우도 있었다고 한다. 이때 올던턴 씨는 정부의 지시에 따라 사업을 수탁하여 경영을 안정화시키는 길을 선택할 것인지, 즉 준정부적 조직이 될 것인지, 아니면 스스로의 사회적 사명을 바탕으로 독립적인 사업을 추진할 것인지, 이를 위해 어떻게 '재정적 자립'을 지향할 것인지 매우 고민했다고 한다.

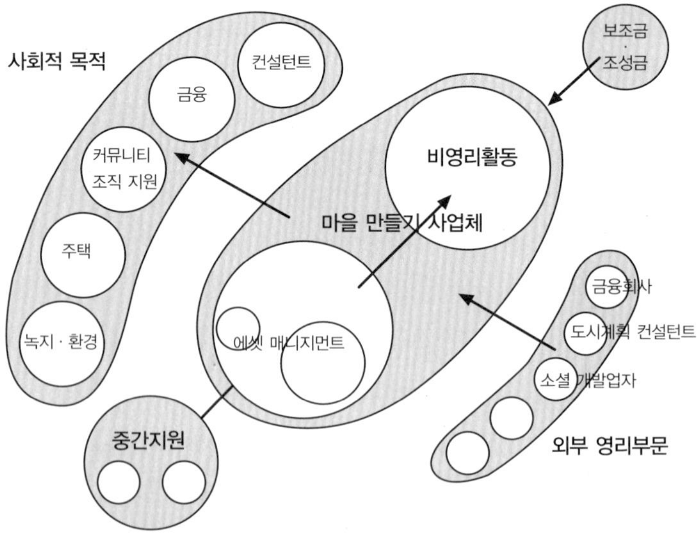

그림 6-8 환경 트러스트의 경영구조도

황폐한 축퇴형 토지이용 지구를 환경 · 녹지를 키워드로 재생. 환경주택으로의 조직도 독특하며 지역 요구에 따르기 위해 활동이 다양화되어 있다.

그 결과 고안해낸 것이 외부의 자주사업을 전개하고 거기서 얻는 수익을 마을 만들기 사업체의 사회적 사명에 재투자하는 방법, 즉 '제II형 : 외부 영리사업 부문에 의한 사업내 비용이전 모델' 이었다. 사업내 비용이전 모델에는 2종류가 있는데 ① 사회적 사명을 추구하는 민간 비영리 조직의 회원이 외부 영리사업 부문이라 불리는 사업체를 조직 본체의 외부에 설립하고 거기서 생기는 이익을 기부 형식으로 본체의 비영리사업 전개를 위해 충당한다는 수법과 ② 에셋 매니지먼트에 의한 수익을 본체의 비영리사업 전개에 사용하는 수법이다(그림 6-8). 영리사업에서 얻은 이익을 볼런터리 조직에 기부했을 경우 세제상의 우대 조치가 있다. 사업 믹스라고도 불리는 이 수법은 엘도니안 마을 만들기 사업체를 포함하여 재정적 자립을 지향하는 여러 마을 만들기 사업체가 채용하고 있다.

환경 트러스트는 1983년 건축과 조경 전문가로 이루어진 커뮤니티 토지 이용[10] 회사와 도시계획설계 컨설턴트인 환경 트러스트 어소시에이트라는 두 개의 외부 영리회사를 설립했다. 1980년대의 결산서를 읽어보면 외부 영리사업 부문으로부터 나오는 이익은 액수 자체는 크지 않다. 즉 이 부문의 주요 역할은 본체에 있는 스탭들의 급여와 사회적 사업을 전개하기 위한 비용을 뽑아내는 데 있었다고 한다. 사회적 사업이란 환경교육, 조력 · 풍력 발전 등 재생 가능한 에너지에 관한 조사연구, 주민활동의 계몽 조정 등으

그림 6-9 대규모 쇼핑센터 개발
실현된 화이트 채플 재개발사업

그림 6-10 사회주택과의 합병 개발을 제안
실현된 화이트 채플 재개발사업

로 이러한 비수익사업을 유지시키는 중요한 재원이 되고 있다. 외부 영리사업 부문은 본래 비영리사업을 안정적으로 계속하고 사업체의 사회적 사명을 유지시키기 위해 존재하며 그 수익을 비영리조직 본체에 기부하는 점이 민간기업과는 크게 다르다.

1980년대 중반 다음과 같은 두 가지의 사업구상 책정이 도시 극빈곤지구의 재생정책에 적합하다고 사회적으로 주목을 받았으며 외부 도시계획 컨설턴트의 역량이 높이 평가받게 되었다.

첫 번째는 화이트 채플 상업재개발사업이다. 타워 햄릿 구의회는 1986년 구유지에 쇼핑센터를 제안했다. 환경 트러스트는 그에 대한 대항안으로 민간 쇼핑센터와 사회주택공급 복합개발을 제안했으며 쇼핑센터의 개발이익을 사회주택 개발의 일부로 한다는 안, 즉 개발이익의 커뮤니티 환원(플래닝 어드밴티지)을 제안했다.

하트 씨는 단순한 상업지 개발이 아닌 주택 등의 시민 복지 서비스를 조합한 개개의 사회적 개발이 결국 지구 전체를 변화시킨다고 확신하고 주민들의 참가를 얻어 계획을 입안했다고 한다. 참가형 계획 입안 과정은 지자체와 주민 모두에게 높이 평가되어 상업과 사회주택의 복합거점으로 실현하였다.

두 번째 사업은 핀스베리공원 커뮤니티 플랜(1987~88년)의 계획입안이다. 철도폐선부를 공원, 보육원, 주택협회에 의한 주택건설, 건강 센터로 전용하여 재생시키는 복합개발 제안이다.

> 쇠퇴된 지구에 사람들이 다시 돌아오는 것은 커뮤니티 재생의 첫걸음이며 환경 트러스트는 처음부터 주택과 주거를 중시해왔다.

이 말은 올던턴 씨가 한 것으로 주거의 재구축을 통해 커뮤니티의 재생을 모색하고 있었다. 또한 1986년 대처정부가 대런던청을 폐지한 것도 도움이 되었다. 계획입안 기능을 맡은 부국이 해체되었기 때문에 거주환경, 녹지라는 자신 있는 분야를 가지고 주민 협의와 합의 형성의 사회적 기술이 뛰어난 환경 트러스트는 중앙정부로부터 높이 평가받아 이후 컨설턴트 업무는 증가되었다고 한다.

> 1986년은 환경 트러스트에 있어서 외부 영리사업 부문의 도시계획 컨설턴트가 활동하기 시작해 재정능력이 점차 상향되는 전환기였다(하트 씨 인터뷰).

5. 에셋 매니지먼트 방식 도입과 사회적 기업으로의 전개

(제Ⅲ형 : 에셋 매니지먼트에 의한 사업내 비용이전 모델)

환경 트러스트는 불안정한 공적 자금에 의존하지 않고 재정적 자립을 확립하기 위해 1980년대 말부터 에셋 매니지먼트라는 기업경영 수법을 개발했다. 에셋 매니지먼트란 볼런터리 조직이 공공토지나 건물 등의 부동산을 시장 가격보다 싸게 취득하거나 장기간 빌려 이를 개발 · 운용함으로써 이익을 만들어내는 수법이다. 공공 서비스의 장기적이고 안정적인 위탁계약도 에셋에 포함된다. 최근 여러 마을 만들기 사업체가 에셋 매니지먼트를 도입하여 지속적인 활동 수입원으로 하고 있다.

환경 트러스트는 비교적 이른 단계부터 에셋 매니지먼트를 도입했다. 그 중 하나가 핀친 스트리트 자산의 에셋 매니지먼트이다. 1980년대 중반 스스로 기획경영한 브릭 레인 축제의 성공으로 주변 땅값이 상승하고 집세

그림 6-11 핀친 스트리트 자산의 에셋 경영

그림 6-12 폐선 고가 밑 재생의 제안지구

그림 6-13 에셋 경영을 도입한 에너지 절감 주택

그림 6-14 인접 공원에서 전개된 자연 재생

가 4배나 올라 사무소를 이전할 수밖에 없었다고 한다. 그래서 환경 트러스트는 민영화에 의해 설립된 네트워크 레일웨이 철도회사가 소유한 폐선 철도 고가 밑 토지(1,700㎡)와 방치된 창고를 125년 동안 장기 리스하여 연간 7만 5,000 파운드의 임대료로 빌리는 교섭을 하고 87년에 일단 합의를 얻어냈다. 정부의 도시재생자금과 타워 햄릿구의 조성금을 이용해 재정비하는 계획안이다. 철도회사는 가치가 없는 토지로 보았기 때문에 장기 리스를 해줄 수 있었지만 구와의 사이에서 소송 문제에까지 이르러 결국 2000년 환경 트러스트 본사 사무소를 옮길 수 있었다. 중소기업 및 채리티 단체(지하는 회의실, 1층은 공방, 2층은 자선단체, 3층은 여성환경 네트워크, 4층은 환경 트러스트의 사무소)를 3년 계약으로 빌려 안정된 집세 수입을 얻고 있다.

또한 환경주택개발인 그린 홈 사업도 에셋 매니지먼트 중 하나이다. 이는 민간자금을 도입하면서 환경 트러스트가 방치되어 황폐한 공공 토지·건물을 무상으로 또는 시장가격보다 싸게 취득하여 환경을 배려한 주택개발을 하고 토지의 일부를 환경 트러스트가 보유한 상태에서 염가 주택으로 분양하는 사업방법이다.

예를 들면 베스날 그린 지구에 있는 로이스톤 로드와 보나 로드의 그린 홈 사업은 부동산 총 자산가치의 30%를 환경 트러스트가 자신들의 에셋으로 보유한 상태에서 분양하고 입주자에게는 시장 가격의 70%에 매각한다. 또한 환경주택에는 에너지절감 대책, 빗물 재이용 등의 물 절약, 리사이클

소재 사용과 저에너지 · 비용, 저수량 등 환경과 조화된 연구가 이루어졌다. 또한 공적 자금에 의존하지 않고 주로 주택협회나 건축협회 등 민간 자금을 활용하여 사업을 전개했다.

재정 기반이 약한 볼런터리 조직이 취득한 토지 · 건물은 금융기관으로부터의 차입금 담보이기도 하며 자립적이고, 지속 가능한 경영 기반 강화가 된다는 점에서 사회적 기업이 되기 위한 필수 요소가 되고 있다.[11] 환경 트러스트 자신도 에셋 매니지먼트를 도입한 계획 컨설턴트를 전개하여 사회적 기업으로서의 특성을 강화했다. 그 결과 1985년도 수입 구성을 보면 정부 보조금과 컨설턴트 사업, 에셋 매니지먼트 등의 자체사업비가 주요 재원이 되어 조직 안정을 위한 '수입원의 혼합화'를 향한 한걸음을 내딛을 수 있었지만 재정이 매우 안정적이라고는 말하기 어려워 1990년대에 정부가 포괄적인 도시재생 자금을 투입하기 시작했을 무렵부터 상황이 호전된 것이다.

6. 정부의 파트너십 사업에 의해 유지된 사업 전개

(제Ⅳ형 : 에셋 네트워크 모델)

6-1 마일 엔드 파크 사업 : 파트너십에 의한 일대거점을 구축

1990년대 중앙정부는 파트너십 사업 중에 지자체의 지역조직을 참여시

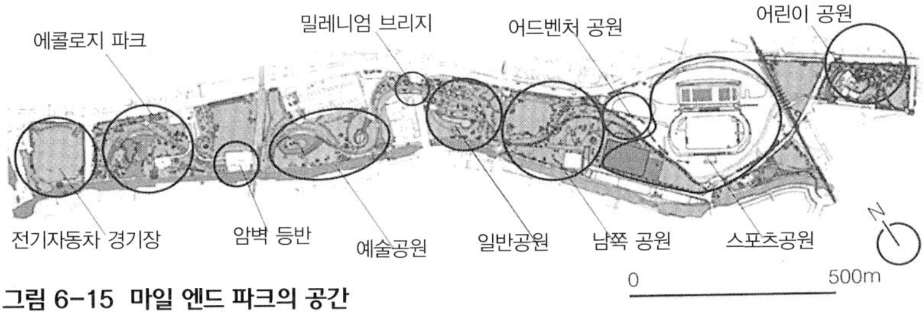

그림 6-15 마일 엔드 파크의 공간

환경 트러스트는 총사업비 240만 파운드를 들이는 공원 매니지먼트에 착수할 만큼 성장했다. 10년 동안 이 지구를 관찰한 결과 3년 만에 근린주택가격이 3배, 각종 컨버전(건물이용 전환), 대학 입지, 젠트리피케이션이 발생하여 에리어 매니지먼트에 대한 영향이 크다.

키는 새로운 정책을 내놓았고, 이는 환경 트러스트의 활동에 큰 영향을 주었다. 예를 들면 1991년에 도입된 도시재생정책 시티 챌린지는 지자체가 57곳의 특정 쇠퇴지역에 대한 보조금을 배분했다. 지자체 주도였지만 기업과 볼런터리 조직의 파트너십에 의한 계획 실시가 요구되었고 더욱이 가격뿐만 아니라 내용도 공모방식이어서 경쟁입찰에 의해 마을 만들기를 추진하는 사업이다. 또한 1994년 5개 부서가 담당하고 있던 20가지 보조금을 통합하여 환경부 소관으로 빈곤지역의 도시재생과 고용 창출을 위한 포괄적 도시재생 예산을 마련했으며 여기에 시티 챌린지를 통합시켰다.

포괄적 도시재생 예산은 지자체를 통해 급부되는 보조금이 아니라 책임 있는 정부기관, 기업, 볼런터리 조직이 파트너십 조직을 만들어 신청하는 조건이었다. 지역 요구에 맞춘 유연한 사업전략을 고안할 수 있지만 그 자금은 총 경비의 50% 밖에 안 되어 나중에는 다른 펀드를 얻어야 할 필요가 있었다.[12]

1995년에는 36ha의 대규모 공원정비사업인 마일 엔드 파크 사업을 시작했다. 이는 환경 트러스트가 참여하여 포괄적 도시재생 예산을 얻어 계획입안한 사업이다. 마일 엔드 파크는 서쪽에 있는 런던에서도 가장 가난한 스테프니 지구이며 남쪽에 템스 강, 북쪽에 빅토리아 공원을 낀 운하를 따라 가늘고 긴 선형 공원이다. 전후 도시계획에서 공원으로 지정되었으며 토지는 국립운동장협회가 보유하고 있었다.

이를 세인트조지 트러스트(1990년 설립)가 사들이고 타워 햄릿구가 지도하여 관리 · 운영했지만 구는 공원정비에 대한 투자 여력이 없었으며 늘 황폐하게 방치된 상태였다. 그래서 환경 트러스트가 중앙 정부의 밀레니엄 사업의 일환으로 정비경영계획을 제안했다. 밀레니엄 사업은 국가연합사무총장 주도하에 빈곤, 기아, 질병 박멸, 쇠퇴지역을 재개발하기 위해 2002년부터 시작되었다. 이 공원정비는 포괄적 도시재생 예산[13]을 이용해 환경 트러스트가 타워 햄릿구와 이스트 런던 파트너십을 맺어 사업의 실시 주체

그림 6-16 마일 엔드 파크의 밀레니엄 브리지
다리 아래를 상점으로 임대하여 공원 관리의 수입원으로 하고 있다.

그림 6-17 마일 엔드 파크 주변의 민간 투자

가 되었다.

총 사업비 2,400만 파운드 중 홍콩 상하이은행이 200만 파운드, EU 펀드가 200만 파운드, 밀레니엄위원회가 1,200만 파운드를 부담하고 나머지 800만 파운드는 포괄적 도시재생 예산으로 얻었다. 유발된 주변 민간도시 재생사업을 포함하면 투자 총액이 4,700만 파운드에 이르는 거대한 규모의 사업이다. 이 공원사업의 목적은 첫째 지속 가능한 환경 만들기, 둘째 주민 참여, 셋째 모델공원을 제시하여 실현하는 데 있었다. 이를 위해 환경 트러스트는 계획입안 프로세스로 지역주민 조직과 대화를 갖고 어린이 놀이터, 저소득자용 주택 확보, 생태공원, 암벽 등반, 어드벤처 공원, 스포츠 공원, 전기자동차용 경기장 등 지역 요구를 반영시킨 제안 구상을 정리했다.

즉 방치되어 황폐해진 공원의 계획입안 · 경영전략 책정을 환경 트러스트가 실질적인 리더로 담당하였으며 그 결과 주민들의 요구를 반영시킨 공공공간으로 가치 전환을 할 수 있게 되었다. 이것이야말로 파트너십을 바탕으로 한 공공 서비스 재편이 사회적 기업에 의해 추진된 좋은 사례라고 할 수 있다. 볼런터리 조직으로서 환경 트러스트는 정부 정책의 틀에 따라 파트너십을 구축하고 그 역할을 다하며 공원사업을 완성시켰다. 그 수단이 에셋 매니지먼트에 의한 사회적 기업화이다. 1995년에 환경청이 내놓았던 챌린지 펀드 정책의 안내서도 공공시설이나 토지 같은 에셋 매니지먼트와 수익을 만들기 위한 에셋 취득의 중요성을 다루어 에셋을 어떻게 볼런터리 조직으로 이전하느냐를 논의하였다.

사실 에셋 매니지먼트를 적극적으로 도입해온 환경 트러스트는 2003년 마일 엔드 파크 사업과 관련하여 적자였지만 자기 소유의 에셋을 담보로 은행에서 차입하여 난국을 헤쳐 나갈 수 있었다고 한다.[14]

6-2 지역 네트워크를 확대한 중간지원조직

이 시기에 마을 만들기 사업체의 전국적인 중간지원조직이 설립되고 네트워크화가 추진되어 정부와의 파트너십을 유지하는 하나의 섹터가 되었다. 1993년 전국의 마을 만들기 사업체는 전국 네트워크로서 마을 만들기 사업체 협회를 조직했다. 또한 1998년 사회적 기업가의 전국적인 중간지원조직으로서 캔을 설립했으며 1999년에는 런던 사회적 기업의 중간지원조직으로서 셀(SEL : Social Enterprise London)을 설립하여 점차 사회적 기업의 지원체제가 정비되었다.

환경 트러스트 스스로도 정보제공과 창업지원 등을 독자적으로 하는 중간지원조직으로서의 역할을 확대하고 소규모 단체의 설립을 지원하였다. 사회적으로 소외된 빈곤층의 생활을 지원하기 위한 시민판 은행 페어 파이넌스와 공원에 인접한 방치 상태의 민간시설을 재건하여 커뮤니티 카페 공

그림 6-18 탁스 헤드 마을 만들기 사업체가 운영하는 카페
환경 트러스트는 소규모 마을 만들기 사업체의 설립을 지원하고 있다. 그 세심한 네트워크로 지구 전체의 재생을 도모하고 있다.

간으로 운영하는 탁스 헤드 마을 만들기 사업체의 설립 지원 및 1994년에는 지구 커뮤니티 센터와 이민 방글라데시인의 창업화를 지원하기 위한 임대사무소를 두어 약자의 생활재건을 촉진하는 고용지도를 하는 칙샌드 시티즌스 포럼 설립을 지원했다(제7장 참조).

> 환경 트러스트는 지역활동이 싹을 틔워 꽃을 맺기까지 정보를 제공하고 재정을 지원한다. 그리고 분리하여 독립시켜 나간다. 환경 트러스트 본체는 어디까지나 작고 슬림한 사업체에 그친다(하트 씨 인터뷰).

이것이 환경 트러스트의 기본전략이며 신속한 경영판단 결과 지역사회의 다양한 요구에 세심하게 대응하고 있다. 지역밀착형 사회적 기업이 때로는 정부의 파트너십 정책과 협조하면서 중층적 또는 다양한 네트워크를 구축하여 상호 작용하면서 커뮤니티에 근간을 둔 도시재생을 실천한 사례라고 할 수 있다.

7. 거버넌스형 마을 만들기로서의 의의

환경 트러스트의 사례가 거버넌스형 마을 만들기에 있어서 어떤 의미가 있는지 다음과 같은 3가지로 정리해보았다.

첫째, 사회적 기업이 중앙정부나 지자체의 지역정책에 좌우되지 않고 거버넌스의 추진 주체가 되기 위해서는 재정적 자립이 매우 중요한 조건이 된다는 점이다. 1980년대에 보조금 삭감에 의해 재정적으로 어렵게 된 환경 트러스트는 안정적이고 자립적 운영을 위해 외부 영리사업 부문 경영과 에셋 매니지먼트라는 사업내 비용이전 수법을 고안해냈다.

초창기의 볼런터리 조직은 지자체로부터의 위탁사업과 보조금에 의존하는 것을 피할 수 없다. 또한 조직 활동이 본래의 사회적 사명에서 멀어져 하청 될 우려가 있어서 사회적 사명을 바탕으로 한 비영리사업을 이어가기 위해 외부 영리사업 부문의 수익을 비영리사업체로 내부이전시키는 수법을 도입했고 공공 토지 · 건물의 에셋 매니지먼트와 인적 네트워크 운영이라는 지역 자원을 활용하여 수입원을 혼합화하는 것이 중요했다.

이처럼 재원비를 높이는 과정은 사회적 기업으로서 독자적인 활동을 확대함으로써 영역을 구축해가는 과정이라 할 수 있다.

둘째, 환경 트러스트에서 보이는 거버넌스형 마을 만들기란 에셋 매니지먼트를 거점적으로 한 곳에만 전개하는 것이 아니라 점재된 에셋을 지역적 요구에 따라 타워 햄릿구 전체에 걸쳐 사업화하고 이를 네트워크화해가는 수법이었다. 즉 개별 에셋 매니지먼트를 지구 전체로 넓히고 지구차원의 에셋 매니지먼트(에리어 매니지먼트)로 전개하는 수법이었다.

여기서 말하는 '에셋' 개념은 토지나 주택 · 시설, 일하는 공간이라는 부동산에만 그치지 않고 지역사회를 근간으로 강한 사회적 유대와 다른 단체와의 교류, 즉 사회관계자본이나 지자체와의 장기위탁계약 등 지역자원 모두를 포함하는 폭넓은 개념으로 이해할 필요가 있다. 부동산을 소유하고 있더라도 이를 효과적으로 운영할 담당자가 없으면 의미가 없고 지자체로부터 위탁업무를 받아 공원관리나 환경교육을 실천함으로써 사업내용도 다양해진다.

즉 환경 트러스트에서 볼 수 있는 거버넌스는 지역주민, 지방자치단체, 전문가 등 여러 주체와의 네트워크가 에셋 개념의 큰 기둥이 되어 거기서 축적된 인맥과 정보를 바탕으로 쇠퇴 · 황폐지구의 매니지먼트를 가능하게 했다. 토지 · 건물을 의미했던 에셋이 사업체의 활동과정으로 인적 연결과 조직간 연계를 낳고 그것이 마을 만들기 사업체의 재산이 되어 다음 사업에도 적용되고 있다. 즉 거점적 커뮤니티 거버넌스가 네트워크상에서 지구 전체로 확산되어 네트워크형 거버넌스를 이끈다고 할 수 있다.

셋째, 거버넌스형 마을 만들기에서 사회적 기업의 역할은 단순히 기존 공공서비스 제공을 대신하는 것만이 아니다. 이는 지역 요구를 반영시켜 새로운 가치를 더한 참신한 사회 서비스 제공과 지역사회의 구조적 개혁을 리드한다는 점에 있다.

사례에서 보았듯이 지자체가 방치해두었던 공원 · 토지를 지역주민 참가하에 재정비하고 운영하는 자신들의 프로그램을 바탕으로 환경교육을 하는 사회적 기업으로서의 환경 트러스트 활동은 공공영역의 재편과 깊이 관련되어 있다. 하지만 그 내용은 단순한 기존 서비스의 보완이나 대체가 아니다. 기본적으로 대처 보수당 정부 이후의 행정개혁이라는 신공공관리론 흐름에 따르면서도 '주민 스스로가 생활환경을 개선함으로써 빈곤문제를 해결한다' 는 사회적 사명에 따라 기존의 공공공간과 공공서비스에 새로운 가치를 부가하는 것을 목표로 하고 있다. 이는 지역사회에서 배제되어 고립된 사람들과 방치된 토지 · 건물을 지역의 중요한 지역자원, 나아가서는 사회자원으로 재가치화되는 것이며 또 하나의 도시재생의 방향성을 모색하고 있다고 말할 수 있다. 환경 트러스트가 주장하는 커뮤니티에 근간을 둔 도시재생이란 이러한 의미로 해석할 수 있다.

〈注〉

1 環境トラストのアセット・マネジメントの詳細は第10章を参照のこと。

2 Fishman, W. J., 1979, *The Streets of East London*, Duckworth; Fishman, W. J., 1988, *East End: A year in a London borough among the labouring poor,* London.

3 イースト・エンドに関し Yong, M. & Willmot, P., 1957, *Family and Kinship in East London*, Routledge; Luptom, R., 2003, *Poverty Street*, Policy Press; Mumford, K. & Power, A., 2003, *East Enders*, Policy Press、などを参照した。

4 GLA data management and analysis group, 2001, *Census Profile: Bangladeshis in London*, DMAG.

5 Fainstein, S., 2001, *The City Builders*, University of Kansas, pp. 140-141.

6 2003年8月のインタヴュー。ウィルコックス氏は環境省が主導するトップ・ダウンの環境改善組織グランドワークの理念を具体化する作業も請け負っていた。政府資金で田園部、都市部の環境改善を全国展開するグランドワークに関しては、「準政府組織だ」「各支部は同じ活動、同じ服を着ている」「フランチャイズ・モデルだ」という批判もあり、まちづくり事業体協会とはその発想、思想が全くちがう。しかし現場で大きな実績をあげているのも事実である。

7 Warburton, D. & Wilcox. D., 1988, *Creating Development Trusts, Good Practice in Urban Regeneration*, DoE, p. 76.

8 Ibid., p. 66.

9 2005年12月、オールドントン氏へのインタヴュー。

10 コミュニティ・ランド・ユースは1983年設立。目的は、「コミュニティ・グループに技術的支援と資金・資材を提供すること、コミュニティ・コントロールのもと環境改善を進めること」であった。参加型環境改善を前面に打ちだし、当時のコミュニティ・アーキテクトなどの動きと連動したワーカーズ・コレクティブであった。

11 Ward, M. & Watson, S., 1997, *Here to Stay : a public policy framework for community-based regeneration*, Development Trust Association.

12 官民パートナーシップに関し、中島恵理、2005、『英国の持続可能な地域づくり：パートナーシップとローカリゼーション』学芸出版社を参照した。

13 1994年から開始された包括的都市再生予算は、地域住民の雇用創出、社会的差別改善、持続可能な地域再生、地域経済の活性化、住宅・環境・生活基盤の整備などの目的のための、1年から7年期限の補助金である。事業の取り組みがパートナーに求められた（白石克孝、2005、「イギリスにおける地域政策の変遷とパートナーシップの意味変容」岡田章宏・自治体問題研究所編、『NPMの検証：日本とヨーロッパ』自治体研究所、pp. 136-164）。

14 環境トラストの2002年度収入は、総収入61万ポンド（約1億2000万円）、内アセット・マネジメントからの収入17%、補助金、委託の公的資金34%、コンサルタント事業49%となっている。

제 7 장

커뮤니티 엠파워먼트에 의한 사회적 소외 해결

방글라타운의 칙샌드 시티즌스 포럼

1. 방글라 커뮤니티를 엠파워하는 마을 만들기 사업체

런던 중심부인 시티와 가까운 리버풀역에서 내려 과거에 야채 · 과일 시장으로 유명했던 스피탈필드 시장과 화이트 채플을 지나면 카레거리로 유명한 브릭 레인으로 가게 된다. 이 주변은 세계 도시 기능이 집중된 2대 지구로 도크랜즈와 시티 사이에서 변화의 영향을 직접 받은 지역으로 급속한 재개발과 빌딩 건설붐이 진행되고 있다.

마을 만들기 사업체인 칙샌드 시티즌스 포럼(Chicksand Citizens Forum, 이하 포럼이라 칭함)이 활동하고 있는 스피탈필드 방글라타운 지구는 역사적으로 미숙련노동자가 밀집한 지역으로 유태인과 방글라데시인이 많이 유입되었고, 지금은 아프리카 소말리아인 1만 5,000명을 포함해 다민족이 살고 있다. 약 6만 명이라 알려진 벵갈인[1]은 방글라데시의 벵갈지역에서 온 이민족으로 1950년경부터 이주하기 시작해 지금은 4세대를 이루며 지역 초등학교의 95%를 차지하고 있다. 그리고 인디언 레스토랑, 공예, 디자인, 출력소 등의 직종을 중심으로 일명 방글라타운이라 불리는 에스닉 커뮤니티를 형성하고 있다. 그러나 대부분은 높은 실업률과 불안정한 고용 때문에 빈곤에서 벗어나기가 어렵다.

포럼은 이렇게 교육과 고용의 기회에서 소외된 벵갈인 커뮤니티를 사회적 · 경제적으로 재생시키고자 하는 사회적 기업이다. 이민이 안고 있는 '사회적 소외 문제에 대해 타워 햄릿구가 소유한 토지를 장기간 빌려주고 보조금으로 건물을 지어 토지 · 건물을 에셋으로 운영해 문제를 해결하기 위함이다. 동사무소 · 집회실 등을 주민들의 창업이나 커뮤니티 활동공간으로 하고 또한 이들을 지원한다는 이른바 개인과 커뮤니티의 엠파워먼트를 지향한 활동이다.

본 장에서는 포럼의 사례를 통하여 글로버리제이션에 의해 심각화되는 사회적 소외 문제에 대해 사회적 기업에 어떻게 임하고 활동을 전개하고 있는지, 나아가서는 개인 및 커뮤니티를 어떻게 엠파워하고 있는지 그 가능성을 고찰해보기로 한다.

2. 글로버리제이션에 의한 지역 분단과 사회적 소외

스피탈필드 주변은 1980년 런던에서 가장 쇠퇴한 지역으로 지정되었으며 런던 최대의 공영주택인 칙샌드 단지가 입지해 있다. 단지에는 1세대에 자국에서 불러들인 4~5가족이 함께 사는 과밀주거를 많이 볼 수 있다. 이슬람교도 가정에서는 일반적으로 남성은 밖에서 일하고 여성은 집안일을 맡는 보수적인 경향이 강하므로 여성들은 늘 집안에 있고 가정내 폭력이나 학대가 일어나도 문제가 바깥으로 알려지는 일이 적었다. 전문적 교육을 받지 않아 직업이 없는 여성과 마이너리티 젊은이들이 영국 사회에서 안정적인 직장을 얻기는 매우 어렵다. 사실 타워 햄릿구 전체의 실업률은 8%이지만 벵갈인의 실업률은 24%로 높다(2005년). 더 심각한 것은 젊은이들의 자살, 마약중독, 범죄이다. 포럼의 스탭들조차 '인적이 적은 길은 낮에도 조심

그림 7-1 칙샌드 시티즌스 포럼의 평면도
주차장으로 사용되던 타워 햄릿구의 구유지를 취득했다. 앞으로의 활동 확대에 따라 동일 부지 내의 공공시설을 전용 · 증축하는 구상도 있다.

하라' 고 말할 정도이다.

1980년대 런던의 세계 도시화가 급속히 진행됨에 따라 시티에는 금융과 부동산 부문의 기업이 집중되었으며 주변의 주택 · 토지가격도 급속히 올라갔다. 이로 인해 시티 주변에 위치한 스피탈필드 방글라타운 지구의 중소기업은 지가폭등에 견디지 못해 지역에서 사업을 계속 하기가 어려워졌다. 특히 벵갈인 약 5,000명이 사는 칙샌드 단지는 집세를 지불하지 못하는 가족이 늘어 단지에서 쫓겨나는 사례가 급증했다고 한다. 시티에 부가 모아짐에 따라 방글라타운의 커뮤니티는 분단되어 방글라타운의 전통과 문화가 파괴되기에 이르렀다. 위기감을 느낀 스피탈필드 주변의 주민들은 마을 만들기 조직을 결성하여 지역의 이익으로 연결되지 않는 정부의 도시재개발 계획에 반대하는 운동을 전개했다. 이 지역의 정치적 활동은 활발하여 이미 1970년대 중반에는 우익의 과격한 인종차별 행위에 대한 반대운동을 조직하고 권리요구 운동과 도크랜즈재개발에 반대하는 운동 등 다양한 주민운동을 볼 수 있었다.

런던의 방글라 커뮤니티를 볼 때 주목해야 할 것은 타워 햄릿구에 사는 벵갈인의 약 90%가 방글라데시의 실헷(Sylhet) 마을 출신이라는 사실이다. 실헷 마을은 방글라데시 북부에 위치한 가난한 농촌지대로 전후 마을 사람들의 대부분이 영국에 항만노동자로 이주해오게 되었다. 기본적으로 정통

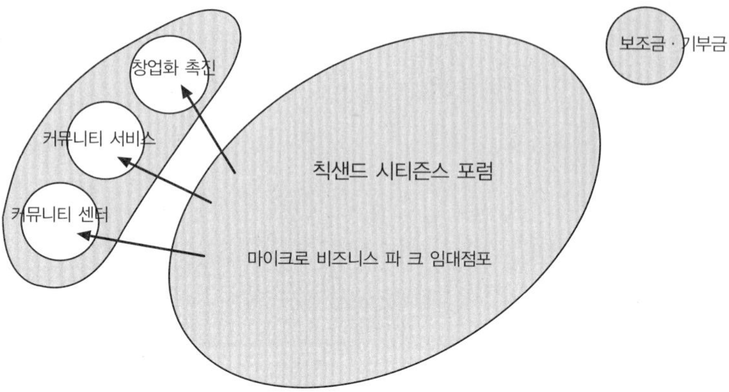

그림 7-2 칙샌드 시티즌스 포럼의 경영구조도

마이크로 비즈니스 파크, 상점의 집세 수입을 보습학교, 커뮤니티 센터 운영, 중식 서비스 등의 사회 서비스에 제공한다. 규모는 작지만 사회적 기업 경영의 기본 구조를 보인다.

파 이슬람교의 전통이 강해 여성은 가정을 지키는 것이 당연시되었으며 사회적 지위가 낮았다. 또한 실헷 마을의 사회 · 정치구조 관계는 타워 햄릿구의 방글라 커뮤니티에서도 그대로 반영되고 있다고 한다.

자국이 아닌 곳에서 가장 큰 방글라 커뮤니티를 형성하고 있는 타워 햄릿구와 실헷 마을의 유대는 강하여 런던에 있는 벵갈인 구의회 의원이 몇 번이나 실헷 마을을 방문하기도 했다. 1996년에는 타워 햄릿구와 실헷 도시공단 간의 경제발전과 무역흑자, 문화적 · 사회적 교류에 관한 행정 차원에서의 협정이 맺어졌고 또한 2001년부터는 실헷 파트너십 사업이 실시되었다. 이 파트너십은 주로 EU로부터 재정지원을 받아 2년 동안 실헷 마을의 공공서비스 개선과 고용창출을 지원하며 빈곤, 환경문제를 해결하고 어린이들의 교육 향상을 꾀하기 위한 목적이다. 런던의 방글라 커뮤니티를 매개로 EU 자금이 실헷 마을로 투입되었고, 그것이 런던의 실헷 커뮤니티의 엠파워먼트로 이어진다는 구조를 볼 수 있다.

이러한 지역에서 포럼이 설립된 배경에는 글로벌화 움직임이 커뮤니티를 변용시켜 사회적 격차를 넓힌다는 커뮤니티의 위기의식이 높아지고 결

그림 7-3 빈곤 문제를 안고 있는 주변 사회주택지

속이 강해져 사회적으로 소외된 사람들에 대한 사회서비스 공급의 필요성도 높아졌다는 것 등이다. 포럼 설립의 목적은 이러한 세계도시화(글로버리제이션)의 압력과 영향에 저항하여 벵갈인을 비롯한 마이너리티의 빈곤 해결을 위해 기초 교육과 직업훈련 기회를 정비했다.

여기서 이 장의 기본 개념이 되는 '사회적 소외'에 대해 간단히 살펴보기로 한다.[2]

사회적 소외란 빈곤 등 경제적 차원에서뿐만 아니라 사회참여 상실과 불안정한 업무나 장기실업, 가족 · 지역 네트워크의 약체화 등 문화적 차원에서의 '불평등 확대', 그리고 거기에서 생긴 '사회적 결속 상실'을 보이는 개념이다. 즉 단순한 빈곤 문제가 아니라 빈곤, 곤궁, 불평등 등의 '분배 문

표 7-1 칙샌드 시티즌스 포럼의 활동 역사

	활동내용	주요 테마
Ⅰ : 활동개시기 (1994~1998년)	1994년-영어 보습학교를 운영하는 볼런터리 조직을 모체로 설립, 구소유지 취득을 위한 교섭	빈곤문제에 대한 대처 고용창출 에셋 취득
Ⅱ : 활동전개기 (1999~2004년)	1999년-유한책임보증회사로서 채리티 인정을 받음. 비즈니스 파크 건설 2002년-1차 컨설턴트 고용 2004년-2차 컨설턴트 고용	건물 건설 비즈니스 파크 운영
Ⅲ : 활동발전기 (2005년~)	2005년-비즈니스 파크 증설	창업가 지원, 비즈니스 파크 확대

제'(경제적 측면)와 사회적 소외, 애퍼시(apathy), 범죄와 폭력 등의 '관계 문제'(사회 · 정치적 측면)와도 관련지어 다룰 필요가 있다.[3] 1980년대부터 선진제국에서 확산된 장기 실업과 불안정한 고용에는 이 두 가지 문제가 깊이 관련되어 있다. 사회적 소외에 대한 투쟁은 1980년대 말부터 EU위원회에서, 또한 1990년대 이후는 프랑스를 비롯한 EU 제국에서 사회정책의 중요한 테마 중 하나로 다뤄지게 되었다. 그리고 영국에서도 사회적 소외라는 문제를 해결하기 위해 자조정신을 강조하고 개인의 노동력을 개발하는 사회적 기업육성이 블레어정권의 정책 과제가 되었다. 그러나 여기서는 사회적 소외에 대한 문제 해결을 사회적 기업에 요구하는 정치적 동향과 마을 만들기 사업체가 에셋 매니지먼트에 의해 사회적 기업화하되어 커뮤니티를 재생하는 움직임과는 구별할 필요가 있다.

3. 교육지원 활동 개시와 에셋 경영에 주목 : 제1단계 조주기 (1994~1998년)

포럼은 1994년 영어를 못하는 마이너리티의 4~12세 어린이들과 여성을 대상으로 한 보습학교를 운영하는 지역 볼런터리 조직을 모체로 설립되었다. 재원은 부모들로부터 주 1파운드의 기부를 받고 장소는 기존 커뮤니티 센터라는 것에서도 알 수 있듯이 작은 규모로 시작되었다. 이것이 포럼 운

그림 7-4 교육이 필요하다고 생각한 포럼이 여성과 아이들을 위해 만든 보습학교

영의 조주기로 제1단계(1994~1998년)에 해당한다(표 7-1).

포럼 설립의 목적을 달성하기 위해서는 지역의 요구를 파악하고 행정으로부터 받는 보조금뿐만 아니라 자주적인 활동재원을 확보할 필요가 있었다. 그래서 칙샌드 단지의 주민들은 가까운 곳에 사무소를 둔 환경 트러스트와 상담을 했다. 올던턴 사무국장은 단지의 주민들과 친분이 있어 주민들이 안고 있는 실업이나 젊은이들의 약물중독 같은 경제사회 문제를 우려하고 있었다. 주민들은 독자적 커뮤니티 센터 건설을 제안했지만 올던턴 씨는 일하는 공간이나 회의 등에 사용할 수 있는 다목적 이용 사무소와 작업소를 만들고 이를 지역의 에셋으로 운영하며 거기서 나오는 수익을 사무소 운영비로 투자하는 구상을 제시했다. 커뮤니티를 엠파워하기 위해서는 사람들이 경제적으로 자립할 수 있는 시스템 구축과 이를 위한 장소 확보가 중요하다는 그의 경험과 신념을 바탕으로 한 조언이었으며 이것이 나중에 에셋 소유로 이어지게 되는 것이다.

이렇게 환경 트러스트로부터 에셋 소유를 강하게 권유받는 포럼은 단지 근처의 토지에 주목하게 된다. 포럼의 미어 사무국장은 올던턴 씨의 견해를 이해하고 다음과 같이 말하였다.

> 우리는 다른 지역조직에 의해 떠밀리지 않고 스스로의 계획을 만들어야 하며 보조금에 의존하지 않고 독립성과 자립성을 키우는 조직이 되어야 한다. 그에 따라 스스로의 전통과 커뮤니티, 문화, 사업을 강화해나가야 한다. …특히 소수민족 커뮤니티는 사람들을 엠파워하는 에셋을 소유 · 운영하고 지역재생과 갱신을 추진하는 것이 필요하다고 생각한다(2002년도 연차보고서).

여기에는 마을 만들기 사업체가 사회적 기업화를 이루어야 했던 이유와 조직의 독립성과 자립성이라는 이념이 강하게 공유되어 있음을 알 수 있다.

포럼은 지역의 요구가 높아 보습학교 운영과 직업훈련을 위한 프로젝트를 세우기 위해 에셋 매니지먼트 방식을 도입하기로 했고 먼저 칙샌드 단지 158세대를 대상으로 조사를 실시하였으며 그 결과 마이크로 비즈니스 파크 건설을 구상하게 되었다.

그 목적은 ① 지역주민이 소규모 기업을 세우는 기회를 만들어내는 것, ② 시장가격보다 10~15% 낮은 임대료로 장소를 제공하는 것(1유닛당 평균 100파운드/1주), ③ 고용을 창출한다는 것, ④ 보습학교와 노인을 위한 급식 서비스 등을 위한 사회적 문화적 서비스를 제공한다는 것에 있었다. 또한 비즈니스 파크의 제2단계(1999년~)에서 본격적인 운영이 시작되어 이를 계기로 포럼은 사회적 기업으로서의 성격을 강화해나갔다.

우선 포럼이 했던 것은 타워 햄릿구가 소유하여 주차장으로 이용했던 토지(부지면적 900㎡)를 에셋으로 소유하는 것이었다. 이미 토지에는 정부의 '시티 챌린지 프로그램'[4]에 따라 구의 출장소와 사무소가 건설되고 도로 반대쪽에 있는 우체국 집배센터를 민간 분양 맨션으로 만든다는 계획이었지만 이를 사무소 · 작업소로 변경해 달라는 것을 요구하는 주민운동을 전개했다.

포럼은 환경 트러스트의 지원[5]을 받아 타워 햄릿구와 토지 취득을 위한 교섭을 시작했지만 포럼은 볼런터리 조직이기 때문에 구유지를 직접 빌릴 수가 없었다. 따라서 먼저 타워 햄릿구의 포괄적 도시재생 예산 실시기관인 시티사이드 재생회사[6]가 대신 구에서 땅을 빌려 포럼으로 전대하는 형식으로 교섭했다. 또한 포럼의 A. 러프 이사장의 전략과 R. 미어 사무국장의 정치력, 그리고 환경 트러스트의 활동 실적이 많은 도움이 되어 단기간의 교섭으로 구 소유의 토지를 99년간 1파운드의 장기리스로 빌릴 수 있었다. 무상제공이나 마찬가지인 페이퍼콘 렌트라 불리는 수법이었다.

타워 햄릿구에는 벵갈인 볼런터리 조직이 200여 개 존재하는데 그 중에서 포럼이 선택되어 땅을 빌릴 수 있었던 이유는 보습학교 운영 실적과 커뮤니티를 엠파워하는 비즈니스 파크 제안이 타워 햄릿구와 시티사이드 재생회사에게 좋은 평가를 받았기 때문이라고 한다.

그림 7-5 포럼
1층은 길가에 상점을 배치하여 수입원으로 하고 있다.

현재 포럼의 조직운영은 주민들 중에서 선발된 3명의 이사(이사장 · 사무국장 · 재무담당)와 14명의 위원, 3명의 유급 스탭(컨설턴트 1명, 보습학교 교원 2명)으로 구성된 운영위원회가 맡고 있다.[7] 이 조직을 중심으로 마이크로 비즈니스 파크의 경영, 보습학교, 비즈니스 지원, 중식 모임 등의 자주사업을 하고 있다. 스탭은 유급이며 이사와 위원은 모두 무상 볼런티어이다. 이사와 위원은 실헷 마을 출신자가 많다. 14명의 위원은 매년 선거로 선발되며 그 구성을 보면 5명이 이사의 친척과 형제, 그리고 6명이 같은 가족명이어서 실헷 마을의 정치사회 구조가 그대로 반영되어 있음을 알 수 있다.

재정을 보면 1999년도의 총수입은 3만 2,000파운드, 총지출은 3만 2,800파운드로 이 시기는 오직 보습학교 운영이 중심이었다. 2003년도에는 총수입이 8만 파운드로 올라 사무경비 등을 빼고도 남는 금액이 3만 파운드까지 되었다. 마이크로 비즈니스 파크의 수익이 조직의 운영기반을 지탱하고 있다.

4. 건물 건설과 마이크로 비즈니스 파크 운영 : 제2단계 경영전개기(1999년~)

4-1 마이크로 비즈니스 파크를 포함한 건물 건설

포럼은 토지 취득에 이어 비즈니스 파크를 포함한 건물 건설에 착수했

그림 7-6 중정 맞은편, 오른쪽에 마이크로 비즈니스 파크가 보인다.

다. 총 사업비는 당초 예상으로는 130만 파운드였지만 최종적으로는 200만 파운드까지 늘어났다. 물론 이러한 대규모 사업을 포럼이 단체로 추진한다는 것은 불가능했다. EU가 지원대상으로 하는 쇠퇴지역에 타워 햄릿구가 들어 있었다는 점, 그리고 포럼이 활동 실적을 쌓아왔다는 점, 그리고 무엇보다도 시티사이드 재생회사와 환경 트러스트가 자금 획득을 위해 전력을 다했다는 점이 가장 크다고 할 수 있다. 또한 EU나 중앙정부로부터 받는 도시재생 보조금, 커뮤니티로부터 받는 기부금 등 7종류의 자금[8] 외에 직업훈련에 대한 보조금 등 다양한 사업을 조합시키면서 자금을 모아 건물 건설에 착수하여 마침내 2002년에 건물이 완성되었다.

건물의 경우도 소유권은 타워 햄릿구, 이용권은 시티사이드 재생회사에 있으며 이를 99년 임대라는 조건으로 2002년에 포럼에 인도했다. 볼런터리 조직이 토지 · 건물을 무상에 가까운 형태로 빌리는 것은 어렵기 때문에 채리티 인정을 받은 법인조직으로 만들 필요가 있고 포럼은 2003년에 유한책임보증회사로 채리티 인정을 받았다.

토지 · 건물을 포럼 소유로 하지 않았던 것은 지역의 몇몇 볼런터리 조직이 경영 파탄을 맞았다는 현실과 만일 부정하게 운영되었을 때 행정이 개입될 수 있다는 이유에서라고 한다. 즉 토지와 건물의 공공성을 담보하기 위해 소유권과 이용권을 나누었고 이용권에 관해 99년간 1파운드라는 명목 지대를 설정하였다.

4-2 마이크로 비즈니스 파크의 경영

현재 마이크로 비즈니스 파크[9]에는 13실의 비즈니스 유닛이 정비되어 있다. 포럼은 젊은 벵갈인 창업을 지원하기 위해 시장 가격보다 10~15% 싼 임대료로 비즈니스 유닛(1유닛당 평균 100파운드/1주)과 컴퓨터를 빌려주고 정보를 제공하며 경영을 조언하고 있다. 유닛을 빌리는 사람의 80%는 벵갈인이며 13실을 모두 채우고 있다. 유닛 입주는 3년 동안의 기간 한정으로, 회전을 빨리 하여 많은 사람에게 사업기회를 주고 또한 비즈니스의 조기 성공을 지향하고 있다.

지역 주민이 비즈니스 유닛에서 일을 하고 홀에서 사회 · 문화적 프로그램 청강 기회를 얻는 것은 지역사회에서 제외되었던 또는 소외될 가능성이 있는 젊은이나 여성, 고령자의 잠재능력을 엠파워하는 계기가 된다. 또한 포럼은 비즈니스 유닛 임대료 등의 수입을 다시 커뮤니티 활동과 사회 활동을 위해 재투자하고 이러한 경제적 순환이야말로 포럼이 지향하는 커뮤니티 전체의 엠파워먼트이며 지속 가능한 에셋 매니지먼트라고 한다. 그리고 지금은 이런 수법이 높이 평가되어 포럼은 '포괄적 도시재생 예산'에 의한 성공 사례라고 좋은 평가를 받고 있다.

5. 전문적 컨설턴트에 의한 지역 네트워크 활용

포럼이 에셋 매니지먼트를 할 수 있게 된 배경에는 지역의 사회적 네트워크 활용과 창업을 지원하는 전문 컨설턴트가 존재했기 때문이다. 특히 포럼의 경우 전문지식을 제공할 뿐만 아니라 어떻게 방글라 커뮤니티의 사회관계를 활용하면서 간접적인 지원을 할 것인지와 당사자들의 의욕을 이끌어낼 것인지가 전문 컨설턴트에게 요구되었다.

2002년 6월에 포럼은 최초의 컨설턴트를 고용했지만 실적은 하나의 채리티 단체를 비즈니스 파크에 유치할 수 있다는 것에 그쳤고, 사업을 궤도에 올려놓지는 못했다.

현재 전문 컨설턴트는 D. 리차드슨 씨이며 40대 중반의 남성이다. 타워햄릿구의 도시재생 담당 직원으로 초기 단계부터 포럼 운영에 관여되어 있었다. 이후 구청을 퇴직하고 2004년부터 컨설턴트로 일하고 있다. 리차드슨 씨가 고용되었을 때 포럼의 평판이 좋지 않아 신뢰를 회복하는 것이 최우선과제였다고 한다. 이를 위해 그가 한 것은 커뮤니티에 직접 개입하는 것이 아니라 지역 네트워크를 잘 아는 젊은 벵갈인 미어 씨를 비즈니스 컨설턴트로 고용한 것이었다.

미어 씨는 런던 태생의 벵갈인 제3세대로 이전에 구의 마이너리티를 위한 기업화 촉진 프로그램에 참가했었다. 또한 부모도 지역에서 카레 레스토랑을 경영하는 등 지역의 인간관계를 잘 알고 있어 리차드슨 씨는 그를 통해 여러 가지 정보를 얻을 수 있었고, 리차드슨 씨 스스로도 벵갈인이 다니는 모스크에 다니고 볼런티어 활동을 통해 지역 사람들과 친분을 만드는 노력을 했다. 따라서 방글라 커뮤니티의 사회적 네트워크를 이용한 간접적인 지원방법이 비즈니스 파크를 성공으로 이끌게 된 것이다.

즉 마이크로 비즈니스 파크의 운영이 궤도에 올랐던 것은 첫째 직접적 지원이 아닌 어디까지나 지역 네트워크를 활용해 그 인적 교류에서 비즈니스 파크를 빌리는 인물의 신뢰성이나 의욕 등을 판단하여 선택했다는 점이다. 특히 키퍼슨을 통한 벵갈인 젊은이들의 네트워크 활용이 효과적으로 작용했다. 둘째, 사업을 중심으로 추진하는 전문 컨설턴트가 존재했다는 것이다. 리차드슨 씨의 경우 구청에 근무했던 경력이 있었고 '신청을 인정하는 측'의 인물이 '신청을 하는 측'으로 전환함으로써 보조금 획득 수법을 잘 알고 있었고 인가하는 측의 인적 네트워크도 잘 알고 있었다는 점이 크게 작용했다. 일반직으로서 구 직원이 되어 약 20년, 포럼 컨설턴트로서 1년 남짓, 그 사이에 자신이 에셋 매니지먼트 감각을 몸에 익혀 창업가로 변신했던 것이다.

6. 커뮤니티 엠파워먼트의 수법

6-1 창업에 의한 개인의 엠파워먼트

포럼이 운영하는 마이크로 비즈니스 파크에 입주하기 위해서는 포럼과 시티사이드 재생회사, 타워 햄릿구의 엄격한 심사를 받아야 할 필요가 있으며 현재 13개의 테넌트가 입주해 있다. 업종은 방글라데시에 수공예품을 수출하는 회사, 시장조사를 하는 회사, 지역신문을 발행하는 회사, 국가로부터 교육 관련 위탁사업을 맡은 회사, 통신전화회사, 여성을 위한 창업지원 회사, 건설 컨설턴트 회사 등 다양하다. 여성과 젊은이들의 창업에 의한 엠파워먼트가 어떻게 가능한지 구체적인 사례를 들어 알아보기로 한다.

① 웨딩 회사 경영(여성)

방글라데시 출신이며 7살 때 영국에 온 2세대로 30대 후반의 여성이다. 민간기업에 7년 정도 근무했던 경험을 살려 기획회사를 경영하는 파키스탄 출신의 남편과 함께 2003년 8월부터 결혼식 기획회사를 창업하고 비즈니스 파크에 들어왔다고 한다. 남편이 앞서 말한 비즈니스 컨설턴트의 친구였던 것이 계기가 되어 비즈니스 파크를 알게 되었다고 한다. 사업은 결혼식 준비부터 진행, 레스토랑 예약까지 취급하며 상근 직원 3명, 비상근 직원 1명이며 TV 광고도 나오고 있다. 고객은 타워 햄릿구를 중심으로 해밍엄, 웨일즈로 확산되었으며 고객의 65%가 벵갈인, 15%가 파키스탄인, 10%가 인도

인이라고 한다. 종교에 맞게 결혼식 형태를 바꾸거나 가족이 결혼식을 서포트하는 등 다양한 연구를 통해 사업을 성공시켜 나갔다.

보수적 문화 속에서 직업을 얻는 것이 어려운 벵갈 여성이 스스로의 능력을 발휘하여 지역 네트워크를 살리면서 창업한 사례라고 할 수 있다. 하지만 이후 이 회사는 비즈니스 컨설턴트의 조언을 듣지 않고 사업을 너무 확장하여 2006년에는 도산했다.

② IT 회사의 창업가(남성)

방글라데시 출신의 3세대로 눈빛이 예리한 30세 전후의 남성이다. 그 역시 비즈니스 컨설턴트 친구의 소개로 2003년부터 비즈니스 파크에서 창업하여 주로 영국과 인도 간의 인터넷 회선을 이용한 무료 통화와 이메일, 휴대전화 등의 서비스를 제공하고 있다. 지금은 상근 직원이 친한 친구를 포함해 5명이지만 앞으로 확대될 가능성도 있다. 원래 영화와 비디오를 트리밍하는 회선과 배선관련 회사에 10년간 근무하며 모바일에 관련된 내용을 잘 알아 거기서 얻은 라이센스를 살린 것이 현재의 비즈니스 성공으로 이어졌다. 그가 창업하는데 있어서 비즈니스 파크는 시장보다 싼 가격으로 빌릴 수 있다는 점, 매우 편리한 장소에 있다는 점이 큰 장점이었다고 한다. 젊은이들의 실업률이 매우 높은 지역으로 젊은이들의 의욕을 창업이라는 형태로 구체화하여 전개를 더욱 촉진한 사례이다.

③ 영유아의 보건 · 교육지도를 하는 민간 비영리조직 (슈어 스타트 : Sure Start)

슈어 스타트는 14세 이하의 영유아, 아동의 보건지도, 교육지도를 하는 볼런터리 조직으로 잉글랜드의 빈곤지구를 대상으로 정부 프로그램으로 시작되어 정부로부터 보조금을 받아 운영되고 있다. 2003년 3월 마이크로 비즈니스 파크에 맨 처음 입주했던 것이 바로 이 슈어 스타트 지소이며 상근 직원 6명이 가족지원 프로그램, 아동지원, 어린이 센터 운영 등의 활동을 하고 있다. 비즈니스 파크에서 매주 영어를 못하는 아동에게 영어회화 학교를 열거나 정기적으로 이벤트를 개최함으로써 지역 주민의 교류를 도모하고 있다. 지역 어린이들을 위한 서비스 거점이며 또한 비즈니스 파크에 집세와 홀 사용료 등의 확실한 수입을 주고 있다.

④ 창업가를 지원하는 비즈니스 컨설턴트

포럼에 비즈니스 컨설턴트로 근무하고 있는 60대 중반의 남성은 기술 디자인회사를 퇴직한 후 비즈니스 전문지식을 살리기 위해 전국에 12개지소를 가진 채리티 단체에 소속했다. 그리고 2004년 포럼에 파견되어 주 2일, 창업을 위한 경영 전반의 지도를 담당하고 있다. 나머지 5일은 앞서 말한 비즈니스 컨설턴트가 담당하여 젊은이를 위한 비즈니스 상담에 임하고 있다.

이 컨설턴트의 역할은 창업을 하고 싶어도 할 수 없는 사람들을 지원하고 자신의 손으로 기회를 잡으려는 자기개발을 돕는 것이다. 이를 위해 우선 포럼에 온 사람들의 능력과 의욕을 판단하고 의욕을 일으키는 일을 소개하며 사업수법과 사업운영에 대해서도 어드바이스하고 있다.

그는 사업을 성공시키기 위한 조건으로 다음과 같은 3가지를 들고 있다. 첫째는 대출을 받기 위한 비즈니스 플랜 내용이다. 자기자금 70%, 차입금 30%라는 구성의 비즈니스 플랜을 권하고 있다. 둘째는 초창기의 자금 획득이다. 대부분의 경우 친구, 친척, 부모에게서 빌리거나 은행에서 대출을 받기도 한다. 그 외에도 행정에서 조성금을 받는 등 초기 투자금액으로 평균 2,000~3,000 파운드가 필요하다고 한다. 셋째는 비즈니스 아이디어의 질인데, 창업에 있어서 가장 중요한 것은 다른 사업과의 차별화라고 한다. 즉 아이디어가 가장 중요하며 반드시 다른 사업과의 차이를 명확하게 하고 나서 창업할 것을 조언하고 있다.

6-2 창업 자금을 융자하는 시민은행 : 마이크로 크레디트(소액융자)

앞서 말한 것처럼 포럼의 활동을 외부에서 지원하는 조직 중 하나로 이스트엔드에는 시민은행인 '마이크로 크레디트'가 있다. 사회적으로 소외된 사람들을 엠파워하기 위해서는 작은 지역 시장을 대상으로 작은 일을 만드는 것이 중요하다. 이를 위해 벵갈인의 창업을 자금면에서 지원하는 제도로 무이자로 자금을 빌려주는 마이크로 크레디트의 역할이 크다. 스피탈필드 마켓 근처의 마이크로 크레디트를 인터뷰했다. 1982년에 홈리스 지원활동으로 시작해 이후 방글라데시인 등의 마이너리티가 창업을 할 때 자금을 빌려주는 일을 하는 채리티의 유한회사로 되었다.

원래 대표인 아리 씨[10]는 홈리스를 위한 주택을 지원했지만 1996년부터 그들의 경제적 자립을 위한 엠파워를 목표로 하게 되었다. 1998년 복권기금에서 약 19만 파운드, 타워 햄릿구에서 19만 파운드, 시티사이드 재생회사에서 8만 7,000 파운드, 합계 46만 7,000 파운드, 약 50만 파운드의 자금을 얻어 마이크로 크레디트 사업을 시작했다고 한다. 방글라데시에 있는 그라민 은행을 모델로 하고 있으며 수수료는 받지만 무이자이기 때문에 거의 이익이 없다는 융자제도이다.

개인이 아닌 5~6명의 동료 단위로 자금을 빌려주는 방법도 그라민 은행과 같은데 빌려주기 전에 당사자가 안고 있는 문제를 대화하는 것이 조건이다. 마이크로 크레디트의 스탭은 지역 주민으로 고객의 90%를 차지하는 벵갈인의 대부분을 잘 알고 있다고 한다. 1회당 약 500~1,000 파운드의 대부로 기한은 1년이라고 한다. 이때 자신의 비즈니스 플랜을 제시하고 자금 측면의 경영지도도 받는다. 구체적으로는 미싱 구입과 점포를 빌리기 위한 자금에 사용된다고 한다. 2003년에는 100명, 2004년에는 30명에게 자금을 빌려주었는데 그 중 85%가 반각되었다.

이상과 같이 포럼의 활동은 지역사회에 있는 공공토지나 건물 같은 에셋을 발견해내고 운영함으로써 사회적으로 소외되기 쉬운 벵갈의 젊은이들과 여성이 다시 사회 속에서 활동 공간을 얻을 수 있도록 기회를 만들어내고 있다. 또한 그뿐만 아니라 창업에 필요한 자기계발, 비즈니스 노하우와 정보를 가르치는 전문가를 고용하여 충분한 교육을 받지 못한 가난한 젊은이를 다양하게 훈련 · 지원하는 역할을 하고 있다. 그 과정에서 인적 네트워크를 재구축하거나 조직 설립 등을 추진하여 지역에 새로운 고용을 창출하고 있다. 즉 방글라 커뮤니티에서 사는 젊은이가 커뮤니티나 자신의 능력을 자각적으로 파악해 이를 비즈니스라는 형태로 자기표현 해나가는 기회를 제공하고 있는 것이다.

포럼에 의한 활동장소 제공이라는 하드웨어측면에서의 지원과 전문적 지식 · 비즈니스 지원 제공이라는 소프트측면에서의 지원이 가능해진 것은 그들이 토지건물을 소유하고 에셋 매니지먼트를 하여 지속적인 활동 시스템 만들기를 실현하고 있기 때문이다. 이러한 활동에 의해 개인 차원에 그치지 않고 커뮤니티 차원에서 문제해결 능력을 높이고 시스템 만들기를 담당하는 엠파워먼트 과정이 생겨나게 되었다. 이 엠파워먼트 과정이야말로 사회적 소외 문제에 대한 구체적인 해결수법이 되고 있다.

7. 글로벌리제이션 내에서의 거버넌스형 마을 만들기

이 장에서는 글로버리제이션에 따른 사회적 배제 문제에 대해 사회적 기업의 역할을 고찰하고 소외되기 쉬운 에스닉 마이너리티가 엠파워되는 과정을 알아보았다.

자본의 글로벌화와 노동시장 재편은 매크로 차원에서의 경제자유화, 규제완화 등을 촉진하는 한편 미크로 차원에서 새로운 빈곤으로 사회적 소외가 심각했다. 특히 이민 문제를 안고 있는 영국에서 에스닉 마이너리티에 대한 인종적 불이익과 차별 문제는 심각했고 이것이 장기 실업이나 교육 불평등을 만들어냈다. 그 중에서도 벵갈인의 빈곤율은 60% 정도까지 이르러 에스닉 그룹 중에서도 가장 사회적 소외 문제가 심각하다.[11]

이러한 상황에서 예로 든 방글라 커뮤니티는 국경을 넘은 글로벌 네트워크를 이용한 활동에 의해 사회적 소외에 대응하는 움직임을 볼 수 있었다. 이는 많은 벵갈 이민족들의 고향인 실헷 마을에서 형성된 네트워크를 이용하면서 EU나 중앙정부, 지자체로부터 재정적 지원을 받아 글로벌 시티인 런던에서 비즈니스를 전개한다는 움직임이다. 경쟁사회 속에서 살아 남아야 하는 활동의 실태는 불안정하지만 그들은 경제상황에 따라 유연하게 사업 진출 · 퇴진을 신속하게 반복하여 거기서 얻어진 이익을 다시 자국의 가족들과 친척에게 송금하고 있다. 로컬리티를 근간으로 한 글로벌 네트워크 형성이며 이것에 의해 꿋꿋하게 살아남은 방글라 커뮤니티의 존재는 영국 시민사회의 다양성을 보여준다고 할 수 있다.

그러면 사회적 기업인 칙샌드 시티즌스 포럼의 활동은 어떤 역할을 한 것일까. 포럼의 활동은 교육의 기회에서 배제되기 쉬운 마이너리티 사람들을 엠파워하기 위한 볼런터리 활동으로 시작되었다. 또한 활동을 지속하기 위해 커뮤니티에 있는 공공토지 · 건물(에셋)을 소유하고 운영함으로써 마이너리티의 자립을 지원하는 사회적 기업으로 전개해나갔다.

이곳에서는 커뮤니티 시설이 단순한 주민집회 공간이 아닌 창업과 교육, 보습 등 사람들이 모여 커뮤니티 서비스를 제공하는 공간으로 기능하고 있다. 이것으로 벵갈인 젊은이들과 여성에게 비즈니스 기회와 사회 참가 기회를 주며 창업공간과 정보를 제공하고 있다. 또한 에셋 매니지먼트에 의한 사업 수익으로 주민들의 자주적 교육과 건강보건 등의 지역 서비스 제공이 가능해졌다. 그리고 이러한 에셋 매니지먼트를 담당하는 것이 사회적 기업인 마을 만들기 사업체(포럼)였다.

포럼은 EU나 지자체, 준정부조직 등의 지원을 얻어 토지 취득, 건물 건설을 실현시키고 지역 고유의 사회관계 네트워크를 이용해 주민들을 조직화하며 또한 전문가 컨설턴트에 의한 전문적 지원을 하여 사업을 원활하게 진행시키는 역할을 하고 있다. 이곳에서는 창업에 관한 정보 경로의 확보뿐만 아니라 비즈니스를 통해 새로운 신뢰관계라고도 할 수 있는 사회관계자본을 확대시키고 있다. 이것이 간접적, 직접적으로 벵갈인의 창업 기회와 소득 향상, 교육, 건강 개선이라는 '자원분배의 재구축'을 가져오고 있다는 점이 중요했다.

즉 포럼의 활동은 이민 커뮤니티의 인적 네트워크를 이용하면서 사회로부터 소외되기 쉬운 개인이 힘을 내어 다시 사회에서 활동할 수 있게 한다는 개인의 엠파워먼트를 가능하게 할 뿐만 아니라 이것으로써 커뮤니티 차원에서의 문제해결 능력을 높인다는 커뮤니티 엠파워먼트를 촉진하고 있다. 그런 의미에서 포럼의 활동은 방글라 커뮤니티의 정치적 힘이 런던의 커뮤니티에도 영향을 주고 사회적 기업의 활동을 움직여 글로벌 환경에 놓인 사회적 기업의 가능성을 보여주는 사례라고 할 수 있다.

〈注〉

1 ベンガルはガンジス川下流に位置し、東部はバングラデシュ領、西部はインド領に属す。つまりバングラデシュとインドにまたがる1地域を指す。

2 社会的排除の概念的検討については、樋口明彦、2004、「現代社会における社会的排除のメカニズム」『社会学評論』第55巻1号、pp. 2-18、および、樫原朗、2004、「イギリスにおける社会的排除の取り組み」『神戸学院経済学論集』第35巻4号、pp. 105-147を参照した。

3 Bhalla, A. S. and Lapeyre, F., 2004, *Poverty and exclusion in a global world*.（福原宏幸・中村健吾、2005、『グローバル化と社会的排除：貧困と社会問題への新しいアプローチ』昭和堂、pp. 41-42）。

4 1991年に導入されたシティ・チャレンジ（City Challenge）は57の特定衰退地域に対し、自治体による計画策定の戦略の質に応じ補助金を配分する。

5 環境トラストは中間支援組織としてフォラムの誕生を支援するとともに、自らの外付け営利事業部門である環境トラスト連合を通じ、社会的デベロッパーとしてフォラムの建物建設を監理した。

6 シティサイド再生会社とは、政府セクター、民間セクター、ボランタリー・セクターの運営する組織で、国の地域再生資金である包括的都市再生予算（SRB）を運用する地域団体として設立されたクアンゴ（準政府組織）である。運営委員会委員メンバーの3分の1は行政、3分の1はシティサイド再生会社メンバー、3分の1は住民である。

7 理事とメンバーは無償の奉仕、フォラムでは理事をOfficerと名づけている。

8 もっとも大きな資金はEUの地域再生ファンド（URBAN）で約6000万円、政府の包括的都市再生予算や職業訓練補助金、区からの補助金をあわせて約2億円近くを集めた。残りはチャリティ財団や地域住民の寄付など多様な資金を集めている。

9 ビジネス・パークは多目的ホールが110㎡、事務所、店舗を加えた総延べ床面積650㎡で、当初案では年間賃貸料1100万円と想定した。

10 アリ氏は現在40代半ばほどのベンガル人で、12歳の時にイギリスに来て、4年前までタワー・ハムレッツ区の労働党議員、さらに都市再生委員会の委員長でもあった。

11 Platt, L., 2007, *Poverty and ethnicity in the UK*, Joseph Rowntree Foundation.

제 8 장

사회적 창업가에 의한 개인의 자립과 커뮤니티의 기업화

브롬레이 바이 보 센터와 캔

1. 커뮤니티와 개인을 엠파워하는 브롬레이 바이 보 지구

런던의 타워 햄릿구 동쪽 끝에 위치한 브롬레이 바이 보 지구는 지하철역을 나오면 간선도로와 철도선로가 교차하는 삭막한 분위기의 지역이다. 이 일대는 빈곤지역으로서 옛날부터 교회나 자선단체의 세틀먼트 활동과 사회복지 활동을 실천하는 곳이었다. 현재는 해외에서 온 이민자들과 난민

그림 8-1 브롬레이 바이 보 센터의 평면도

공원관리를 조건으로 공원의 일부를 빌림. 위치는 타워 햄릿구의 서쪽 끝, 그림 3-5, 그림 6-5에 나타냈다.

들이 모여 사는 영국에서도 가장 가난한 지역 중 하나이다.

1980년대 중반, 브롬레이 바이 보 지역을 재생하는데 착수한 것은 교회 목사인 모슨 씨였다. 그는 종래의 교회가 해왔던 자선을 베푸는 활동이 아니라 시민 한 사람 한 사람이 생활력을 키워 주민 스스로가 지역재생의 원동력이 되고 커뮤니티를 재생하는 방법이 무엇인지 고민했다. 그리고 그 해답을 사회적 기업에 의한 커뮤니티를 재생하고 개인을 사회적 창업가로 키워 엠파워하는 것이라고 생각했다.

브롬레이 바이 보 지구에 있는 사회적 기업의 특징은 지역 주민의 건강을 유지하는 지역 의료를 중심으로 전개하고 있는 점이다. 교회를 빈곤문제와 관련한 브롬레이 바이 보 센터(The Bromley by Bow Centre)의 일부로 편성해 의료와 문화사업 등을 도입한 사회적 기업을 운영하고 있다. 센터를 설립한 것은 1984년이며 코인 스트리트 지구와 같은 시기에 사업이 시작되었지만 코인 스트리트 지구의 사업과는 달리 크리스트교의 종교적 사명관을 바탕으로 한 사회적 기업이며 크리스트교의 교회활동에 비즈니스 수법을 도입한 것이 특징이다.

브롬레이 바이 보 지구재생의 또 하나의 특징은 사회적 창업가를 육성함으로써 개인을 엠파워하는 것이다. 사회적으로 소외된 지역의 개개인이 사회적 창업가가 됨으로써 사회와 교류하거나 생활력을 키워 사회 속에 내포되는 것을 지향하고 있다. 사회적 창업가란 환경보호와 인권옹호, 경제개발 등의 사회적 문제를 비즈니스에 의해 해결하려고 하는 사람들을 가리키며 특히 자금도 사회적 연고도 없는 개인이나 그 중에서도 젊은이들 중 새로운 분야의 비즈니스를 전개하는 참신한 발상을 가진 혁신적인 사업가를 말한다. 사회적 창업가가 지닌 비즈니스 정신은 주주에 대한 책임을 최우선으로 하지 않고 사회에 장기적 이익을 가져오는 것을 목적으로 한다. 그리고 '노동을 수입 수단으로 하는 것뿐만 아니라 자기실현의 수단' 으로 받아들이고 있다.[1] 브롬레이 바이 보 지구에서도 빈곤을 개인과 커뮤니티와의 연관으로 받아들여 빈곤한 커뮤니티에 이익을 가져오는 사업을 창업함으로써 개개인이 보람을 얻어 능력을 개발시키려 하고 있다.

이 장은 사회적 기업에 의한 지역재생이라는 수법이 크리스트교의 교회활동에도 도입되었다는 점과 크리스트교의 교의에서 개인의 엠파워먼트가 중시되는 활동이 되었다는 점 나아가서는 이것이 거버넌스형 마을 만들기의 특징을 보이고 있다는 점에 대해 고찰해보기로 한다.

2. 복합적 빈곤지역과 크리스트교

2-1 브롬레이 바이 보 지구의 빈곤문제

런던의 극빈곤지역으로 불리는 브롬레이 바이 보는 공적 시책의 효과가 적은 방치된 지역이며 약 50여 개의 언어와 방언이 쓰이는 다민족 복합문화 지역이다. 2001년도의 센서스에 따르면 지역 주민 1만 명 중 약 40%가 방글

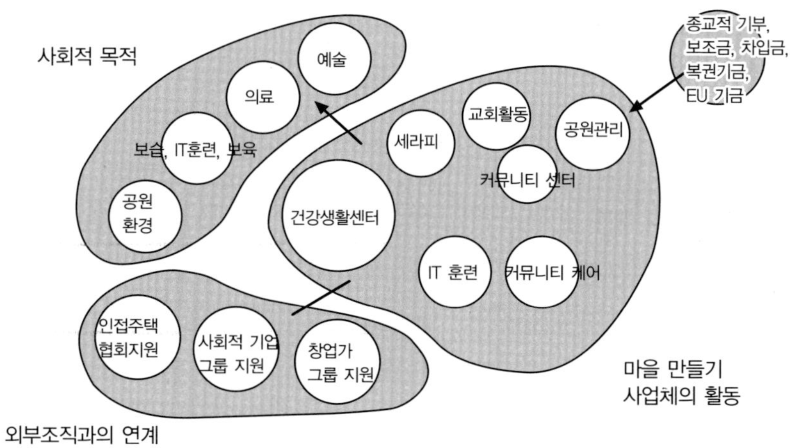

그림 8-2 브롬레이 바이 보 센터의 경영구조도

독자 의료 서비스는 유니크하다. 창업가 육성을 통한 개인의 엠파워먼트, 인접한 사회주택지관리, 개별 사회적 기업의 전개, 캔 결성 등 급속히 조직을 확대했다.

라데시인이고 20%가 소말리아와 콩고 등의 아프리카인, 동유럽에서 온 난민, 중국인 등의 소수 그룹이며 나머지 약 40%가 올드 이스트 엔더스라 불리는 옛날부터 거주했던 가난한 백인들이다. 이렇게 다양한 민족이 모여 사는 만큼 종교도 다양하여 크리스트교, 이슬람교, 힌두교, 불교, 유태교 등이 혼재되어 있다.

또한 지역 주민의 경제적 상황을 보면 실업률은 전국 평균의 약 3배, 실업자의 약 35%는 장기 실업상태이며 약 20%는 아직까지 일자리를 가져본 적이 없는 상황이다. 또한 주민의 약 60%가 모자수당이나 주택보조금 등의 사회적 보조를 받고 있다. 주택의 약 70%는 공적 주택이며 전국 평균이 20% 전후인 점을 보면 대부분의 주민들이 공적 서비스에 의존하는 생활을 하고 있음을 알 수 있다.

도시 공간측면에서 봐도 브롬레이 바이 보 지구는 빈곤 속에 고립되어 있다고 할 수 있다. 타워 햄릿구의 동쪽 끝에 위치해 있기 때문에 구의 재개발사업 대상이 되지 못하고 남쪽의 도크랜즈 재개발이 이루어졌다 해도 그 개발 여파의 혜택을 받지 못한다. 한마디로 런던의 개발과는 거리가 먼 지역이다. 이렇게 사회적, 공간적으로 소외 · 격리된 지역의 교회 목사로 파견되어 온 것이 모슨 씨였다.

모슨 씨는 목회에 뜻을 둔 처음 5년 동안 런던 남서부에 있는 밥티스트 교회에서 목사 보좌로 근무했다. 그의 나이 30세였던 1984년에 목사가 되어 처음 부임한 곳이 브롬레이 바이 보에 있는 합동개혁교회였다. 희망을 안고 월임하여 처음 만난 교회 건물은 초라하기 그지 없었고 신도들은 12명 밖에 안 되었는데 그나마도 노인들뿐이었으며 재원이라고는 400 파운드에 불과한 열악한 조건의 지역이었다.[2] 이렇게 힘든 상황에 놓이자 그는 이제까지의 교회 활동에 의문을 갖게 되었다.

그림 8-3 센터(왼쪽)에서 본 사회주택군
고층은 사회주택의 상징으로 사회적·공간적으로 배제되거나 격리된 지구이다. 모슨씨는 이 빈곤의 현장에서 개혁을 발상했다.

2-2 모슨 목사의 이념과 브롬레이 바이 보 센터의 설립

그는 '목사로서 커뮤니티에 무엇을 해야 하는가' 라는 물음에 몇 번이고 '아무 것도 할 수 없다' 는 좌절감을 느꼈지만 지역을 구석구석 돌아보며 지역에서 활동하는 작은 볼런터리 단체로부터 이야기를 듣고 실정을 파악하기로 했다. 그리고 지역문제에 관해 커뮤니티를 대표하는 실력자와 지역주민간의 의견이 크게 어긋나고 있다는 것에 놀랐으며 더욱이 빈곤에 관한 학문적 연구가 전혀 도움이 되지 않는다는 것을 실감했다.[3] 또한 교회의 이제까지의 자선활동을 봐도 회의와 운영을 둘러싼 논의와 서류 만들기뿐이었으며 정작 현장에서는 봉사를 하지 않는다는 것을 깨달았다. 빈곤을 해결해야 하는 행정도 여러 시책을 강구하여 자금을 쏟아 부었지만 지역주민들의 생활 향상에는 도움이 되지 않는다는 것에 뭔가 모순이 있다는 것을 느끼게 되었다. 연구자의 빈곤 이론과 경직화된 교회 및 행정시책이 현실 문제에 전혀 효과가 없다는 것에 화가 날 정도였다.

현실 문제를 해결할 방법은 현장에서 실행하는 수밖에 없다고 확신하고 지역 사람들과 성심껏 대화를 나누는 것부터 시작했다. 그러던 중 3명의 아이를 둔 한 주부가 정말로 원하는 것은 보육소와 건강센터라고 절실하게 호소하는 것을 듣고 이렇게 개인의 요구를 파악하여 그에 맞춰 해나가는 것이 그가 해야 할 일이라고 확신했다. 현장에서 개인이 원하는 것이 무엇인지 기초적인 문제를 발견하고 해결책을 그와 함께 찾아내는 과정 속에서 나아가야 할 방향을 찾아냈던 것이다.

그리고 구체적인 실현방법으로 이제까지의 자선적인 빈곤 구제에 의한 교회활동이 아닌 주민 한 사람 한 사람이 살아갈 힘을 얻을 방법, 즉 개인에게 맞는 일을 찾아내는 것이 해결책이라는 것을 알게 되었다. 시행착오 결과 교회를 커뮤니티 재생사업의 센터로 만들고 주민이 다양한 활동에 참가하는 과정에서 자신에게 맞는 일을 찾아내고 이것들을 사업화하기로 했다. 이렇게 개인이 원하는 것부터 출발하여 그 사람이 스스로 문제를 해결하는 과정에서 사회적으로 발언하는 힘을 기르는 것, 즉 '개인의 엠파워먼트' 가 중요하다고 생각했다. 이런 생각은 신과 개개인이 직접 대화를 한다는 크리스트교의 가르침에도 부합되는 것이며 이후 모슨 씨의 활동을 유지시키는 이념이 되었다.

그는 신도들을 설득해 평일에는 교회를 커뮤니티 활동공간으로 개방하고 빈곤문제에 관한 센터로 쓰게 했다. 큰 교회 공간을 지역주민이 이용할 수 있도록 하기 위해 우선 그 일부를 보육소로 만들고 부모들에게 운영을 맡겼다. 민족적 · 종교적 배경과 소득, 직업계층을 불문하고 이용을 원하는 모든 부모에게 개방하는 보육소가 되었다. 또한 보육 공간 옆에는 지역 주민들의 손으로 장난감 도서관과 예술 갤러리를 마련하여 센터에서 시작한 예술 활동과 연결되는 공간으로 만들었다. 이렇게 다양한 사회계층과 제반 활동을 유기적으로 결합하여 그 안에서 아이들을 키우는 보육원은 '통합적인 보육원' 이라 불렸으며 영국 최초의 시도로 주목받게 되었다.

또한 교회 외의 공간에서는 집에 고립된 장애인들과 영어를 못하는 방글라 여성을 대상으로 사업을 전개했다. 장애인들에게는 커뮤니티 카페를

그림 8-4 교회를 커뮤니티에 개방한다
초기에는 유일한 건물이었다. 보육소, 어린이 놀이시설 등 커뮤니티 활동의 거점으로 이용되어 이제는 건강생활센터, 집회소, 예술가 공방의 일대 복합시설로 성장했다.

마련해주고 방글라 여성에게는 요리와 재봉 그룹을 만들어 그들에게 활동 공간을 제공해 친구 만들기를 지원했다. 이후 이들의 활동은 사회적 기업으로 독립하여 그들의 경제적인 힘을 키우기 위한 사업으로 커나갔다. 또한 가드닝에 흥미가 있는 장애인들과 고령 여성들에게 교회 주변의 공지를 제공하여 화단과 나무 가꾸기 같은 일을 줌으로써 건강과 생활을 유지시키는 활동으로 전개해나갔다. 그리고 이것이 데이 케어 센터의 설립을 촉진하는 계기가 되었다.

또한 브롬레이 바이 보 센터에서 중요한 것은 예술창작활동을 중요시했다는 점이다. 지역 전체가 다양한 민족문화로 구성되어 예술성이 풍부한 지역주민이 많다는 점을 살려 교회를 예술적인 창작활동 공간으로 만들기로 했다. 지역에 사는 젊은 예술가들에게 교회 홀을 스튜디오로 무료 제공하고 대신 지역 사람들에게 예술적 창작활동을 지도하도록 의뢰했다. 50종류의 언어가 쓰이고 있으며 영어가 공통 언어로 쓰이지 않는 이 지역에서 예술 활동은 효과적인 커뮤니케이션 언어가 될 수 있다고 생각했기 때문이다.

교회 안에서 운영되는 보육원에는 장난감 도서관이 마련되어 있는데 거기서 사용되는 컬러풀한 목제 완구도 센터 이용자들의 작품이다. 또한 센터에서 사용되는 목제 의자, 테이블 그리고 인접 공원의 조각이나 목제 벤치 등도 모두 주민들의 작품이다. 이제까지 빈곤지역에서는 생활에 쫓겨 마음의 여유 같은 것은 갖지 못했다. 그러나 교회는 가난한 사람들에게 인간으로서의 자신감과 자립심(스탭들은 self-reliance라는 말을 사용하고 있었다)을 기르기 위해 예술활동에 주목했던 것이다. 이러한 활동에 의해 사회적으로 고립되기 쉬운 사람들이 머물 장소를 찾아내 새로운 창조적 활동에 참여할 수 있도록 한 것이다.

2-3 브롬레이 바이 보의 활동 이념

모슨 씨가 브롬레이 바이 보의 활동에서 목표로 한 것은 보육원 개설에서 볼 수 있듯이 '통합'이라는 이념이다. 지역이 민족 · 종교 · 사회문화적으로 다양할수록 또한 인구가 밀집되어 있을수록 외로움으로 고립되는 지역주민이 많다는 것을 깨닫고 센터에 사람들을 연결시켜 주는 커뮤니티를 형성하는 데 적극적인 기능을 추구했다. 그리고 '다양성이 창조성을 낳는다'는 신념을 바탕으로 사람들의 교류를 낳는 공간을 제공했으며 센터활동의 유기적 결합을 도모했다. 커뮤니티 카페는 보육원에 식사를 제공하고 보육원의 예술 클래스에 참가하는 엄마들의 탁아를 제공하며 예술 클래스는 센터나 건강센터에 예술작품을 제공하는 일련의 활동들이 사람들에게 일체감을 준다는 발상이다. 교회가 이처럼 다양한 활동의 거점이 되어 사람들이 모이고 그룹을 만들어 활동을 전개하는 공간이 되었다.

또한 교회 자체도 다민족, 다언어인 지역사회를 융합 · 교류시키는 공간으로 기능하고 있다. 프로테스탄트 교회로서의 행사 외에 유태인을 위한 과월제[4]와 중국인의 신년을 축하하는 공간이 되었으며 이슬람교도의 결혼식도 한다고 한다. 교회의 관용 정신과 지역주민의 신뢰가 센터의 활동 기반이 되었다고 할 수 있다.

또한 모슨 씨가 브롬레이 바이 보의 활동에서 필요하다고 느낀 것은 그가 하려고 한 혁신적인 교회활동을 확대하기 위해 하나의 세력으로서 사회에 주장해 나가는 것이었다. 이를 위해 교회관계자와 사회적 사업을 하고 있는 자가 정보교환을 하여 상호 지원하는 체제를 구축했다. 이것이 훗날 캔(Community Action Network)의 설립으로 이어진다.

그 외에 그가 주력한 것은 정치적 협력체제를 구축하는 것이었다. 캔 공동설립자의 남편인 목사가 수상이 된 블레어 씨와 대학시절부터 30년 동안 친분이 있었으며 블레어 씨의 종교적 조언자라는 관계로 블레어정부와 좋은 관계를 구축하게 되었다. 또한 노동당의 고위층뿐만 아니라 타워 햄릿구 내에서도 인맥을 구축하여 정치적 · 제도적으로 지원을 받고 있다.

모슨 씨의 크리스트교에 대한 신념이 크리스트교 활동을 사회적 기업에 의해 보다 현실적인 것으로 만들고 나아가서는 넓은 사회 · 정치적 문맥 내에 자리매김할 수 있도록 한다는 의욕과 그의 리더십이 브롬레이 바이 보 지구의 활동을 순탄하게 진행시켜 나가고 있다. 크리스트교가 본래 가지고 있는 개인의 자립이라는 과제를 사회적 기업에 의해 실현한다는 이제까지의 교회활동에서는 생각할 수 없는 수법으로 교회활동을 현대화하고 있다. 그런 의미에서 사회적 기업에 의한 지역재생 수법은 사회에 널리 받아들여질 수 있는 일반성을 가진 수법이라고 할 수 있다.

3. 의료를 중심으로 한 사회적 기업

3-1 마을 만들기 사업체의 설립과 에셋 매니지먼트

브롬레이 바이 보 센터의 커뮤니티 재생사업은 지역의료를 중심으로 전개하고 있는데 그 계기가 된 것은 교회의 가드닝 활동에 참가했던 여성이 암에 걸렸으나 제대로 된 의료혜택을 받지 못하고 사망한 사건에서 비롯되었다. 암의 발견과 치료가 방치되고 있다는 초기 의료의 부족함과 그 여성이 사망한 후 남겨진 두 아이들을 돌볼 사람이 없다는 2차 케어가 불충분했던 것도 문제가 되었다. 지역의료 부족과 지역복지 부족이 초래한 이 사건

그림 8-5 건강관리를 테마로 건강생활센터를 운영
마을 만들기 사업체에 있어서 건강생활센터는 사회서비스 제공 공간이자 일대 수입원이다.

에 대해 지역 주민들은 화가 났고 지역신문 등을 통해 문제 해결을 호소했다. 그리고 지역을 담당하던 의사단체의 협력을 얻어 건강생활센터 설립 활동을 전개했다. 운동조직은 1994년 브롬레이 바이 보 센터를 중심으로 활동하는 법인으로서 채리티 자격을 얻고 유한책임보증회사로 등기되어 비영리 마을 만들기 사업으로서의 조직적 체제를 정비했다.

5년 동안 주민운동과 로비활동 등 폭넓은 활동을 전개하였고 1996년 교회에 인접한 황폐한 공원용지를 타워 햄릿구에서 30년 계약으로 빌렸다. 또한 공원관리를 조건으로 공원에 인접한 1.2ha의 토지를 1파운드라는 파격적인 가격으로 얻었다. 구는 토지를 '선물' 로 양도하는 대신 범죄의 온상이 되어 황폐해진 공원정비와 운영관리를 브롬레이 바이 보 센터에 맡겼던 것이다.

그림 8-6 황폐한 공원을 정비 · 관리하는 조건으로 브롬레이 바이 보 센터가 공원용지의 일부를 빌림.
지자체의 재정난에서 오는 공원관리 방치에 빈곤지구의 심각한 사회문제가 더해져 황폐한 공원은 범죄의 공간이 되기 쉽다. 공공시설의 공적 관리가 불가능한 상태는 그냥 두고 볼 일이 아니다.

토지를 얻은 브롬레이 바이 보 센터는 건강생활센터의 건설자금을 민간 은행에서 고정이율 9.5%의 30년 대출로 빌렸다. 지역주민의 건강은 국가의 국민보건서비스와 관련이 있으므로 건강생활센터 건설과 건설비는 국가에 요구하는 것이 일반적이라고 생각할 수 있지만 브롬레이 바이 보 센터는 지역의 실정에 맞는 건강생활센터를 스스로의 손으로 만들고 운영하기로 했다.

대출금 변제는 건강생활센터의 진료 유닛을 의료그룹에 빌려주고 그 임대료로 충당하기로 했다. 즉 에셋 매니지먼트에 의한 변제 계획이다. 이렇게 해서 1997년 '전국 최초로 국가가 아닌 커뮤니티가 국민건강서비스의 초기 의료센터를 만들어낸 첫 사례'[5]로 불리는 건강생활센터가 개설되었다. 이 개소식에 블레어 수상의 부인이 참가하였으며 센터의 의지와 운영이 노동당 정부의 시책에 받아들여져 고액의 보조금을 도입하게 되었다. 여기에서도 노동당과의 강한 유대를 엿볼 수 있다.

건강생활센터에 입주한 13명의 의사가 지불하는 임차료는 상당한 액수였기 때문에 은행 대출금 변제와 공원관리 인건비를 지불해도 재정적으로 충분할 정도였다고 한다. 의사 그룹은 국민건강보건서비스의 초기 의료를 담당하고 환자는 무료로 진찰을 받을 수 있다. 여러 명의 의사가 상주하여 응급 환자들도 진료할 수 있는 체제를 갖추었으며 질병 예방을 위한 아로마테라피와 리플렉솔로지 등도 도입되었다. 접수, 간병, 간호사 등은 되도록 지역 주민을 채용하여 지역의 고용창출로 이어지게 하였으며 의사 중 한 사람은 브롬레이 바이 보 센터의 이사가 되어 운영에 참가하고 있다. 지역의 요구에 맞는 병원을 지역 커뮤니티의 손으로 운영하고 지역 커뮤니티의 재생으로 연결했다는 점에 큰 특징이 있다.

또한 건강생활센터의 특징은 치료 방법 중 하나로 예술요법을 도입하고 있는 점이다. 진료 부문의 대합실에는 환자의 작품이 전시되어 있어 이곳이

그림 8-7 녹지로 둘러싸인 목조로 지어진 건강생활센터
건강 증진을 빈곤 해결의 핵심 사항 중 하나로 보고 생활 개선, 정신 케어와 복합치료를 하고 있다. 전후 복지국가의 골격인 의료복지를 커뮤니티의 노력에 의해 독자적인 방법으로 실천하고 있다.

지역 주민이 참가하는 병원이라는 것을 확실히 느낄 수 있다. 치료 효과는 예를 들어 천식이 있는 어린이에게 자신의 몸 중 어느 곳이 빨갛게 되었는지 몸의 그림을 그리게 하여 천식을 일으키는 원인이 되는 것을 구체적으로 알 수 있도록 하였다. 이러한 일련의 작업 결과 천식이 치료된 어린이들도 있다고 한다. 또한 예술요법은 장애인과 고령자의 데이케어에도 도입되어 반신불수 환자의 재활에 회화 · 조각 제작을 도입하는 등 큰 성과를 올리고 있다.

브롬레이 바이 보 센터에서는 교회를 중심으로 한 주민활동 중에서 건강생활센터 건설을 지역재생의 중심으로 두고 황폐하게 버려진 공원정비를 사업화함으로써 재생을 실현하는데 유도하고 있다. 당시 의료의 민영화가 진행된 탓에 빈곤한 지역에 개업을 하려는 의사가 거의 없었으며 의료서비스의 지역간 격차도 꽤 컸다. 브롬레이 바이 보 센터의 특징은 지역주민의 건강이 지역문제의 기본이라고 파악하고 치료와 예방의료를 축으로 빈곤 문제를 해결했다는 점이다. 구에서 거의 무료나 다름없는 조건으로 취득한 토지에 건물을 짓고 이를 운영하여 지역에 의료서비스를 제공하고 또한 공원관리라는 일자리를 만들어낸 에셋 매니지먼트의 실현이다. 여기에는 버려진 공원과 실업 주민들을 지역자원으로 보고 공원에 녹지와 건강생활센터를 창출한다는 가치의 전환이 있다. 지역자원을 이용해 지역재생을

그림 8-2 센터의 다양한 활동이 이루어지는 공간. 예술가의 공방에 장애인도 참가하는 등 발상이 독특하다.

도모해가는 과정에서 이제까지 고립되고 방치되었던 가난한 사람들이 서로 협력하여 활동을 만들어내는 효과를 거두었다. 사회적 기업으로서의 브롬레이 바이 보 센터가 만들어낸 독자적인 로컬리티라고 말할 수 있다.

3-2 마을 만들기 사업체가 지역 서비스를 확대하다

브롬레이 바이 보 센터의 초기 볼런터리 지역 활동은 2000년부터 새로운 단계로 접어들어 마을 만들기 사업체로서 사업경영을 적극적으로 전개하게 되었다. 지역재생의 목적을 개인의 자립과 자신감 획득에 두고 활동의 계속성이 필요하고 조직의 기반을 확립해 나가야 했다. 그러기 위해 센터는 사회적 기업으로서의 마을 만들기 사업체를 지향했다고 할 수 있다.

2000년에 센터를 증축하고 커뮤니티 카페와 데이케어 서비스 등 활동의 폭을 넓혔다. 증축 비용은 정부가 설립한 민관합동의 리사이드 재생회사에서 보조금[6]을 받고, EU의 구조개선기금과 복권기금으로 조달하였다. 즉 이 단계에서 브롬레이 바이 보 센터의 활동은 국내뿐만 아니라 EU의 사업으로도 인정을 받게 된 것이다.

2002년에는 지역 서비스를 좀더 넓혀 장애인에게 24시간 동안 케어를 제공하고 있다. 교육 프로그램으로는 이스트 런던 대학과 연계하여 센터에서 대학 코스를 운영하고 학위를 주는 등 지역 젊은이들이 높은 교육을 받

그림 8-9 캔의 전국 센터 건물
각종 볼런터리 단체가 한 곳에 모여 협동하는 공간인 센터. 런던 브리지 옆에 위치해 있으며 현대적인 디자인은 비즈니스로서의 성공과 자금력을 말해준다.

을 수 있는 기회를 제공하였다. 교육을 통해 젊은이들은 런던 중심부와 연결되어 있다고 느낄 수 있다. 이렇게 브롬레이 바이 보 지역에서의 도시재생활동은 런던의 변두리를 런던 중심부와 연결하고 또한 마을 만들기 사업체 협회에 참가함으로써 전국적으로 연결하며 재정지원을 통해 유럽으로 연결된다는 것에 주목해야 한다.

브롬레이 바이 보 센터의 주간 활동은 약 100종류에 이르며 참가자는 2,000명이 넘는다. 지역주민이 필요로 하는 요구, 예를 들면 영어 학습, 컴퓨터 기술 습득 등 주민이 스스로 살아나갈 수 있는 기술을 습득하는 기회를 제공하고 있다. 센터의 사업화는 주민의 구체적인 요구에 지속적으로 대응하기 위해 필요했다고 말할 수 있다.

이러한 활동을 담당하는 직원 수는 116명이며 그 중 70명이 풀타임이고 나머지는 파트타임, 그리고 상시 50명 정도의 볼런티어가 있다. 지금은 브롬레이 바이 보 지구에서 가장 많은 고용자를 둔 사업체가 되었고, 역 앞에 있는 슈퍼가 그 뒤를 잇는다. 민간 비영리사업임에도 불구하고 지역경제에 얼마나 공헌하고 있는지 잘 알 수 있다.

모슨 씨는 지역재생의 열쇠를 쥐고 있는 것은 개인 스스로의 힘으로 살아갈 수 있는 힘을 얻는 것이며 구체적으로는 사업을 일으키는 것이라는 데 통감하고 브롬레이 바이 보 센터의 운영이 일단락되자 개인 창업가를 육성하는 활동에 집중했다. 이것이 캔의 설립이다. 1998년 캔을 설립한 모슨씨의 뒤를 이은 것은 센터의 사무국장인 트림블 씨와 부사무국장인 데이비드 씨의 협력체제이다. 트림블 씨는 독실한 크리스천으로 작은 여행사를 경영했던 경험을 살렸다. 데이비드 씨는 건강생활센터의 의사이다.

이듬해 센터의 재생사업을 담당하는 전문가로서 전직 대학교수였던 브리켈 씨를 부장으로 초빙하여 경영체제를 강화했다. 그는 소아암 전문가이자 인접한 뉴햄의 노동당 의원이기도 하다. 노동당 의원으로서 지역재생에 참여함과 동시에 브롬레이 바이 보 센터의 사업부장으로 사업을 확대하였다.

3-3 마을 만들기 사업체의 자립

브롬레이 바이 보 센터는 2000년부터 활동 영역을 넓혀 새로운 단계를 맞았다. 기업출신자인 트림플 씨와 노동당 의원이기도 한 브리켈 씨의 협력으로 정부와 지방자치단체의 파트너십 사업을 늘리고 보조금을 얻어 센터 사업을 더욱 비즈니스화했다.

2000년 브리켈 씨는 센터의 지역재생사업을 주택 부문에도 전개하기 위해 센터와 민간 비영리주택회사인 포퓰러 헬커 그리고 리사이드 재생회사 간에 파트너십을 구축해 중앙정부로부터 2,070만 파운드의 보조금을 얻었다. 지역재생을 위한 파트너십 형성과 그가 출판한 저서가 중앙정부의 커뮤니티 재생 전략에 큰 영향을 주어 구체적인 정책을 이끌어내게 되었다.[7] 브롬레이 바이 보 센터의 활동이 노동당 전략에 수용되어 그가 이후 리사이드 재생회사의 사무국장이 된 것을 보면 여기서도 브롬레이 바이 보 센터와 노동당의 강한 유대를 알 수 있다. 브롬레이 바이 보 센터는 이같은 정부와의 인맥에 의해 정부로부터 많은 보조금을 얻었다고 할 수 있다.

센터를 운영하는 이사회는 12명이며 교회관계자, 의원, 보건기관 대표자, 지역주민 등 크리스천으로 구성되어 있다. 의사결정은 조언을 하는 어드바이저 그룹과 최종결정을 하는 매니지먼트 그룹의 2중 구조로 되어 있다. 센터 운영의 실질적 결정권을 가진 후자 그룹은 모슨 씨 부부와 트림플 씨 부부 등 소수의 크리스천으로 한정되어 있다고 말하지만 그 실태는 불분명하다. 교회 관계자에 의해 운영되는 조직은 불투명한 부분이 많고 이것이 신앙 커뮤니티의 특징이라고 비판하는 사람도 있다.

이렇게 해서 현재 브롬레이 바이 보 센터는 지역센터로서 중요한 역할을 하고 있다. 브롬레이 바이 보 센터의 활동은 100명이 넘는 직원(파트 포함)과 볼런티어들이 200만 파운드의 연수입을 올리고 있다.

2001년도의 수지를 보면 수입은 197만 파운드로 그 중 68%는 정부와 EU에서 받은 보조금이며 위탁사업 수입은 7%, 기업과 개인에게서 받은 기부금 5%, 자체사업 수입 7%로 되어 있다. 사업 수입은 2002년도가 되자 전체 수입 220만 파운드 중 37%를 차지하고 마을 만들기 사업체의 경영이 궤도에 오르게 되었음을 알 수 있다. 전체적으로 보조금이 50%를 넘고 있는 것은 다른 마을 만들기 사업체와 공통적이다. 브롬레이 바이 보 센터의 경우 교회 등의 지원이 있으며 다른 마을 만들기 사업체와 비교할 때 기부금의 비율이 높다고 할 수 있다.

지출은 182만 파운드로 건강 부문에 34%, 환경에 8%, 기업화에 21%, 교육에 10% 펀드를 얻기 위한 서류작성 등에 전문가를 2명 고용하여 그 비용으로 10%, 그리고 그 외에 관리비로 되어 있다.[8] 비영리 사업체가 자기 단체의 자주성을 유지하면서 사업을 진행하기 위해서는 재정적 보조를 한 조직에만 의존하는 것이 아니라 폭넓게 여러 조직에 의존하는 것이 특정 조직의 하청화를 막는 방법이다. 정부나 EU, 민간재단 등이 모집하는 조성금과 기금에 많이 응모하는 것이 중요하며 조성금 획득 경쟁에서 이기는 것이 조직의 존립 기반이 되므로 매우 중요하다. 브롬레이 바이 보 센터에서는 2명의 전문가로 대응하고 있는데 이러한 혜택의 조건에 있는 마을 만들기 사업체는 적은 편이며 대부분 환경 트러스트 같은 중간지원조직으로부터 조언과 지도를 받고 있다.

이러한 자금 획득의 현실은 마을 만들기 사업체가 조성금 정책을 좌지우지하는 정치적 동향에 많은 영향을 받는다는 것을 의미한다. 보수당에서 노동당으로 정권이 교체되었을 때 이 센터는 다른 마을 만들기 사업체와 마찬가지로 조성금 획득이 용이해졌지만 최근에는 정부의 예산 삭감으로 어려운 상황에 놓였다고 한다. 또한 EU 기금도 동유럽을 중심으로 한 가맹국 증가로 빈곤지역의 수가 증가하자 영국에 대한 배분이 감소되는 등 영국의 마을 만들기 사업체 전체가 예전에 비하면 어려운 상황에 있다.

3-4 마을 만들기 사업체의 자회사 설립과 사업 전개

브롬레이 바이 보 센터는 2003년부터 센터에서 육성한 몇몇 활동을 비즈니스화하고 채리티 단체인 센터 외부에 기업조직을 설치했다. 지역 내에 있는 버클레이 은행으로부터 지원자를 대상으로 비즈니스 매니저를 3년 계약으로 데려오고 코카콜라에서도 인재를 얻어 그들의 조언을 받아 사업 거점이라 불리는 사회적 기업 7개를 설립했다. 영국에서는 은행이 지역에 근간을 둔 기업이 되기 때문에 경영전문가를 지역조직에 파견하는 제도가 있고 지역의 경제적 역량을 높여 사회에 공헌하고 있다. 버클레이 은행 스탭은 브롬레이 바이 보의 사업이 시장경제 속에서 경영기반을 확립할 수 있도록 지도하고 있다. 이는 일본에서는 볼 수 없는 제도이며 커뮤니티에 공헌하는 글로벌 기업의 현실로서 시사하는 점이 많다.

7개의 사회적 기업은 주민의 응모안으로 뽑혔다. 모두 기업성과 사회적 목적이라는 조건을 갖추고 이제까지의 브롬레이 바이 보 센터의 활동을 기반으로 육성한 것이다. 센터는 50만 파운드의 조성금을 얻어 프로젝트에 투자했다. 비즈니스에 대해 아무 것도 모르는 지역의 젊은이들에게 창업에 대한 의욕을 갖게 하고 경영수법을 훈련하는 사업 등에 사용했다.

7개의 프로젝트는 ① 커뮤니티 카페(건강식품 제공, 파티나 회의에 케이터링 서비스, 방글라데시 요리 주문 배달), ② 가구 제조 · 판매(목공제품), ③ 조각제작 · 판매(젊은이들이 퍼블릭 아트로 조각을 제작), ④ 미용원(아시아풍 결혼식 서비스도 함), ⑤ 경관 디자인(단지나 지역의 녹화), ⑥ 그래픽 디자인(웹사이트, 광고, 지역신문 작성 등), ⑦ 컨설턴트(다른 단체에 센터의 경험을 전하는 사업, 시찰 인수, 세미나 개최, 사업경영을 위한 조언)이다. ②③의 사업에서는 회화, 조각, 가구, 도자기, 카드, 수예품 등 센터에서의 제작물을 판매하고 있다. 이후 주 1회 여는 마켓도 사업화되어 모두 8개의 프로젝트가 되었다.

이러한 8개의 프로젝트는 센터의 활동으로 이미 실적을 쌓아올린 복지서비스와 문화, 환경활동이며 이들을 사업화한 것이다. 그리고 프로젝트에서 올리는 수익으로 브롬레이 바이 보 센터의 활동을 더욱 확장해나갈 예정이다. 이들 사업은 센터의 자회사같은 존재이며 지역 사회에 고용을 창출하여 돈을 지역 내에서 순환시키는 시스템을 만들고 있다. 2003년 2월부터 시작된 사업으로 2004년 여름에는 30명 고용, 2005년에는 40명으로 증가될 것으로 예측하고 있다.

이렇게 연간 수입 200만 파운드를 올리는 브롬레이 바이 보 센터는 건강 · 사회적 케어, 환경, 교육학습, 예술, 사회적 기업화와 고용창출의 5개 핵심 내용으로 보다 폭넓은 주민층을 둘러싸고 커뮤니티 재생에 공헌하고 있다. 즉 센터의 활동은 지역의 특수한 문제 상황에서 사람들의 예술적 능력과 상호 협력하는 힘을 이끌어내기 위해 지역의 토지 · 건물을 경영하고 있다고 할 수 있다. 이처럼 지역의 공간 자원과 인재, 신뢰 등의 사회관계로 이루어진 사회자원을 살린 사회적 기업의 사업과정에서 로컬리티의 창조를 발견할 수 있다.

4. 사회적 창업가 육성

4-1 캔의 설립(CAN, Community Action Network)

브롬레이 바이 보에서 악전고투하던 모슨 씨는 교회관계자이면서 사회사업에 참여하여 2명의 동료와 함께 나중에 사회적 창업가라 불리는 사람들을 육성하는 사업을 펼쳤다. 협력자 중 한 사람은 런던 남서부의 밥티스트 교회가 운영하는 카레이드스코프 프로젝트의 사무국장을 하고 있던 브레이크보로 씨이다. 이 교회는 과거에 모슨 씨가 브롬레이 바이 보에 월임하기 전에 5년간 목사 보좌로 일하던 교회이다.

카레이드스코프는 1967년에 설립되어 마약중독 환자를 위한 케어와 난민, 에이즈 환자를 위한 호스텔, 고령자의 데이 서비스 등을 하는 사업을 전개하고 있다. 하루에 300명 가까운 헤로인 환자에게 의학적 치료뿐만 아니라 교육적 · 예술적 치료와 재택 서비스를 제공하고 있다. 이러한 폭넓은 마약 대책 프로그램은 영국에서 가장 성과를 많이 올린 것으로 평가되어 정부의 마약 시책에도 영향을 주었다. 목사 보좌였던 모슨 씨는 이런 교회활동에서 큰 시사를 얻어 인맥을 형성하였다.

또 한 사람의 협력자는 이스트 런던에 있는 복음주의교회파의 마일드메이 미션 병원의 이사장을 하고 있던 톰슨 씨이다. 그녀는 부동산 회사를 경영하는 실업가로 1950년대부터 병원 운영에 볼런티어로 참여하고 있었다. 마일드메이 미션 병원은 19세기에 빈곤층을 위해 설립된 전통 있는 병원이다. 1980년대에 정부는 경비절감을 위해 폐쇄하려고 했지만 이에 반대하는 운동을 전개함으로써 에이즈 환자를 위한 기독교계 병원으로 재개했다. 유럽에서 최초로 에이즈 모자환자를 위한 호스피스를 설치했다. 톰슨 씨는 병원 이사장으로서 에이즈 환자를 위한 호스텔과 케어 센터 설립, 아프리카에서의 지원 활동을 해왔다.

브레이크보로 씨와 톰슨 씨 모두 1980년대 교회활동의 새로운 전개 방향에 대해 고심했고 모스 씨와는 정보와 지혜를 교환하는 동료였다. 그녀의 의료를 중심으로 한 활동이 브롬레이 바이 보 센터의 건강생활센터 설립에 적지 않은 영향을 준 것으로 볼 수 있다.

이렇게 해서 3명은 자신들과 같이 사회에 공헌하는 사업을 널리 호소하고자 1995년 런던에서 3만 명의 사람들과 식사를 함께 하는 '대연회'를 개최했다. 교회관계자는 물론 경제의 대표와 정치가, 커뮤니티 대표자 등을 초대했다. 그 중에는 나중에 수상이 된 블레어 씨도 참가했고 그의 30년 지기 친구 톰슨 씨의 부인인 P. 톰슨 목사도 동석했다. 이 이벤트의 성공으로 재계 · 정계의 유형 · 무형의 찬성과 지원을 얻을 수 있게 되었다.

또한 같은 무렵 데모스라 불리는 싱크탱크가 「사회적 창업가의 대두」(1997년)라는 책을 출판하고 사회적 창업가의 네트워크 중요성에 대해 브롬레이 바이 보와 카레이드스코프, 마일드메이의 사례를 들었다. 그들은 이 일을 계기로 자신감을 얻고 사회적 창업가 육성이 시대의 요청이라는 것을 확신하게 되었다. 그리고 다시 1997년 노동당이 정권을 잡고 블레어 수상이 사회적 창업가에 주목하여 사회문제를 해결하는 주체로 기대한다는 발언을 하면서 그들은 사회적 창업가의 육성사업을 본격화하게 되었다.

1998년 3명은 캔을 설립하고,[9] 사회적 창업가 육성과 지원을 목적으로 하는 전국 네트워크를 조직했다. 조직 초창기에 미국 기업이 13만 파운드의 재정적 지원을 하여 사업은 순조롭게 시작되었다. 모스 씨가 회장이 되었고 브레이크보로 씨는 사무국장, 톰슨 씨는 이사장이 되어 조직체제를 강화했다.

이사회는 6명의 이사로 구성되었으며 이사장인 톰슨 씨 아래에 브롬레이 바이 보 건강생활센터의 의사, 싱크탱크인 데모스의 사무국장, 마일드메이 미션 병원에서 1명, 그 외 기업 대표자로 되어 있다. 2002년도 수입은 280만 파운드이며 그 중 22%가 정부로부터 받은 보조금, 사업위탁이 65%,

개인과 기업 등에서 받은 기부금이 13%, 자체사업에서 나온 수입은 없다.

주목해야 할 것은 3명이 크리스트교를 배경으로 하면서 크리스트교의 관점에서 커뮤니티 재생을 사업화하고 있다는 점이다. 지역의 빈곤 문제를 자선활동으로 해결해가는 전통적인 교회활동이 의존적인 개인을 만들어내고 있음을 비판하고 비즈니스 수법을 도입하여 개인이 스스로 살아갈 수 있는 힘을 키우는 데 주목하였다. 사업을 유지시키는 이념과 사상은 크리스트교의 교의를 바탕으로 교회와 관련된 인적 · 자금적 네트워크를 이용하고 있지만 사업이 대상으로 하는 지역과 사람들은 종교, 인종 등을 불문하고 일반에게 열려 있다.

또한 캔의 숨은 자산으로 주목해야 할 것이 노동당 블레어 수상의 종교적 조언자인 톰슨 목사가 캔의 사업에 전면 협력하여 해외에서의 캔 사업을 가능하게 하고 있는 점이다. 브롬레이 바이 보 센터의 브리켈 씨, 캔의 톰슨 씨 인맥으로 모슨 씨가 노동당과 강력한 유대관계를 유지하고 있는 것은 유의해야 할 점이다. 2002년에 캔이 국가연합으로부터 거액의 밀레니엄 자금을 받은 것도 이러한 유대와 무관하다고는 할 수 없다.

4-2 사회적 창업가와 개인의 엠파워먼트

캔이 마을 만들기 사업체 협회와 다른 점은 참가 회원을 개인으로 두고 개인의 역량을 높이는 것을 목적으로 하고 있다는 점이다. 사회 문제를 효과적이고 효율적으로 해결하기 위해 볼런터리 조직이 기업적 수법을 도입하는 것은 필요하지만 사업을 일구는 것은 개인이다. 커뮤니티의 문제를 자신의 문제로 여기고 문제해결을 비즈니스 기회로 전개하여 이에 따라 자신의 능력개발과 살아갈 희망을 높이는 개인이 되는 것이야말로 지역 커뮤니티의 재생을 가능하게 하는 것이라 생각한다. 즉 사회적 창업가 육성으로 캔은 창업가 개인이 고립되지 않도록 아이디어와 실천적 경험을 지도하고 공적 섹터나 민간 섹터와 연결하는 중간지원조직으로서의 역할을 하고 있다.

환경, 건강, 주택, 사회적 프로그램과 관련되어 있는 창업가를 대상으로 캔은 온라인을 이용한 연계시스템을 개발했다. 이런 시스템은 캔 온라인이라 불리며 이메일, 전자회의, 게시판에 의해 쌍방향 커뮤니케이션을 하고 자금 모으기에 관한 데이터베이스 정보 등을 제공하고 있다. 2005년 단계에서 700명의 개인이 회원이 되었고 전국에 18개 지부를 배치했다. 캔은 영국 최대의 볼런터리 섹터 네트워크인 네트워크 온라인의 설립 파트너이기도 하다. 이로 인해 2,300명의 회원으로 이루어진 20개의 볼런터리 단체가 온라인에서 결성되었다.

캔 섹터에서는 회의나 이벤트, 세미나를 위한 합숙 등이 이루어진다. 회비를 지불하고 회원이 되면,[10] 2일에 걸친 합숙을 통해 IT나 온라인에 의한 연계 시스템 사용법, 자금조달 방법 등의 연수를 받는다. 합숙으로 동료들 사이에 친분이 생기고 그들 사이에 네트워크가 형성되는 등의 효과가 있다고 한다.

캔은 이런 실적을 올리는 과정에서 성공한 사례를 모델화, 정식화하여 사업을 시작하려고 하는 개인과 볼런터리 조직에 사업 개시를 위한 가이드라인으로 제공하고 있다. 이는 시장 섹터인 맥도날드 등이 채용하고 있는 프랜차이즈 수법이며 캔의 경우는 '사회적 프랜차이즈' 라는 말을 사용하며 창업가에게 정식화된 사업수법을 채용하게 함으로써 창업자간의 네트워크 강화를 지향하고 있다. 사회적 기업에서 성공한 경험이 풍부하고 질 높은 전문가가 분야별로 비즈니스 전략과 조언, 지원방법을 정식화하여 이를 개인에게 유료로 제공하는 사업이다. 2005년 7월 3만 파운드에 상당하는 프랜차이즈 비즈니스를 무료로 제공하는 실험적 사업을 전개함으로써 이스트런던에 사는 25세 이상의 사회적으로 불리한 입장에 있는 사람들로부터 응모자를 모집했다. 이러한 실험을 거쳐 프랜차이즈 방식을 보급하려고 했지만 이에 대해 파텐트료를 받는 비즈니스 방법은 사회적 기업의 본질에 어긋난다고 다른 마을 만들기 사업체로부터 심한 비판을 받고 있다. 앞으로 캔이 어떻게 이 문제를 풀어나갈지 사회적 기업의 사회성과 기업성을 둘러싼 갈등에 대해 주목해볼만하다.

5. 거버넌스형 마을 만들기로서의 의의

브롬레이 바이 보 센터는 2005년 1월 마을 만들기 사업체 협회를 탈퇴했다. 이유는 명확히 밝히지 않았지만 캔이 독자적으로 전국 네트워크를 확대함에 따라 마을 만들기 사업체 협회에 소속되어 얻는 이점이 없다고 판단했기 때문일 것이다. 브롬레이 바이 보 센터의 활동은 지역에 잠자고 있는 자원(교회, 공원, 지역주민)을 이용하여 사회적 기업을 일으키고 그 사업수익으로 지역의 복합적 빈곤이라는 문제를 해결하며 물적 공간의 개선과 사회 서비스를 제공하는 종합적인 지역재생을 지향하고 있다. 지역 사회에 뿌리를 두고 지역 주민에게 살아갈 힘과 잠재적 능력을 키워 나가는 말 그대로 로컬리티를 창조하는 사업이다. 그런 의미에서 런던의 빈곤지역에서 전개하고 있는 다른 마을 만들기 사업체와 이념과 실천방법을 공유하며 거버넌스형 마을 만들기의 특징을 보이고 있다고 할 수 있다.

그러나 교회계열의 마을 만들기인 브롬레이 바이 보 센터와 캔의 활동은 표면적으로는 다른 마을 만들기 사업체와 유사한 활동을 하고 있지만 본질적으로는 다르다. 즉 브롬레이 바이 보 센터나 캔이 설립될 때의 동기만 봐도 알 수 있듯이 크리스트교가 현대 사회가 안고 있는 문제에 대해 무엇을 할 수 있을까라는 문제의식이 저변에 깔려 있다. 그리고 과거와 같이 복지 서비스를 자선하듯 가난한 사람들이나 사회적으로 불리한 사람들에게 일방적으로 주는 것이 아니라 본인이 자신의 힘으로 문제를 해결할 능력을 갖게 해야 하며 그 방법을 도와주는 것이 크리스트교의 현대적 과제라는 것을 인식하고 있는 것이다.

의존에서 자조 정신으로 전환하는 계기를 제공하는 것이 그들의 역할이라고 생각하고 현대 사회에서 살아가기 위해서는 시장경제 속에서 강인하게 살아남는 것이 중요하며 사회에서 받아들이지 않는 자는 스스로 일을 만들어내는 것이 필요하다. 크리스트교가 현대 사회에서 할 수 있는 것은 혜택을 받지 못하는 사람들을 사회적 창업가로 육성하여 사회적으로 발언할 수 있는 사람으로 만든다는 것이다. 어디까지나 개인의 보람, 개인의 생활력에 초점을 둔 개인주의적 발상이라 할 수 있다.

개인의 자립과 엠파워먼트 사상이 강조되자 개인이 공동이라는 발상이 약해지는 경향은 부정할 수 없다. 빈곤을 만들어내는 글로버리제이션 움직임을 바꾸기 위해 사회의 제도를 직시하고 새로운 공동의 방법을 모색하는 움직임이 후퇴하는 것이다. 캔은 온라인에 의해 사회적 창업가를 지향하는 개인을 연결하려 하지만 이는 창업을 생각한 개인을 이어주는 비즈니스 네트워크이며 지역사회문제나 생활 전반에 관련된 연계라고는 할 수 없다.

이에 대해 여러 마을 만들기 사업체, 예를 들면 코인 스트리트의 경우 토지의 공유, 주택의 코퍼레이티브화 등 주민의 공동성에 의해 지역 사회를 운영 · 관리하는 새로운 방법을 모색하고 있다. 마을 만들기 사업체 같은 민간 비영리 조직이 글로벌한 시장경쟁에 의해 지배되는 대도시의 공간 재편 과정에서 그 흐름을 비판하면서 지역에 근간을 둔 다양한 도시재생 가능성을 둘러싸고 있는 점이야말로 현대적인 의의가 있다. 개인의 창업에 의해 살아갈 힘을 얻는 것도 중요하지만 개인의 힘으로는 할 수 없는 생활공간이나 주환경 문제, 필요 최소한의 생활보장 문제 같은 해결에는 공동의 힘이 요구된다. 그러기 위해서는 토지나 주택의 소유, 이들의 운영관리방식을 시장원리에 지배되지 않는 원리로 확보해나가는 것이 필요하다. 마을 만들기 사업체는 지역에 사는 사람들을 비롯해 토지와 건물, 자연, 문화 등 고유의 자원을 공동재산으로 하고 에셋 매니지먼트를 통해 수익을 올려 지역

주민의 능력개발과 사회관계 형성, 지역의 환경개선사업, 사회서비스 제공 등을 전개하고 있다. 이런 의미에서 로컬한 커뮤니티 창조에 얽매인 사업이라 할 수 있다.

이러한 마을 만들기 사업체가 가진 로컬한 커뮤니티 창조라는 의의에서 볼 때 브롬레이 바이 보 센터의 활동은 이를 실현한 사례라고 할 수 있다. 또한 사회적으로 소외된 지역 주민에게 사회적 유대를 만들고 생활을 풍요롭게 하는 여러 가지 사회 서비스를 교회와 의료관계, 행정과의 네트워크에서 제공하는 활동은 거버넌스형 마을 만들기의 한 사례로 볼 수 있다.

이에 대해 사회적 창업가 육성을 목적으로 하는 캔의 사업은 개인의 엠파워먼트를 목적으로 하고 개인이 참여한 네트워크 조직에 의해 보다 넓은 사회문제에 대응하려고 하는 것이기 때문에 지역 커뮤니티 창조와 직접적으로 연관되어 있다고는 할 수 없다. 캔의 활동 목적이 지역 커뮤니티나 지역성에 얽매이지 않는 크리스트교적인 사상을 실현하는 데 있기 때문에 거버넌스형 마을 만들기로서 일반화하는 데에는 한계가 있다는 의견도 있다.

중요한 것은 크리스트교라는 종교적 커뮤니티가 도시 빈곤 문제에 대응하려고 할 때 자선사업으로는 한계가 있다는 점과 이를 대신하는 수법이 지역의 에셋 매니지먼트이며 사회적 기업을 키우는 점이다. 거버넌스형 마을 만들기는 도시빈곤지역을 재생하는 보편적인 수법이 되어 왔다고 할 수 있다.

선진적 마을 만들기 사업체가 직면한 과제는 사업의 사회성과 기업성의 밸런스이며 또한 개인의 엠파워먼트 사업과 커뮤니티 형성과의 관계라는 점을 시사하고 있다. 어쨌든 시행착오를 겪는 선진적 마을 만들기 사업체가 비판에 부딪치면서도 런던 내에서 커나가고 있는 점을 보면 영국 시민사회의 강력함을 느낄 수 있다.

〈注〉

1 斉藤槙、2004、『社会起業家』岩波新書、pp. 28-29では、アメリカの事例にもとづいて定義した社会的起業家の特徴を指摘している。

2 Andrew Mawson, Curriculum Vitae(履歴書): key pointsより。2005年8月のヒアリング調査により入手した。

3 2005年8月のモーソン氏へのヒアリング調査より。

4 過越祭はユダヤ教の3大祭の一つで、祖先のエジプト脱出を記念するものである。

5 2004年8月、プロジェクト・マネジャー、ショウ氏へのヒアリング調査による。

6 リーサイド再生会社は、政府の包括的都市再生予算を実施するため1998年に設立された有限責任保証会社である。タワー・ハムレッツ区、ロンドン市、民間企業、コミュニティ代表のパートナーシップによる運営で、基金は地域再生を目的とした団体が入札して配分される。事業は5年から7年の時限つきである。タワー・ハムレッツ区の東部地区を担当し、西部地区はシティサイド再生会社が担当している。

7 Brickell, P., 2000, *People Before Structures: engaging communities effectively in regeneration*, Demos.

8 Bromley by Bow Centre, *Annual Review 2001-2002*, BBC.

9 この組織は登録チャリティ団体であり、社会的起業家を育てるための学習や支援、コミュニティと政府や企業を連携させるための支援などを目的とした事業を行う、有限責任保証会社でもある。

10 会費は社会的起業家が属しているセクターによって異なる。NPO、公共セクター・法人組織に分け、サービス提供のちがいによっても会費は異なる。

제 9 장

거주 커뮤니티의 자체관리

리버풀의 엘도니안 마을 만들기 사업체

1. 거주 커뮤니티의 자체관리

산업혁명 후 영국을 번영으로 이끈 공업도시 리버풀은 전후 산업구조 전환을 이루지 못하고 1960년대 이후 쇠퇴의 길을 걸었다. 도심 주변의 물적 황폐와 인구 감소, 높은 실업률, 청소년 범죄, 이민 문제 등 황폐한 상황은 극에 달했지만 이 장에서 분석할 엘도니안 지구(빌리지)에서는 주 민들이 주도하여 도시재생을 시작한 후 30여 년의 시행착오를 겪으면서 눈부신 성과를 일구어냈다. 엘도니안 마을 만들기 사업체(Eldonian Community

그림 9-1 엘도니안 지구의 전체 조감도
지구 동쪽에 스포츠 시설, 빌리지 홀 등의 시설을 배치하고, 공업지구 시대의 운하를 이용해 경관을 살리고 있다. 저층 단독주택지구는 엘도니안 빌리지라고 불린다.

Trust)가 거주 커뮤니티를 자체관리하고 있는 거버넌스형 마을 만들기의 사례로 주목해보고자 한다.

1970년대에 슬럼 개선을 위한 도시재개발계획이 제안되었지만 '주택 규모가 넓어지고 물적 환경은 좋아졌지만 여기저기 흩어지는 이전 거주를 강요당해 커뮤니티와 생활이 파괴된다' 며 주민들은 위기감을 느꼈다. 주민들은 지자체 · 정부의 계획안에 반대하는 운동을 전개하고 현지에서의 재거주를 주장하며 주거개선과 사람들의 원만한 사회관계를 지키는 커뮤니티 개발계획안을 실현했다. '보다 나은 내일을 위해 일치단결하자' 는 슬로건을 내걸고 커뮤니티 재생에 성공한 것이다.

현재 마을 만들기 사업체의 재정 상황은 ① 이미 주택지 관리비를 주택 관련 수입(집세와 고령자 보호시설 이용료)으로 충당할 수 있는 단계에 이르렀으며, ② 스포츠 센터, 보육소, 빌리지 홀 건물과 운영, 지구 순시원제도 등의 거주관련 서비스를 독자적인 재원으로 전개하고 있다. 시설 건설비는 지자체 부담, 관리경영은 외부 전문조직과 협력하고 엘도니안 마을 만들기 사업체가 맡는 형태이며 시설별 독립 채산으로 하고 있다. ③ 또한 적극적으로 외부 영리사업 부문을 엘도니안 지구 내와 주변 커뮤니티에도 전개하여 수익을 사업체 활동에 돌리고 있다.

엘도니안 마을 만들기 사업체에서 배워야 할 것은 '어떻게 해서 거주 커뮤니티를 사업화하고 기업화할 수 있었는가' 이다. 즉 거주 커뮤니티의 사업화 단계(앞서 말한 ①② 단계)에서 거주 커뮤니티의 기업화 단계(앞서 말한 ③단계)로 전개해나간 수법이다. 볼런터리 섹터가 수익을 올리는 상 · 공업지가 아닌 생활공간인 주택지를 경영하여 그 수익을 거주와 관련된 복지 서비스로 돌리는 수법은 어떻게 해서 가능하게 되었는지 등이다.

2. 전환하는 리버풀의 도시재생

버밍엄에서 북쪽으로 도시간고속도로 M6번을 달려 M62번으로 들어가면 인구 47만 명이 사는 리버풀의 물류 · 경제활동을 생각해 볼 때 자동차의 수가 놀랄 만큼 적다는 것을 알 수 있다.

동부의 켄징턴 지구는 전형적인 황폐주택지 중 하나로 초고층 공영주택은 이미 입주자들이 이주함으로써 건물을 해체할 것이라고 한다. 도심에 있는 보행자전용 쇼핑가(쇼핑 프레싱트)도 60년대에 정비한 상태 그대로이다. 대성당 서쪽에 있는 중화가로 들어가면 황폐한 건물들이 이어지며 문제의 지구들이 아직도 남아 있다.

리버풀에는 1909년 영국 최초로 도시계획 전문교육을 시작한 리버풀 대학이 있다. 70년대의 이너시티 문제는 영국의 거버먼트형 근대도시계획에 파탄과 붕괴를 알리는 것이었다고 할 수 있다. 그러나 리버풀의 쇠퇴도 21세기에 들어오면서 민간투자에 의한 도심 재구축의 징조가 보이게 되었다.

현재의 리버풀은 '사회적 기업의 도시' 와 '문화 수도' 를 지향하고 있다고 한다. 후자는 비틀즈의 유산을 포함한 것인데 리버풀 사운드의 메카인 매쉬 스트리트 정비도 규모가 작아 도시 전체를 재생하는 데에는 임팩트가 부족하다. 그러면 전자인 사회적 기업의 도시상은 어떨까?

지금까지의 거대 공공투자는 결국 투자에 걸맞는 성과를 얻지 못해 '정부의 실패' 가 확실했다. 특히 중앙집권형인 노동당 주택정책의 실패가 두드러진다. '슬럼재개발 = 황폐한 교외공영주택지' 라는 도식이다. 더욱이 민간자본은 단기 이익만 추구한 나머지 투자를 피하고 지역을 무시해왔다. 그래서 관도 민도 아닌 사회적 기업에 리버풀 재생을 맡기게 된 것이다.

그림 9-2 방치된 이너 시티의 사회주택(1988년)
방화, 반달리즘(건물파괴), 관리방치 상태로 버려진 공영주택. 창은 합석으로 덮여 있다. 제3세계의 슬램과도 유사한 광경이 충격적이었다.

3. 사회적 기업으로서 엘도니안 마을 만들기 사업체의 전시적 전개

사회적 기업이 무엇인지 리버풀 재생과 관련하여 생각해보고자 한다. 리버풀 플러스는 사회적 기업을 추진하는 연합조직으로 그 보고서는 다음과 같이 정의하고 있다.

> 사회적 목적을 충분히 달성하기 위해 시장이라는 틀 안에서 영리활동, 비즈니스를 하는 조직을 말한다. 사회적 기업은 경제활동과 사회적 이익을 위해 사람들과 커뮤니티를 구축한다. 사회적 기업에는 다음과 같은 3요소가 있다.
>
> ① 사업화 : 생업과 서비스 제공에 직접 연계되며 비즈니스에 대한 관심은 독립독보하며 수익을 추구한다.
>
> ② 사회적 목적 : 고용창출, 지역밀착형 서비스 제공 등 명확한 사회적 목적을 지닌다. 그리고 지역재생력 강화에 노력하여 스스로의 사회경제적, 그리고 공간적 영향을 관계자에게 명확히 설명한다.
>
> ③ 사회적 소유 : 토지는 사회적 기업이 소유한다. 사회적 기업은 함께 이끌어가는 거버넌스에 의한 자율적인 자치조직이며 조직경영은 이용자, 수익자, 커뮤니티 조직 등의 이해관계자 그리고 운영위원회 회원이 참가하여 이루어진다. 이익은 커뮤니티를 위해 사용된다.

그림 9-3 켄징턴 지구의 황폐한 조례주택지(2004년)
사회경제 문제가 심각한 지구 중 하나. 슬럼화되어 방치된 주택들. 조례주택지란 19세기 후반에 '각 방에 태양과 통풍을'이라는 테마로 지어졌던 것으로 지금도 노동자를 위한 귀중한 주택지 스톡이 되어 있다.

즉 사회적 기업은 사회적 목적을 지닌 사업으로 수익을 올리고 사업체 내부에서는 자산의 공유, 거버넌스에 의한 운영이라는 공동성을 원칙으로 하고 있다. 시장경제를 이용하면서 비시장원리인 공동사회를 창조하는 것에 새로움이 있다고 할 수 있다.

이러한 정의에 따른 사회적 기업으로서 리버풀에는 엘도니안 마을 만들기 사업체가 있다[1]. 어떤 이는 이 사업체를 '지속 가능한 도시개발'이라고 평가하고 있다.

> 사회경제적, 그리고 공간역사적인 문맥을 깊이 고려한 프로젝트로 지속 가능한 도시개발의 성공 사례이다. 20년 전에는 붕괴 위기에 놓였던 커뮤니티도 지금은 '도시재생의 가장 훌륭한 모델'로 변용했다(2000년).[2]

또한 2003년에 열린 에셋 국제회의 '에셋을 중심으로 한 커뮤니티개발의 잠재력을 이끌어낸다'[3]에서는 엘도니안 마을 만들기 사업체와 카라치의 오란기 실험사업을 거주자의 자체 노력에 의한 거주 커뮤니티 자체관리의 사례로 들고 있다.

오란기 실험사업은 스쿼터지구에서 주민들의 자체노력에 의해 배수·도로를 공동정비한 환경개선사업으로 유명하다. 이 국제회의의 슬로건은 '복지의 환자가 아닌 주체적 생활자(Agents rather than Patients)'로 였다. 이제까지 거주자를 복지국가정책에서 볼 수 있는 '베품을 받는 빈곤자' 라는 환자상이 아닌 사회변화를 만들어내고 커뮤니티의 거버넌스를 주체적으로 맡는 '능력 있는 인간' 이라는 주체적 생활자상으로 다루어야 한다는 주장이다.

이 주장은 노벨상 경제학자 A. 센 교수의 견해에 많은 영향을 받고 있다.

> 기근과 기아를 이 세상에서 없애기 위해서는 물론 정부의 공공정책도 필요하지만 무엇보다도 그로 인해 힘들어 하는 사람들 스스로가 '기아 근절의 수익자 입장이 아니라, …그 주요 행위자(에이전트)가 되어야 한다' 고 했으며 우리들 또한 이러한 사람들을 '단순히 오랫동안 힘들게 살아온 수난자로서가 아닌 적극적인 행위 주체로 보는 것' 이 중요하다[4].

거주자를 스스로의 힘으로 자체 관리함으로써 주민과 커뮤니티 전체가 자치능력을 쌓는다는 것은 개인과 커뮤니티의 엠파워먼트를 의미하고 있다. 이러한 '주체적 생활자의 확립' 은 거버넌스형 마을 만들기를 근저에서 유지하는 개인상이기도 하다. 선진국과 제3세계의 프로젝트가 모두 '사회의 변두리로 쫓겨난 커뮤니티' 과제를 다루고 있다는 점에서 공통되며 서로 배워나간다는 관점이 신선하다.

엘도니안 마을 만들기 사업체는 2004년 현재 국가연합의 '세계거주상' 을 수상했다.

그림 9-4 해운으로 번영했던 시대의 사무소 건축
몇몇 '역사의 기억' 을 남긴 건물 재생이 진행되고 있다.

그림 9-5 워터 프런트의 주택개발
강가의 주택개발은 비즈니스 호텔, 쇼핑센터 정비와 함께 리버풀 도심재생의 핵심 사항 중 하나로 되어 있다.

1978년에 시작한 사업은 400호의 저렴한 임대주택을 건설하여 250명의 고용을 창출했다. 그리고 총자산으로 500만 파운드, 주변부에 1억 8,000만 파운드의 민간투자를 유발했다. 거주관련 시설군도 커뮤니티가 소유하여 서비스를 제공하고 있다.[5]

결국 에셋 국제회의에서는 ① 거주자 개개인의 자치능력 개발(엠파워먼트)이 거주지의 자체관리[6]를 가능하게 하고 있다. ② 상호공조가 강한 인간관계, 즉 사회관계자본(social capital)이 강한 커뮤니티 형성에 기여하고 있다는 두 가지 점을 평가하고 세계거주상에서는 ③ 주택지의 공동관리를 통해 수익을 올리고 이를 거주관련 서비스에 재투자하고 있는 점, 즉 정부의 자립성을 평가하고 있다. ①과 ②는 거주자와 커뮤니티의 엠파워먼트이며 ③은 커뮤니티 매니지먼트이다.

즉 엘도니안 마을 만들기 사업체는 '상호공조의 거주 커뮤니티 만들기'와 '정치적으로 자립한 마을 만들기 사업체'의 두 가지 점에서 높은 평가를 받았다고 할 수 있다. 엘도니안 마을 만들기 사업체의 설립에 공헌하고 지금도 이사장으로 있는 맥건 씨를 만났다. 필자는 다음과 같은 거버넌스형 마을 만들기로 리버풀 재생이 가능했다는 지적에 크게 공감했다.

리버풀시는 '사회적 기업의 도시'를 지향하고 있다. 시가지에 엘도니안 모델을 많이 만들고 네트워크를 구축했다. 이것이야말로 리버풀 재생의 모습이다. 주거를 중심으로 생활과 커뮤니티를 재구축한다. 도시가 생활 하는 공간인 이상 주거 커뮤니티의 재구축은 바로 도시재생과 이어지므로 반드시 해내야 할 과제이다.

4. 엘도니안 마을 만들기 사업체가 관리 · 운영하는 엘도니안 지구의 특징

리버풀 도심에서 북쪽에 있는 복슬지구를 가보았다. 바다에 면해 있는 곳에는 과거의 항만 관련시설들과 대형 사무소들이 늘어서 있고 재개발주택도 눈에 띈다. 시가지재정비의 속도는 느리지만 분명히 진행되고 있다. 공장 근처에는 붉은 벽돌로 된 단독주택지가 눈에 들어온다.

이것이 엘도니안 마을 만들기 사업체가 관리 · 운영하는 엘도니안 지구이다. 인구 2,000명, 주택 400호, 면적 17.4ha, 세대밀도 23.0호/ha, 인구밀도 115인/ha[7]이며, 과거 물자의 수출입에 이용했던 운하를 따라 지어진 저층저밀주택지이다. 현장의 느낌을 종합해보면 다음과 같다.

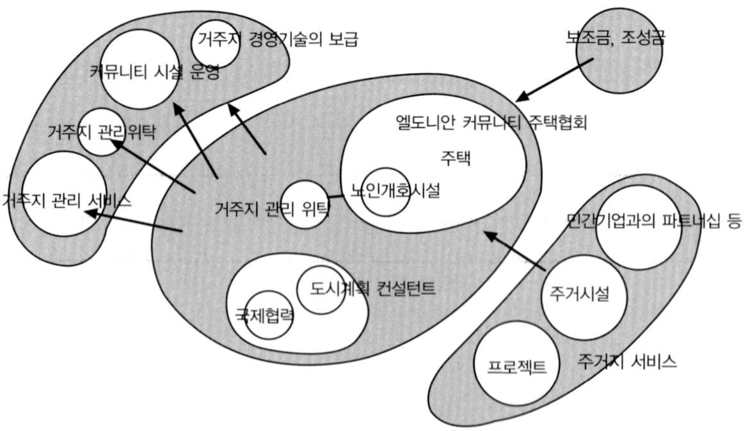

그림 9-6 엘도니안 마을 만들기 사업체의 경영구조도

1 공동관리하는 주거지의 장점

이 주택지를 계획할 때 가장 중시했던 것은 '설계 프로세스부터 거주자가 참여하여 자신들의 주택 · 주택지라는 〈내 집〉, 〈우리 커뮤니티〉 의식을 갖게 한 것이며 그럼으로써 주거지의 공동관리가 잘 이루어지고 있다' 는 점이라고 한다.

다시 '공영주택지의 30%는 거주 불가능, 10%는 공가' 라는 1970년대 후반의 황폐한 리버풀 교외를 떠올려 본다. 엘도니안지구 계획의 원점에는 파멸적인 광경은 반복되지 않아야 하며, 그러기 위해서도 〈내 집〉, 〈우리 커뮤니티〉라는 의식이 중요하다는 생각이 강하게 반영되어 있다.

> 만일 단순한 주거공간을 원하는 것이었다면 엘도니안에 올 필요가 없다. 이 마을은 참여와 능력개발을 위한 공간이기 때문이다(에반스 엘도니안 마을 만들기 사업체 주택부장).[8]

마을에서는 정원 울타리를 4년마다 다시 칠하고 도로 청소도 스스로 하고 있다고 한다. 단층집 앞마당에 꽃을 직접 심고 있던 한 여성은 이렇게 말한다.

> 75세의 나이에 혼자 사는 처지여서 단층집을 골랐다. 설계 단계부터 하나하나 발언을 했고 의견을 받아들여 주었다. 근처에 사는 이웃들도 마음에 들어 서로 도우며 살고 있다. 정원 가꾸기가 아주 재미있다.

비교를 위해 근처의 공영주택지구로 가보았다. 잡초 깎기, 도로 청소, 쓰레기 보관 등 세세한 거주지 관리면에서 마을 만들기 지구와는 비교조차 되지 않았다. 거주자의 주거환경에 대한 적극적인 참여는 한눈에 봐도 알 수 있을 정도였다.

마을 거주자상을 리버풀시 전체와 비교하면 15세 이하의 청소년층이 24%(리버풀시 전체 21%)로 약간 많고 커뮤니티 주택협회의 임대주택이

그림 9-7 엘도니안 지구의 주택
저층저밀, 한가로운 앞마당, 축퇴형 토지 이용의 시내거주모델이라고 한다.

54%(15%)로 압도적으로 많으며 실업률은 8%(8%)로 시 전체와 동일한 수준이다. 또한 엘도니안 지구를 포함한 리버풀 도심 북쪽의 복스홀 지구는 의외로 영국 전체에서 6번째로 심각한 복합적 쇠퇴지구이다(2001년).

② '도심 고밀 · 교외 저밀' 이라는 도시구조의 부정

엘도니안 지구의 밀도 23.0호/ha, 115명/ha는 도심에서 거의 1km 거리에 있다는 위치를 생각하면 매우 낮은 것이다. 저층저밀 건설을 선택하는 데 있어서 '주거 커뮤니티의 재구축' '일상생활의 재건' 이라는 명확한 이유가 있었다.

우선 '도심 고밀 · 교외 저밀' 이라는 도시구조는 경제사회 기반이 확립되고 경제활동이 활발한 도시에 해당한다. 그러나 1970~80년대의 리버풀은 제조업이 급격히 쇠퇴하고 그 결과 경제사회 기반이 붕괴되어 시가지도 붕괴되었다. 실업, 생활 붕괴, 커뮤니티 붕괴라는 위기를 맞고 엘도니안 지구의 주민은 '어떻게 주거 커뮤니티를 다시 재구축할 것인가' 라는 위기탈출 방법을 검토했다. 물론 기존의 주거지 계획이론은 아니었다.

다음으로, '노동자 계급의 사람들은 길거리에서 친해진다' 는 모습을 볼 때 저층저밀의 접지형 주택은 노동자들의 생활에 가장 어울리는 모습일 것이다. 시내 주거지로는 밀도가 너무 낮고 계획합리성이 결여된다는 비판은

'재개발 후에도 이전과 같은 생활을 보내고 싶다'는 노동자들의 소리를 반영했다. 여기에는 '도시활동의 집중이 높은 지가를 초래하고 높은 지가에 어울리는 토지의 고도이용이 요구된다'는 '시장원리에 의한 토지이용'과는 다른 원리가 작용하고 있다.

리버풀의 경우 시가지로부터 도시활동이 축소 · 철회하고 있기 때문에 축퇴형 토지이용을 구상해야 한다. 따라서 '거주자의 생활양식에 맞춘 주택지+거주관련 시설+공원 · 녹지 · 공지'라는 주택 · 주거시설 복합체를 정비하고 생활공간으로 재생시킨다는 '생활원리에 의한 토지이용'을 구상한 것이다.

엘도니안 마을 만들기 사업체의 에반스 사무국장은 다음과 같이 말하고 있다.

> 사람들이 자주 이곳이 리버풀 거리라고 아무도 생각하지 않을 거라고 한다. 하지만 우리는 거리야말로 이런 저층저밀 주거가 어울린다고 확신한다. 엘도니안이야말로 리버풀의 이너시티 재생 모델이다. 꼭 다른 나라에도 확산시키고 싶다.[9]

5. 엘도니안 마을 만들기 사업체의 활동 역사

엘도니안 마을 만들기 사업체의 활동은 1978년 주택 요구를 위한 주민운동 조직인 엘도니안 커뮤니티 협의회가 결성된 시점에서 시작되었다. 그리고 2003년 여름, 활동 개시로부터 4반세기를 맞이했다.

'주택과 관련된 시설의 경영 · 유지 관리와 관련 비용은 모두 집세와 시설이용 수입으로 충당하고 있다'고 알려져 있듯이 거주지 경영은 이미 재정적으로 자립했고 다른 주택협회, 민간 개발업자와도 협력하여 주변의 고령자를 위한 주택 수탁관리, 기업단지의 경영에도 박차를 가하고 있다. 그러나 여기까지 이르는데 거쳐온 길은 험난했다.

중앙정부 주도의 도시재개발 · 주택정책과의 대결, 건설 시작기에 정부

표 9-1 엘도니안 마을 만들기 사업체의 역사

<table>
<tr><th colspan="2">개발 단계</th><th>기술</th><th>메인 테마</th></tr>
<tr><td colspan="2" rowspan="3">I : 모색기
(1978~1981년)</td><td>1970년대-슬럼 제거 사업 전개</td><td>슬럼 제거</td></tr>
<tr><td>1978년-주택요구 주민조직 엘도니안 커뮤니티 협의회 결성, 주택코프방식에 의한 주택지 재생 모색</td><td>커뮤니티 붕괴
도시주변지구의 황폐
주택코프 방식
거주복지</td></tr>
<tr><td>1981년-리버풀 폭동</td><td></td></tr>
<tr><td colspan="2" rowspan="3">II : 재구축기
(1982~1986년)</td><td>1982년-커뮤니티협의회가 주택코프 결성</td><td>주택지 재생, 주택지의 복합적 커뮤니티 비즈니스</td></tr>
<tr><td>1983년-주택코프를 공영주택으로 접수, 엘도니안 주택코프 결성</td><td></td></tr>
<tr><td>1986년-공장터의 복합적 재생안, 커뮤니티 비즈니스의 모색</td><td></td></tr>
<tr><td rowspan="2">III : 건설 제1기
(1987~1992년)</td><td rowspan="4">주거커뮤니티를 사업화 한다.</td><td>1987년-엘도니안 마을 만들기 사업체로 개조</td><td>마을만들기 사업체
외부 영리사업 부문의 사업화</td></tr>
<tr><td>1988년-엘도니안 그룹회사를 외부영리사업 부문으로 설립</td><td></td></tr>
<tr><td rowspan="2">IV : 건설 제2기
(1993~2000년)</td><td>1993년-커뮤니티 비즈니스로서의 빌리지 홀 완성</td><td></td></tr>
<tr><td>1994년-스포츠센터 완성,
주택 · 거주시설 복합체의 경영 확충</td><td></td></tr>
<tr><td>V : 사업전개기
(2001년 이후)</td><td>기업화 한다.</td><td>시 북부 재생에 리더십 발휘
시장 · 정부섹터와 연계</td><td>주변과의 광역 연계
사회적 기업으로 기업화
황폐지구에서의 커뮤니티 거버넌스, 로컬 거버넌스</td></tr>
</table>

자금 도입을 둘러싸고 대처정부와 지역 리버풀 시의회를 지배하는 극좌그룹이 심하게 대립했던 것 등 여러 가지 문제에 직면했다.

여기서는 마을 만들기 사업체가 직면한 쟁점별로 그 활동사를 'I : 모색기', 'II : 재구축기', 'III : 건설 제1기', 'IV : 건설 제2기', 'V : 사업전개기'의 5기로 구분하여 논하겠다. 앞에서 말했던 '주거 커뮤니티를 사업화한다' 단계는 'III : 건설 제1기', 'IV : 건설 제2기'이며 '주거 커뮤니티를 기업화하다' 단계는 'V : 사업전개기'에 해당된다.

5-1 제I기 : 주택 코퍼레이티브를 원했던 '모색기' (1978~1981년)

원래 리버풀은 '사람과 물자가 서구에서 세계 각지로 이동할 때의 통로' 라고 불릴 만큼 거대 항만기능을 핵으로 한 세계적인 도시였다. 특히 1840년대 중반 많은 아일랜드인들이 감자 기근으로 쫓겨나다시피 이주해 왔고 미숙련 · 반숙련 노동자로 엘도니안 지구에 살기 시작했다. 그리고 제2차 대전 후에도 방 2개에 10명이 함께 이불을 덮고 잠을 잤을 만큼 과밀 거주와 빈곤지구로 계속되었다.

1970년대가 되자 엘도니안 지구에서도 슬럼 정비 사업이 진행되었고, 1978년에는 강 맞은 편과 연결하는 지하터널 건설공사 때문에 인근 주민들은 교외로 이주하라고 강요당해 여기저기 흩어지게 되었다. 그러나 주민들은 '슬럼 정비 도시재개발사업 · 신규 터널공사 주택 철거와 교외 분산 이주' 가 초래하는 커뮤니티 붕괴 등 계속되는 피해를 거부하고 엘도니안 커뮤니티 협의회를 결성하여(1978년) 커뮤니티를 지키려는 운동을 전개했다.

당시 엘도니안을 둘러싼 파멸적인 상황들을 정리해보면 1981년에는 리버풀 도시 폭동이 격화되어 사회불안감이 증대되었고 같은 해에 엘도니안 지구의 설탕공장이 폐쇄되어 1,700명이 해고되었으며 1979년부터 84년에 걸쳐 리버풀의 제조업 고용자 4만 명이 감소됨에 따라 거의 반으로 줄었고,

그림 9-8 운하를 이용한 엘도니안지구의 재개발
과거 공업지대의 운하를 재생, 물과 녹지를 이용해 나름대로 좋은 분위기를 연출하고 있다.

1970년대 후반부터 80년대 초반에는 노동당 극좌 그룹이 시정을 지배하여 정치적 혼란을 겪었으며, 1979년 대처정권이 수립되자 리버풀의 지방정치에 강경한 직접 간섭을 했고, 1980년대에 들어서자 엘도니안 지구의 인구는 30%나 감소되어 커뮤니티는 붕괴 위기에 놓이게 되었다. 지구도 시지역도 중앙과의 관계와 정치 · 경제 · 사회 전반에 걸쳐 거의 최악의 상황에 있었다.

이런 상황에서 해결책은 세 가지로 고려되었다. 우선 1973년부터 자유당이 시의회를 리드하고 과거 노동당의 '슬럼 정비와 교외의 고층단지 이주' 정책에서 '현지에서 커뮤니티를 보전하고 저층저밀 주택으로 재거주' 시키는 정책으로 전환했던 점이다. 자유당은 엘도니안 재생을 노동당에 대항하는 상징적 사업으로 받아들였다. 둘째는 1974년의 주택법에 의해 주택 관련 재정지원이 강화되었다는 점이고, 셋째는 엘도니안 주민의 80%가 커뮤니티 유지와 현지 재거주에 동의하며 결속되었다는 점이다. 그리고 주택지를 코퍼레이티브 방식(줄여서 주택 코프라고 칭함)으로 민간(주민)이 주택을 공동소유하고 공동관리하는 주택개발관리방식이며 공적 소유, 공적 관리를 강하게 주장하는 노동당의 공영주택 정책과 달리 주민의 주도를 기초로 두고 있다.

'양질의 저렴주택을 제공하기 위해서라도 커뮤니티는 결속되어야 한다' '보다 나은 생활을 위해 일치단결하자' 라는 슬로건 아래 거주자들이 모였다.

그림 9-9 주변의 주택지
엘도니안 지구는 거주지 관리 면에서 볼 때 주변의 사회주택지나 민간분양 주택지에 비해 분명히 관리가 잘 되고 있다는 느낌을 받았다.

5-2 제2기 : 노동당 주택정책에 대항하는 '재구축기'(1982~1986년)[10]

1982년 엘도니안 커뮤니티 협의회는 포틀랜드 가든스 주택 코프를 결성하여 5지구에서의 소규모·분산형 건설을 계획했지만 사태는 급변하여 1983년 5월 노동당 극좌 그룹이 시의회의 주요부에 복귀하면서 자유당에 대한 대항책으로 '1년 이내에 공영주택 1,000호를 짓겠다'고 공약했다. 그리고 주택수를 채우기 위해 포틀랜드 가든스를 포함한 모든 주택 코프를 공영주택으로 접수했다. 공적 관리가 최고라고 믿는 노동당 시의회는 주민에 의한 거주지 관리를 부정했다.

그러나 엘도니안 커뮤니티 협의회에 결속한 주민들은 현재 엘도니안 지구의 건설로 이어지는 새로운 프로젝트에 꿈을 맡겼다. 1981년에 폐업한 설탕공장 부지 8.9ha의 재개발이다. 1982년에는 부지재개발사업을 공모하여 엘도니안의 주민도 전문가의 지원을 받아 현지 재거주와 현지 고용 확보를 목적으로 '주택+거주관련시설+공장유치'로 구성된 독자적인 안을 제출했다. 최우수작은 리버풀 시안이었지만 사업주인 보수정부계 개발업자인 잉글리시 에스테이트는 주민의 응모안에 더 강한 관심을 보였다. 극좌 그룹이 지배하는 시의회를 따돌리고 보수당이 지배하는 중앙정부 직할사업으로서 지역 주민과 협력체제를 이루려는 정치적 책략이었다.

그림 9-10 엘도니안 마을 만들기 사업체가 경영하는 스포츠 센터

여기에 정부 직속인 리버풀 광역권 대책 팀과 환경성 등도 가세했다. 엘도니안 주민들은 '적(노동당 극좌 그룹)의 적(대처정부)은 아군'으로 여기고 1983년에 엘도니안 주택 코프를 결성했다. 이러한 움직임을 정치적 위기로 본 노동당 리버풀 시의회는 공장부지의 토양오염을 거론하며 대책을 강요했다. 또한 엘도니안 주택 코프의 계획허가 신청을 거부하는 등의 난제를 강조함으로써 대립은 계속되었지만 엘도니안 주택 코프안은 공청회에서 지지를 얻어 계획허가를 받아냈다.

1986년 '1년 반에 걸친 어려운 교섭' 끝에 사업화 목표가 세워졌다. 엘도니안 커뮤니티 협의회는 계획허가를 취득하고 또한 방치되었던 땅을 대상으로 한 토양개량비 및 주택 코프 건설비 융자도 가능해졌다. 그리고 지역 및 리버풀의 주택관련 조직과 전문가 집단의 다양한 지원 하에 협의회는 엘도니안 주택 코프를 조직하여 설탕공장 부지의 토지를 입수했다.

엘도니안지구의 마을 만들기를 담당하는 사업체 조직의 검토는 1982년 부지재개발사업 공모까지 거슬러 올라간다. 이미 이 공모안 중에 현재 사업체의 원형이라고 할 수 있는 3개 기둥 ① 주택 코프, ② 스포츠 시설, 커뮤니티 센터, 복지활동을 통솔하는 경영조직, ③ 커뮤니티에 수입과 고용을 가져오는 외부 영리사업 부문으로 이해할 수 있다.

주목해야 할 것은 초기의 부지사업 공모 시점에서 고용창출과 사업내 비용이전을 고안했다는 점이다. 고용창출을 위해 공장 유치를 제안하고 직주근접을 지향했지만 자금면에서 무리라는 것을 알고 나중에 포기했었다.

사업내 비용이전은 커뮤니티 비즈니스를 전개하여 수익을 거주지 관리로 돌리는 수법을 시도하였다. 엘도니안 가든 마켓을 개설하여 가정용 초목 · 초화를 길러 판매하는 조경사업으로 거주환경을 개선하는 등의 사업을 계획했다. 녹지와 자연으로 둘러싸인 주택지로 지역과 리버풀시 전체를 재생시키겠다는 황폐지에 잘 어울리는 내용이었다.

리버풀 대학의 스탭은 '원예녹화사업을 통해 도시의 미이용지를 어떻게 재활용하였는가' 를 오랜 기간 연구과제로 삼았고 이를 실현하기 위해 가든 마켓 사업에 참여했다. 엘도니안이라는 땅에 대학, 지자체, 주택관련조직 관계자가 단결하여 모델사업으로 성공시키기 위해 지원한 것이다. 그러나 엘도니안 가든 마켓은 시장조사가 불충분했고 수입에 대한 전망도 좋지 않았기 때문에 1995년에 폐쇄했다. 엘도니안 마을 만들기 사업체는 이러한 실패를 거울삼아 이후에는 경영 리스크를 분산시키기 위해 민간기업, 지자체와의 파트너십을 구축하는 데 노력했다. 또한 부지 2.5ha는 2002년 외부 영리사업 부문과 민간 개발업자가 공동회사를 설립하여 현재는 소매점포들과 사무소, 작업소, 주택지를 포함한 기업단지로 재생중이라고 한다.

5-3 제Ⅲ기 : 건설 제1기(1987~1992년)

엘도니안 커뮤니티 협의회는 1987년 비영리 회사조직인 엘도니안 마을 만들기 사업체로 개조되었고, 그 산하에 주택공급 · 관리 부문을 담당하는 엘도니안 커뮤니티 주택협회와 경제개발 부문을 담당하는 외부 영리사업 부분의 엘도니안 그룹을 두어 현재의 조직 구성을 갖추었다.

1990년 엘도니안 주택 코프는 주택 145호를 완성시켰고, 그 다음해인 91년에는 다시 고령자 보호 시설 30실을 개설했다. 또한 90년에는 엘도니안 주택 코프에서 엘도니안 커뮤니티 주택협회로 조직을 변경하고 외부 전문가에게도 이사 취임을 의뢰하여 적극적인 주택지 경영에 박차를 가했다[11].

5-4 제Ⅳ기 : 건설 제2기(1993~2000년)

엘도니안 마을 만들기 사업체는 1993년 주민활동의 거점시설로 빌리지 홀, 5세 이하의 유아를 위한 50명 규모의 보육원을 건설하고 1994년에는 실내체육관, 축구경기장 등을 갖춘 스포츠 센터를 개설했다. 생활에 풍요로움을 주는 거주 관련 시설을 단기간에 주택금융의 보조금, 정부보조금, 복권기금, 민간 대출에 의해 정비한 것이다. 그리고 시설정비는 지역에 고용을 창출했다.

건설 제1기와 건설 제2기의 사업비와 출자원을 정리하면 다음과 같다. 건설 제1기의 주택 총 건설비는 710만 파운드, 내역은 주택금융 보조금 5%, 기타 정부보조금 30%, 민간융자 15%였다. 또한 건설 제2기의 주택 총 건설비는 600만 파운드, 내역은 주택금융 보조금 75%, 민간융자 25%이다. 엘도니안 하우스, 스포츠 센터 등 각종 시설의 총 건설비는 353만 파운드이며 주택금융 보조금 30%, 복권기금을 포함한 정부보조금 30%, 민간융자 25%였다. 결국 엘도니안지구 재생비의 총 사업비는 1,663만 파운드, 내역은 주

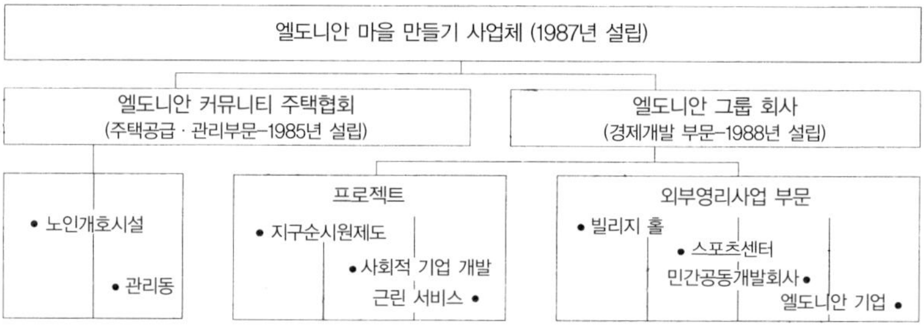

그림 9-11 엘도니안 마을 만들기 사업체의 조직도

표 9-2 엘도니안 마을 만들기 사업체의 수입구조(2002년) (단위: 1,000 파운드)

	총 수입			
		위탁 · 사용료	보조금	집세
엘도니안 커뮤니티 주택협회(주택관리)	1025(2억 500만 엔, 43%)			1025
1. 엘도니안 빌리지 홀	250	250		
2. 엘돈우즈 탁아소	80	80		
3. 엘라인 노리스 운동센터	160	160		
4. 지구순시원제도	200	120	80	
5. 엘도니안 기업	180	180		
6. 사회적 기업 개발	80	48	32	
7. 근접 서비스	250	250		
8. 민간공동개발회사	170	170		
1~8 엘도니안 그룹 회사의 소계	1370(2억 7400만 엔, 57%)			
총계	2395(4억 7900만 엔, 100%)			

(엘도니안 커뮤니티 주택협회, 엘도니안 그룹 회사는 각 사업별 재정적 자립이 원칙이다)

택금융 보조금 948만 파운드, 기타 정부보조금 315만 파운드, 민간자금 346만 파운드이다. 당초 토지조성 · 시설건설비는 정부관련 자금으로 충당하고 이후의 유지관리를 마을 만들기 사업체가 분담하는 방식이다.

5-5 제V기 : 사업 전개기(2001년 이후)

우선 엘도니안 마을 만들기 사업체의 현재 조직구성을 정리해보았다(그림 9-11). 주택관리를 중심으로 엘도니안 그룹 회사가 직접 다양한 수익사업과 프로젝트를 전개하고 있다. 마을 만들기 사업체 전체의 2002년도 결산은 총 수입 239만 5,000 파운드, 내역은 주택관리 102만 5,000 파운드, 엘도니안 그룹 산하에 있는 각종 사업의 총수입은 총 137만 파운드이며, 각종 사업은 사업단위별로 적자가 되지 않도록 수지의 균형을 맞추는데 노력하고, 주택관리에서는 2005년도에 26만 파운드의 이익을 냈다(표 9-2).

주택지 경영은 좋은 평가를 받아 '지금은 세대가 비어도 1주일이면 다시 들어온다. 높은 평가는 큰 주택수요를 만든다' 고 한다. 그리고 에반스 주택부장은 지금까지 4반세기의 평가를 다음과 같이 총괄하여 말해주었다.

> 250명의 고용을 낳고 8개의 커뮤니티 비즈니스를 경영하고 있다. 2,000명의 거주자를 위한 세대는 400호, 17.4ha의 토지개발, 총자산 평가액은 5,000만 파운드, 1억 파운드의 민간투자를 유발하여 '생활의 질적 개선' 을 달성했다.

그림 9-12 인접한 지구에서 민간개발업자에 의한 수복형 재생
엘도니안 지구의 성공은 민간개발업자의 투자를 유도하고 있다. 19세기의 건물을 재생중

제V기는 이러한 성공 경험을 인접지구와 리버풀 북쪽 시가지까지 전개하려고 한 시도이다. 새로운 사업으로 주변의 고령자용과 일반용 주택지 관리수탁, 커뮤니티 비즈니스 착수, 2000호의 신규 주택개발을 포함한 리버풀 북부 시가지의 재정비 기본계획 입안, 지구상업센터의 개발계획 입안, 리버풀 북부의 고용훈련계획 입안 등이다. 축적된 커뮤니티 재생 노하우를 유사지구에 적용하기 위한 컨설턴트와 사업구상 제안 등 다양한 사업이 시도되고 있다.

주목해야 할 것은 엘도니안의 성공이 민간 개발업자의 투자를 유도하게 했다는 점이다. 에반스 부장은 '엘도니안이 성공한 결과 민간이 북쪽 섹터를 개발할 때 반드시 엘도니안의 이름을 빌린다', '땅값이 거의 15년 동안 10배나 올랐고 유도한 민간투자는 총액 1억 파운드이며 이제는 더이상 이 땅에 주택지개발을 하는 것은 무리' 라고 말한다. 이미 민간이 방치하고 정부가 실패를 반복했던 황폐지 재생에 민간기업도 정부도 아닌 볼런터리 섹터가 참가해 지구의 이미지를 크게 바꾸었고, 그러자마자 민간 개발업자가 참가하여 볼런터리 섹터와 경합을 하게 되었다. 어느 민간 개발업자는 다음과 같이 말했다.

> 엘도니안지구에는 주변과는 다른 이곳만의 독자적인 분위기가 있습니다. 때문에 누구나 이곳을 살기 좋은 곳이라고 느낄 수 있을 것입니다. 인기지역이 되었기 때문에 우리 같은 민간 개발업자도 참가하려고 하는 것입니다(엘도니안 마을 만들기 사업체 소책자).

그림 9-13 엘도니안 인접지구의 황폐한 모습 ①
도시활동의 저하, 퇴축에 의해 토지이용이 철퇴, 나중에는 당면의 공지관리가 과제

즉 과거 간과했던 노동자 커뮤니티가 투자 대상이 된다고 판단하여 커뮤니티가 지닌 상호협조 분위기를 지역 브랜드로 상업 기반에 놓은 곳이다. 이러한 사태를 맞아 이제까지 지역재생을 견인해온 사회적 기업이 민간 섹터와 더욱 차별화하여 지속적으로 사회적 사명을 실현하기 위해서 이제까지와는 다른 전략이 필요했다.

에반스 부장은 앞으로의 과제를 '북부 시가지에는 좋은 상업센터가 없다', '엘도니안에서는 커뮤니티를 엠파워해 온 점이 높이 평가되어 지금은 불가리아 등 동유럽에서도 컨설팅 의뢰를 받고 있다', '실업자에게는 은행 대출이 어려우며 높은 이자로 빌리게 된다. 마이크로 크레디트 같은 시민을 위한 금융사업도 고려해보겠다' 고 정리했다. 과연 이러한 과제에 착수하여 엘도니안 마을 만들기 사업체가 사회적 기업으로서 독자성을 전개해나갈 수 있을지 앞으로의 과제이다.

6. 엘도니안 마을 만들기 사업체의 거버넌스형 마을 만들기 특징

엘도니안 마을 만들기 사업체가 거버넌스형 마을 만들기로서 지닌 특징을 다음과 같은 세 가지 측면에서 알아보겠다.

6-1 거주자에 의한 거주 커뮤니티 관리 : 커뮤니티 매니지먼트

엘도니안 마을 만들기 사업체의 활동 개시는 1978년으로 대처정부의 수립(1979~1990년)과 때를 같이 하고 있다. 대처정부가 복지서비스를 대담하게 축소하자 이에 이의를 제기하듯 지역 커뮤니티 차원에서 대항적인 거주지 재생사업이 진행되었던 것이다.

엘도니안의 사례는 마을 만들기 사업체가 주거 커뮤니티 경영을 통해 거주자를 엠파워하여 주체적 생활인으로 변용시키며 커뮤니티 전체를 자

그림 9-14 엘도니안 인접지구의 황폐한 모습 ②
황폐한 지구에 퍼브 등의 건물이 점재해 있는 위험지구

체관리한다는 새로운 커뮤니티론을 제기하고 있다. 기존의 거버먼트형 도시계획 수법인 근린주구이론을 바탕으로 한 시설계획, 즉 커뮤니티 플래닝에서 커뮤니티 매니지먼트로 전환된 것이다.

커뮤니티 매니지먼트에서 거주자는 서비스를 받는 입장에 그치지 않고 계획 · 건설 · 관리를 담당하는 주체로 참가하고 있다. 활동의 중심이 되고 있는 주택지개발 · 경영을 담당하는 엘도니안 커뮤니티 주택협회는 이사회(이사 12명, 그 중 8명은 임차인, 4명은 외부 전문가, 이사장 · 비서 · 재무이사의 요직은 임차인)와 사무국(8명은 상근, 4명은 비상근 직원)으로 구성되어 주민을 중심으로 한 경영조직 구성으로 되어 있다.

엘도니안 지구의 계획 · 건설 · 관리는 엘도니안 마을 만들기 사업체가 인수했고 회원은 약 600명이다. 이 운영을 유지하는 것이 맥건 엘도니안 마을 만들기 사업체 이사장의 리더십과 에반스 주택부장을 비롯한 전문가 집단의 기술적 지원이다. 맥건 씨는 포크 리프트 운전수에서 주민운동 지도자가 된 인물로 지역을 통솔하며 마을 만들기 사업체의 경영을 담당하게 되었다. 엘도니안 커뮤니티 주택협회와 엘도니안 그룹의 요직에도 있다. 또한 에반스 주택부장은 1984년부터 지역주택협회 직원으로서 외부에서 엘도니안 사업을 도왔으며 이후 1990년대 중반에 엘도니안 커뮤니티 주택협회에 참가했다.

정부의 도시 · 주택 정책에 따라 영향을 받기 쉬운 빈곤지역의 커뮤니티를 주민 스스로 경영하여 안정된 커뮤니티로 키우고자 한 엘도니안의 사례는 거버먼트형 도시계획의 한계를 타파하려 한 것이었다. 포크 리프트 운전수였던 노동자가 리더가 되어 주민협의회를 결성하고 거주자가 관리운영하는 코퍼레이티브 방식의 주택지를 형성하였으며, 또한 거주관련 서비스의 사업화에까지 이르게 한 점은 거버넌스에 의한 커뮤니티형성이라고 할 수 있다. 주민이 주도하여 주택협회와 민간 개발업자, 국가, 리버풀 대학, 전문가 집단 등의 협력을 얻어 사업을 전개한 것에는 단순한 주민참여라는 개념을 넘어선 것이 있다.

6-2 엘도니안 마을 만들기 사업체의 사회적 기업으로서 재정적 자립

엘도니안 마을 만들기 사업체는 사업화 단계에서 주택, 거주관련시설의 건설을 공적 자금에 의존하고 집세와 시설 수입을 관리비로 충당하였으며 기업화 단계에서는 적극적으로 고용창출, 새로운 거주관련 서비스를 제공하는 데 노력했다. 그리고 사업화 단계와 기업화 단계에서 공통적으로 영리 · 비영리사업으로 수입을 얻어 비영리조직을 운영한다는 '사업내 비용이전수법' 을 볼 수 있다. 엘도니안 마을 만들기 사업체는 주택지에서도 주택과 거주관련시설 또는 관련 사업을 연결하여 거주지 복합체로 만듦으로써 재정적으로 자립 경영을 할 수 있음을 증명하고 있다.

즉 엘도니안의 경우 우선 주민 주도의 인포멀한 파트너십이 형성되어 사업화가 추진되었고 이후는 엘도니안 마을 만들기 사업체가 중심이 되어 정부의 파트너십 정책 이용, 민간기업과의 연계에 의해 기업화를 추진하였다. 이러한 의미에서 거버넌스형 마을 만들기의 선도적 존재였다고 볼 수 있다.

또한 커뮤니티의 거버넌스에 필요한 조직의 자립을 커뮤니티가 토지건물을 소유하는 것으로 하고 있다. 사회적 기업의 존립 기반과 관련된 점에서 다음의 제10장에서 다루게 될 '커뮤니티 소유' 는 최근 영국에서 주목되고 있다. 브리슬시나 코인 스트리트 지구의 사례(제5장)와 함께 마을 만들기 사업체에 의한 '개발가치의 커뮤니티 내 환원책' 으로 자리매김될 수 있다. 과거에 노동당이 뉴타운 정책으로 실현한 '개발가치의 국유화정책' 이라는 커다란 사회시스템을 대신하는 것으로 오히려 영국 도시계획제도가 성립되기 전부터 제안된 전원도시론의 이념 자체라는 것을 알 수 있다. 거버넌스형 마을 만들기를 고려할 때 지역자체관리를 강조한 전원도시론이 지닌 몇몇 원리가 현대 사회에서도 유효하다는 것을 시사하고 있다.

6-3 주변 지역과의 협력체제

엘도니안 지구에서는 주택을 시민복지 커뮤니티의 중요한 요소라고 보고 거주자가 경영에 참가하는 사회적 기업=마을 만들기 사업체에 의해 거주관련 서비스를 독자적으로 제공하고 있다. 여기에는 '건실한 주택은 생활의 기본' 이라는 영국식 전후 복지국가 가치관이 계승되어 있는데 사업을 담당하는 자는 볼런터리 섹터이고, 대상 영역은 커뮤니티로 이들이 '작은 시스템' 을 추구하고 있다. 이들은 거버먼트형 도시계획이 아닌 거버넌스형 마을 만들기의 특징이라 할 수 있다.

또한 엘도니안 마을 만들기 사업체의 활동은 사업체가 소유한 커뮤니티 내에 그치지 않고 주변 지역으로까지 확대하고 있다. 우선 리버풀 북부 시가지 재개발계획안과 고용계획안을 입안하는 등 지자체의 민간기업과의 협력과 연계를 강화하고 또한 고령자용과 일반주택지의 관리수탁 등 지자체 · 주택협회와의 파트너십 형성으로 사업체의 사회적 사명과 활동이념을 넓히고 있다. 또한 민간 개발업자에게 개발 자금과 함께 사무소 수요예측 등의 전문지식에 대한 협력을 얻어 공동사업으로서 사무소, 소매상점 개발에 착수하였다.

이와 같이 정부 · 기업 섹터를 유도하는 파트너십을 구축할 수 있었던 것도 볼런터리가 조직으로서의 경영력과 오랫동안 지구 정비를 위해 일해

온 신용을 인정받았기 때문이라 할 수 있다. 마을 만들기 사업체가 중심이 되어 리더십을 발휘하고 정부 섹터, 시장 섹터와 연계하여 널리 주변지구를 대상으로 커뮤니티를 경영하는 모습에서 엘도니안 마을 만들기 사업체는 더 넓은 범위의 커뮤니티 거버넌스 형성의 주체로 성장했다고 할 수 있다. 황폐한 지구에서 거버넌스형 마을 만들기가 나아가야 할 방향을 제시하고 있다고 말할 수 있다.

〈注〉

1 大リバプール圏を対象とした社会的企業ネットワーク（Social Enterprise Network）に所属する社会的企業は220ある。

2 Leeming, K., 2000, *Sustainable Urban Development: A Case Study in the Developed World*, GBER, Vol.1, No.1.

3 Diacon, D., and Guimaraes, S., 2003, *Agents Rather Than Patients, realizing the potential for asset-based community development*, Building and Social Housing Foundation.

4 アマルティア・セン、2002、『貧困の克服：アジア発展の鍵は何か』集英社新書、pp. 161-162。

5 World Habitat Day 2004, *Presentation of World Habitat Awards*, p.16.

6 居住地自主管理の思想については、西山八重子、2002、『イギリス田園都市の社会学』ミネルヴァ書房に詳しい。

7 宅地率67%、3人/世帯として1敷地は175㎡、4人/世帯として1敷地は233㎡となる

8 *Guardian Society*, January 23, 2003, pp.10-11.

9 Ibid.

10 この間の事情は雑誌、*The Architects Journal*, 23 March 1988を参照した

11 住宅コープ(Housing Co-operative)は、コミュニティ住宅協会(Community Based Housing Association）と同じ住宅協会（Housing Association）の1種である。住宅コープの理事会はコープ・メンバーのみから構成されるが、コミュニティ住宅協会の理事会は理事の4分の3以上が借家人（tenant）で、外部の専門家も参加することができる。コミュニティ住宅協会は18歳以上の借家人なら誰でも1ポンドの出資で構成員になることができ、規模が大きく、住宅の建設・管理面で高く評価されている。

제 3 부

마을 만들기 사업체의 자립 요건

에셋 매니지먼트에 의한 '재정적 자립' 과 '조직간의 연계'

앞에서 여섯 가지 사례를 통해 볼 수 있었던 것은 거버먼트형 도시계획으로 해결하지 못했던 또는 계획 대상도 되지 못했던 도시 극빈곤지구, 도시빈곤층의 문제를 볼런터리 섹터가 중심이 되어 정부 섹터나 시장 섹터와 협력체제를 구축하여 해결해 나갔다는 점이다.

볼런터리 섹터는 빈곤지역의 문제 해결을 물적 환경정비뿐만 아니라 주민 한 사람 한 사람에게 삶의 희망을 갖게 하여 생활능력을 키우게 하고 그 과정에서 커뮤니티라는 사회관계를 구축하는 커뮤니티 재건을 실현하고 있다. 즉 복지 서비스 제공에서 직업훈련, 교육 등 주민의 총체적인 생활의 질을 높이는 종합적인 서비스를 제공하는 사업을 운영하고 있다. 이처럼 채산성 없는 사업 프로그램은 민간기업 입장에서는 매력이 없었고 정부 섹터 입장에서도 이제까지의 공공사업의 틀을 넘는 것이었다.

지역에 새로운 변혁을 가져오고자 한 볼런터리 섹터는 스스로의 손으로 사업 프로그램을 실현하는 조직을 설립하고자 했던 것이다. 그리고 기존의 제도적 틀 안에서 생각해낸 조직으로 구성된 것이 자선단체인 트러스트, 즉 마을 만들기 사업체였다.

마을 만들기 사업체가 커뮤니티의 실정에 맞는 사업에 착수하고 주민들의 생활과 커뮤니티를 재생시키는 사회적 사명을 실현하여 커뮤니티의 신뢰를 얻기 위해서는 정부나 시장 섹터에 종속되지 않고 독립적인 지위를 구축할 필요가 있었다. 그러기 위해 마을 만들기 사업체의 조직적 자립, 특히 재정적 자립이 가장 먼저 해결되어야 할 과제였다. 그래서 고안해낸 수법이 마을 만들기 사업체를 사회적 기업 또는 커뮤니티 기업이라 불리는 비영리 사업조직으로 만들고 이와는 별도로 ① 수익 부문으로서 외부 자회사 경영, ② 토지 · 건물 등 공간자원의 에셋 매니지먼트를 전개했다. 시장원리로 운영되는 수익 부문의 이익을 마을 만들기 사업체 본래의 사회적 사명으로 돌린다는 사업내 비용이전 수법이다.

에셋 매니지먼트는 커뮤니티별로 사업화하는 자원이 다르기 때문에 다양한 형태를 취한다. 그러나 여섯 가지 사례에서 공통적으로 볼 수 있었던 것은 지역의 다양한 인적, 조직적 네트워크에 의해 지지되고 있다는 점이다. 그리고 사회적 기업이 지역의 사회관계 네트워크에 의해 운영되며 그 수익이 주민의 생활능력과 삶의 의욕 향상, 커뮤니티 전체의 사회서비스에 쓰여 지역의 인적, 조직적 네트워크를 더욱 강화시키는 바람직한 순환을 만들고 있다. 에셋 매니지먼트에 의한 마을 만들기 사업체의 자립은 여러 가지 사회관계의 조직적 연계와 네트워크 속에서 가능해졌다.

제III부에서는 거버넌스형 마을 만들기를 담당하는 마을 만들기 사업체가 조직적인 자립을 에셋 매니지먼트와 다양한 조직간의 연계에 의해 가능하게 하고 있음을 검토한다.

제10장에서는 토지 · 건물을 기반으로 이루어진 에셋 매니지먼트가 커뮤니티 재생을 어떻게 가능하게 했는지 그 수법에 대해 검토한다.

제11장에서는 마을 만들기 사업체가 여러 집단 및 조직과의 연계, 협력체제에 의해 사업을 경영하고 그 결과 볼런터리 섹터의 자립을 유도해낸 것에 대해 알아본다.

제 10 장

에셋 매니지먼트에 의한 마을 만들기 사업체의 재정적 자립

1. 에셋 매니지먼트에 의한 커뮤니티의 기업화

> 마을 만들기 사업체 협회의 초대 회장인 니콜슨 씨는 '마을 만들기 사업체 운동이 성공함으로써 전국적 연합조직인 협회 결성으로 이어지게 된 것은 1993년의 일이었다. 협회 설립 당시 한결같이 논의했던 것이 〈어떻게 커뮤니티를 기업화할 것인가〉라는 테마였다' 고 말하고 있다(1998년 인터뷰).

〈커뮤니티를 기업화한다〉는 슬로건에는 마을 만들기 사업체의 목적이 모두 담겨 있다. 즉 '커뮤니티를 기업화한다' 는 것은 해당 커뮤니티가 필요로 하는 사회서비스를 제공하고 주거환경을 정비하기 위해 커뮤니티 내에 목적별 사업체를 조직하며 이들 사업체가 통합화됨으로써 커뮤니티 전체의 빈곤문제가 해결된다는 생각으로 '작은 시스템으로 공공성을 실현' 하는 것이라 말할 수 있다.[1]

그러나 이 발상은 커뮤니티의 자체노력에 기대한다는 작은 정부론으로 집약되면 위험하다. 오히려 커뮤니티의 자립능력을 높이기 위해서는 정부와 시장, 그리고 볼런터리 섹터의 관계를 재구축하는 의도가 있다는 것을 잊지 말아야 한다. 즉 초기 마을만들기 사업체가 목표로 했던 '사회개혁을 향한 지역의 거점' 이라는 발상이다. '커뮤니티를 기업화한다' 는 논점을 이끌어낸 마을 만들기 사업체의 문제의식을 다음의 두 가지 점에서 정리해보겠다.

첫째, 무시되었던 이너시티 문제를 제도적 결함으로 파악하여 중앙집권적인 상의하달 방식으로 바꿔나가는 것이 아니라 커뮤니티를 기반으로 부분사회를 변혁하고 변혁의 거점을 네트워크화함으로써 점진적으로 사회현실을 바꿔나가는 것을 구상했다. 이는 대처리즘에 대한 저항이기도 하다. 주민들이 실감하기 쉽고 생활공간에서 생기는 모순이나 문제점을 공적으로 인식하여 그 해결을 사회운동으로 전개하는 커뮤니티를 사회개혁의 거점으로 한다는 발상이다. 둘째는 커뮤니티를 공공정책을 받아들이는 수단으로 보는 것이 아니라 공공정책을 만들어내는 실천 주체로 추구했다는 것이다. 마을 만들기 사업체가 지향한 것은 재정배분을 바꾸는 전통적인 노동조합운동을 전개하는 것이 아니었다. 그들은 '베품을 받는' (환자 입장) 존재가 아니라 '주체적인 행위자' (에이전트 입장)로서 정부 섹터, 시장 섹터와 대등하게 재정배분 방식 자체를 정치적으로 협의하는 주체를 원했으며 커뮤니티 등의 볼런터리 섹터 형성을 위해 노력했다.

'커뮤니티를 기업화한다' 는 것이 지역 정책을 바꾸고 주민들의 정치적, 사회적 역량을 높이는 것과 깊은 관련이 있다는 것을 알 수 있다. 그리고 '커뮤니티를 기업화' 하기 위해서는 커뮤니티 문제를 둘러싼 마을 만들기 사업체가 어느 섹터에게도 종속되지 않는 독립된 섹터가 될 필요가 있었다. 각지에서 성장하고 있는 마을 만들기 사업체를 사업체로서 재정적으로 자립시켜 지역사회에 독자적인 사회 서비스를 지속적이고 안정적으로 제공하는 것이 초기 마을 만들기 사업체에게 주어진 과제였다. 이를 위해 택한 방법이 마을 만들기 사업체를 네트워크화하여 상호지원체제를 강화하는 것이다. 이렇게 해서 1993년에 마을 만들기 사업체 협회가 설립되었다.

다음 문제는 각 마을 만들기 사업체를 커뮤니티 기업으로 어떻게 자립시키는가하는 점이다. 기업화 수단으로서 우선 ① 보조금 · 지자체로부터 사업위탁 · 복권기금 등의 외부 자금을 도입하여 '인수조직' 이 되는 것이지만 '외부자금의 도입은 커뮤니티를 엠파워하는 종자' (하트 환경트러스트 부대표)라고 말한 것처럼 이 단계에서 멈춘다면 '자체독립 경영' 은 어렵다. 또한 종종 생기는 중앙정부 · 지자체의 정책 변경에 의해 외부자금이 갑자기 중단되면 조직은 불안정해진다.

더욱이 지자체로부터 받는 수탁은 독자 서비스를 전개할 수 없다. 그래서 그 다음으로 고안해낸 것이 ② 외부 영리사업 부문에서 수익을 올려 사회 목적의 활동으로 돌리는 방법과 ③ 에셋 매니지먼트이다. 마을 만들기 사업체 협회는 에셋 매니지먼트의 필요성을 사무소를 포함한 활동거점의 공간확보와 안정적인 수입확보라는 두 가지 면에서 강조한다. 그리고 소책자에서는 다음과 같이 말하고 있다.

> 각지의 마을 만들기 사업체는 ① 조직이 자족, 독립, 지속가능이라는 목표를 달성하기 위해 ② 유형 자산을 운영하는 것이 중요하다. 유형 자산이란 토지, 건물, 지자체로부터 받는 안정적인 수탁 수입을 말한다.[2]

이 책자의 저자는 하트 씨이며 환경 트러스트를 경영했던 경험을 배경으로 집필된 것이다. 즉 정부로부터 자립하여 경영의 안정을 이루기 위해 제6장에서 보았듯이 '위탁사업 모델', '외부영리사업 모델', '에셋 매니지먼트 모델' 로 전개해나간 경험을 살렸다고 할 수 있다. 그들도 에셋 매니지먼트의 중요함을 깨달은 것은 80년대 후반이었다고 한다.

이하, 여섯 가지 사례에서 보았던 에셋 매니지먼트의 수법을 분석해 '커뮤니티를 기업화' 하기 위해 필요한 마을 만들기 사업체의 자립이 어떤 재정기반 위에서 가능했는지에 대해 검토한다.

표 10-1 여섯 가지 사례를 통해서 본 에셋 취득의 경위

사례	에셋의 형태	에셋 취득의 경위	소유 형태	이용 용도	취득 조건
웨스트웨이 사업체	도시고속도로 아래의 토지 · 건물	고속도로반대운동, 주민의 조직화	리스홀드	수익계(상업 · 공업 등), 사회서비스계(공원 · 복지 NPO 사무소 등), 스포츠시설	이사회의 반은 지역 지자체 관계자
코인 스트리트 사업체	황폐지구에 방치되었던 창고 · 공장 토지 취득	고층사무소 건설 반대, 도심거주추진의 주민운동, 조직화	취득	수익계(레스토랑, 주차장, 상업 등), 사회서비스계(도심주택, 공원, 근린센터)	법정지구계획을 바탕으로 한 사업내용
환경 트러스트	고가철도 폐선로 부지 · 방치된 창고의 토지 · 건물	전사무소의 임대료 폭등으로 이전이 필요	리스홀드 (프리홀드화를 교섭 중)	수익계(중식서비스, 자동차공장 등), 사회서비스계(지역 NPO사무소, 자기사무소)	
칙샌드 시티즌스 포럼	주차장 전용, 신설 토지 · 건물	주민 커뮤니티 · 센터 요구, 고용훈련을 포함한 종합적 구상 입안	리스홀드	수익계(정부계 지역사무소, 비즈니스 파크, 상점 등), 사회서비스계(커뮤니티 센터, 보습학교 등)	
브롬레이 바이 보 센터	공원 일부 차지, 신설 건물	범죄다발, 관리방치, 황폐한 공원	리스홀드	수익계(진료소, 작업소), 사회서비스계(공원관리, 건강생활센터, 보육소, 커뮤니티 센터 등)	공원관리는 센터의 책임
엘도니안 마을 만들기 사업체	주택협회로서 등록사회주택공급 기구	'재개발→커뮤니티 붕괴'를 피해 거주자가 자체관리하는 마을 만들기 사업체 창설	취득	수익계(주택=집세), 사회서비스계(주택, 보육원, 데이케어센터 등), 각종 거주환경시설	

2. 여섯 가지 사례에서 본 에셋 매니지먼트

여섯 개의 마을 만들기 사업체를 '에셋 형식' '취득 경위' 등으로 정리하면 표 10-1과 같다. 여기서는 에셋의 '취득 경위'도 여섯 개의 사례별로 정리하고 취득한 에셋의 '이용 용도'를 두 가지로 나누어 검토해보자.

2-1 에셋 취득 경위

'취득 경위'와 관련하여 거론된 사례들은 대부분 도시재개발사업에 대한 주민들의 격한 반대 · 요구운동이 있었고, 지자체로부터 에셋을 취득함과 동시에 마을 만들기 사업체가 결성되었다. 그 중 예외는 환경 트러스트(제6장)이며 당초 지자체로부터 위탁을 받는 소규모 활동을 했었지만 나중에 핀친 스트리트의 토지 · 건물을 에셋으로 취득하면서 '에셋 매니지먼트가 마을 만들기 사업체에 얼마나 중요한가'를 배웠다. 하트 씨는 각지의 마을 만들기 사업체를 분석하여 에셋 취득에 있어서 지자체와 주민의 역할을 다음과 같이 강조하고 있다.

> 마을 만들기 사업체가 에셋을 취득하는데 있어서 지자체의 역할은 크다. 우선 토지 · 건물의 제공자이며 초기 투자의 자금제공자이기도 하다.[3] …에셋 양도를 성공시킨 사례에는 반드시 지역 주민들의 적극적인 관여가 있다.[4]

그런 의미에서 좀더 단순한 하이 트리 마을 만들기 사업체(High Tree Community Development Trust, 런던, 1998년 설립)의 사례도 참고가 된다. 오엔 사무국장은 '모두가 커뮤니티에 책임을 갖기 위해서는 실업률이 40%에 이르는 임차인의 경제적 자립을 지원하여 개개인을 엠파워하는 수단이 필요하다'고 말한다. 폐쇄된 구립도서관을 우선 주택단지의 지주인 주택협회

그림 10-1 웨스트웨이 마을 만들기 사업체의 에셋 매니지먼트
도시고속도로 고가 아래를 수익계 토지 이용에 공급하고 그 수익을 사회 서비스계로 이전하고 있다.

에 양도하고 이를 지역주민조직이 빌리는 형태를 취했다. 주요 활동은 구에서 위탁받은 컴퓨터, 회화미술, 지역사, 방범 등의 각종 강좌를 구도서관을 이용해 운영한다는 것과 커뮤니티 활동을 지원하는 것이다. 과거에 좌익투사였던 사무국장을 쫓아낸 동기는 '곰팡이 투성이인 공영주택에서 40년 이상이나 무시를 받고 사회적으로 배제되어왔다'는 것에 대한 분노라고 한다. 그리고 마을 만들기 사업체 협회가 주최하는 세미나에서 동지를 만나 폐쇄된 공공시설을 에셋으로 이용하여 지역을 엠파워하는 수단으로 사용하는 지혜를 배웠다고 한다. '폐쇄된 공공시설', '지역주민을 조직화', '폐쇄된 공공시설을 마을 만들기 사업체로 이관하여 에셋으로 경영한다'는 모델이다.

'에셋 취득의 경위'는 일반적으로 ① 지자체, 정부기관으로부터의 토지·건물 증여, ② 보조금에 의한 취득, ③ 민간기업과의 개발부담 협의에 의한 취득, ④ 민간으로부터 건물 증여라고 한다.[5] 그 중에서도 많은 것이 ①이며 공적인 에셋을 마을 만들기 사업체에 어떻게 적정 가격으로 이양하는가?가 과제이다.

마을 만들기 사업체 입장에서는 공적 기관으로부터 취득하는 에셋은 사업체를 안정적, 지속적으로 경영해 나가야 하기 때문에 제약 조건이 좀더 적은 것을 바랐을 것이다. 그래서 대부분의 경우 '시장가격 이하로 매각'하거나 '1파운드 정도의 명목상 지대로 장기임대'하는 식이다.[6] 6개의 사례에서는 어땠을까?

웨스트웨이 마을 만들기 사업체의 경우, 도시고속도로의 고가 아래와 인접토지 총 9.1ha를 1971년에 120년 계약 그리고 '이사의 절반은 첼시·켄징턴구의 직원, 의원으로 구성한다'는 조건하에 빌렸다. 구가 경영에 강하게 관여할 수 있는 조건을 붙인 것이다. 연간 임차료는 1만 6,000 파운드, 즉 0.17파운드/m²으로 빌렸다. 구에서 나오는 최초의 보조금(1971년)을 2만 5,000파운드 밖에 기대할 수 없었던 점을 고려하면 연간 0.17파운드/m²라는 토지임대료도 그다지 낮은 가격이 아니다. 연간 임차료 1만 6,000 파운드는 1971년부터 1992년까지는 고정이고 이후부터는 7년마다 개정한다는 계약이었지만 1997년이 되자 2091년(1971+120년간 계약=2091)까지의 임차료로 28만 파운드를 미리 지불하였다. 이는 실질적인 소유를 의미하며 첼시 · 켄징턴 구의회가 웨스트웨이 마을 만들기 사업체의 지역사회에 높은 공헌을 하고 있음을 인정받기 위한 대응이라 할 수 있다.

코인 스트리트 마을 만들기 사업체의 경우 1984년 대런던회의로부터 5.2ha의 토지를 75만 파운드, 즉 황폐한 창고와 공장이긴 하지만 도심의 토지를 14파운드 50센트/m²으로 손에 넣었다. 시장가격으로는 400만 파운드, 74파운드 50센트/m²로 상정한 토지이다. 당시 대런던청 도시계획위원회 위원장이었던 니콜슨 씨는 다음과 같이 말한다.

> 도시계획은 정치적 프로세스 그 자체이다. 대처 수상이 대런던청을 폐지하기로 결정하고 정해진 날 이후 대런던청의 재산처분을 금지했다. 코인 스트리트 마을 만들기 사업체에 대한 토지이양은 1972년 지방자치법을 바탕으로 한다.
> 내가 사무국장으로서 추진해온 도심거주를 추진하는 모임의 성과이며 지자체를 사회주의 실현의 거점으로 한 지방사회주의의 성과, 노동당이 통솔하는 대런던청의 최후의 성과이기도 하다. 토지이양에 사인을 할 수 있었던 것은 처분 금지 날짜 조건을 바꾸기 15분 전 아니 5분 전의 일이었다(2003년 인터뷰).

그림 10-2 코인 스트리트 마을 만들기 사업체에서 볼 수 있는 에셋 매니지먼트

에셋 매니지먼트의 수익을 공원 관리에 사용한다. 또한 공원은 서머 페스티발이 열리는 공간이기도 하다.

이처럼 분명히 정치적 결단의 결과라는 측면도 있을 것이다. 그러나 도시계획상 중요한 점은 지구계획으로 정해진 토지이용은 중·저소득자용 주택과 공원이며 이런 비영리 목적의 경우 매각가격은 이용가치에 따라 결정된다는 것이다.

환경 트러스트의 에셋 취득은 구의회와의 소송 문제로까지 확대되었다. 에셋은 폐선철도부지 고가 아래와 방치되었던 창고를 포함한 토지면적 8,100㎡이며 '핀친 스트리트 자산'이라 불린다. 1987년에 네트워크 레일 회사 등과 125년, 연간 임차료 7만 5,000파운드로 합의했다. 그러나 자유당이 이끄는 타워 햄릿구 의회는 가치 있는 자산이라는 것을 알고 건물 개조를 위한 보조금을 갑자기 중지했다. 노동당계 이사가 많은 환경 트러스트가 지역에서 힘을 키우는 것을 꺼린 교섭이라는 면도 있을 것이다. 그리고 최고법원에 의뢰하여 환경 트러스트가 승리했다. 결국 환경 트러스트의 사무소가 핀친 스트리트로 이전할 수 있었던 것은 2000년도의 일이었다.

현재 시티 동쪽의 리버풀역 방면에서 재개발이 진행되고 있고 핀친 스트리트 주변에서도 방치되었던 창고가 사무소로 전용되는 등 재도시화가 이루어지고 있다. 이를 위해 폐선로부지 전체를 매수하여 작업소, 보건센터, 고층 환경주택동 등을 포함한 하나의 대도시 재생 프로젝트로 키우는 것을 검토중이라고 한다. 칙샌드 시티즌스 포럼의 경우 타워 햄릿구 소유의

그림 10-3 환경 트러스트의 핀친 스트리트 자산
바로 앞에 있는 폐선로 고가 아래를 공장, 조리장 등으로 빌려주고 있다. 그 맞은편에 있는 4층짜리 건물은 환경 트러스트 사무소, NPO 사무소 등에 사용하고 있다.

토지를 1파운드의 명목상 지대로 99년간 빌리고 있다. 포럼 창설을 지원한 올던턴 환경 트러스트 사무국장은 이렇게 말한다.

> 포럼은 시티사이드 재생회사가 포괄적 도시재생 예산을 통해 지역주민 그룹을 지원하는 사례로 높은 평가를 받고 있다. 재생회사는 5년 동안의 시한 조직으로 해체 후에도 포럼의 인수조직으로 활동을 계속하여 재생회사에 대한 투자가 생기는 것을 기대하고 있다. 이를 위해 포럼에 에셋을 빌려주어 재정적 자립을 지향한 것이다(2002년 인터뷰).

토지 · 건물을 포럼이 소유한다는 안도 검토되었지만 민간 비영리 조직이 경영 파탄을 가져오는 사례도 있었기 때문에 구는 안전을 예상하여 포럼에게 명목 지대로 빌려주기로 한 것이라고 한다.

브롬레이 바이 보 센터의 경우, 공원관리를 조건으로 타워 햄릿구에서 공원의 일부를 1파운의 명목 지대로 30년간 빌리고 있다. 엘도니안 마을 만들기 사업체의 에셋 취득은 대처정부의 '공영사업의 민영화' 정책이 배경에 있다. 엘도니안 커뮤니티 주택협회가 주택용 토지를 취득할 수 있었던 것은 1988년의 주택법, 지방자치단체법에 의해 사회주택의 토지를 주택협회에 이관할 수 있게 되었기 때문이다. 1996년, 주택협회는 사회주택공급기구라 불리게 되었다.

거주지의 자체관리는 마을 만들기 사업체 협회 입장에서는 매우 큰 테마이며 엘도니안이나 코인 스트리트의 선진적 사례는 이후 커뮤니티 랜드

그림 10-4 칙샌드 시티즌스 포럼의 에셋 매니지먼트
창업가를 위한 마이크로 비즈니스 파크

트러스트 구상으로 전개되었다. 커뮤니티 랜드 트러스트 구상이란 토지이양과 거주지 경영을 연결하여 거주 커뮤니티의 자체관리를 추진하려 하는 것이다.[7]

2-2 에셋의 이용 용도 ① : 스포츠 시설과 레스토랑 · 주차장

마을 만들기 사업체는 취득한 에셋에서 이익을 올리기 위해 여러 가지 형태로 에셋 매니지먼트를 전개하고 있다. 구체적으로 에셋의 이용 용도를 보면 스포츠 · 레저시설, 각종 주택, 공원 공지, 작업소, 회의 · 훈련시설, 육아시설, 점포, 카페, 커뮤니티 홀, 사무소 등이 있다. 여기서는 에셋을 스포츠시설(웨스트웨이 마을 만들기 사업체)과 레스토랑 · 주차장(코인 스트리트 마을 만들기 사업체)에 이용하고 있는 사례를 들고 다음 항에서는 공원 이용(환경 트러스트가 중간지원조직으로 사업화)을 들 수 있다. 그리고 확실한 수입원을 확보하여 커뮤니티의 엠파워먼트에 크게 기여하고 있는 점에 주목한다.

웨스트웨이 마을 만들기 사업체 분석에서는 에셋의 이용 용도를 ① 수입을 가져오는 용도(점포, 작업소, 레스토랑, 옥외점포, 공장), ② 시민복지 서비스를 제공하기 위한 용도(보육소, 직업훈련소, 커뮤니티 조직의 사무소, 공원), ③ 수입을 가져오고 시민복지 서비스도 제공하는 용도(스포츠 · 레크리에이션 시설)의 3종류로 나누었다. 2004년도 수입을 보면 ③의 스포츠 시설에서 나온 수입이 263만 파운드(수입 전체의 51%)로 가장 많고 이어서 ①의 토지건물 임대료로부터 나오는 수입이 194만 파운드이다. 물론 지출에서 가장 많은 것도 스포츠 시설 관련으로 339만 파운드(지출 전체의 64%)이다(표 4-1 참조). 직원수는 본부 사무국의 스탭이 25명인 것에 비해 스포츠 · 피트니스 시설관계자는 140명으로 훨씬 많으며 높은 수준의 서비스를 제공하여 일대 고용센터가 되었다.

> 스포츠시설이 이 정도의 수입을 가져온 것은 하나의 '발견'이었다. 스포츠시설 이용을 통해 아이들이 빈부의 격차 없이 교류하고 부모도 인종이나 계층을 초월하여 커뮤니티 교류에 참가할 수 있어 매우 좋다 (2002년 배틀랜드 사무국장 인터뷰).

코인 스트리트 마을 만들기 사업체 환경 트러스트도 이러한 선례를 배워 이미 스포츠 시설 건설을 장래 구상에 넣고 실현해 나가고 있다.

코인 스트리트 마을 만들기 사업체의 경우 사업 목적은 '도심에 적절한 집세의 노동자계급용 주택 코프를 건설한다'는 것이었다. 1984년 사업 개시 후 주변환경은 크게 변하여 런던 글로버리제이션의 첨단지가 되었다. 인접한 워털루역은 유럽으로 가는 관문이 되었고 도크랜즈와 북부 교외를 잇는 지하철 지브리선이 연장되었으며 템스 강가의 산책로 신설로 관광의 거점이 되었다. 에셋 이용은 이처럼 주변환경의 변화에 서서히 대응함과 동시에 초기의 사업 목적을 잘 지키고 있다.

구체적으로는 ① 수입을 가져오는 용도(주차장, 강가의 레스토랑, 점포, 가설점포, 공방, 작업소, 광고탑)와 ② 사회서비스(주택, 공원, 민간 비영리 조직에 대한 사무소 제공)로 나뉜다. 주목해야 할 것은 주택의 건설 공정에 맞추어 공지를 주차장으로 이용하고 장기간에 걸쳐 안정적으로 높은 수입(총 수입의 22%, 2002년도)을 확보하고 있는 점과 런던을 대표하는 옥소 레스토랑에서 나오는 수입(총수입의 12%)으로 이들 수익은 질 높은 주택 코프 건설에 사용되고 있다.

2-3 에셋의 이용 용도 ② : 공원

환경 트러스트의 경우는 어떨까. 앞서 말했던 핀친 스트리트 자산의 경우, 폐선철도부지 고가 아래를 배달음식점 등으로 빌려주고 창고를 개조하여 자신의 사무소와 채리티 단체, 중소기업에서 이용하고 있다. 또한 외부 영리사업 부문에 도시계획 컨설턴트를 포함한 환경 트러스트답게 핀친 스트리트 자산 차용을 정할 때 타워 햄릿구 전체에 걸쳐 고가철도부지 아래의 적지 선정조사를 하여 가능성 있는 몇몇 사회 목적을 편성한 사업을 제안하고 스스로를 사회 디벨로퍼(social developer)라고 칭했다.

환경 트러스트가 주력했던 것은 이런 종류의 에셋 매니지먼트뿐만이 아니다. 초기의 환경 트러스트가 주력한 또 하나의 사업이 있다. 환경 학습과 연계한 학교녹화, 공원녹화, 황폐한 공지의 녹화재생, 가정채소원, 시민농원, 시티 팜 육성 등 황폐한 이너시티를 녹지로 채우는 전략에 에셋 매니지먼트 수법을 사용하고 있다. 환경 트러스트는 앞으로의 지속형 사회에는 '녹지의 경영원리'가 중요하다고 보고 그 사업화와 참가형 컨설턴트 업무에서 독자적인 입지를 확립했다.

환경 트러스트의 부대표인 하트 씨는 올던턴 사무국장의 공헌을 '황폐한 지구에서 〈환경〉을 목표로 일련의 〈녹지〉 정책 · 사업들을 발견해낸 것'이라고 평가한다. 그 대표적인 사례가 36ha에 이르는 마일 엔드 파크 사업이다. 대규모 공원의 거점적 재생을 계기로 지금은 인접지구에까지 건설투자를 유도하게 되어 광역적 도시재생을 실현하고 있다. 환경 트러스트는 중간지원조직으로서 이 공원을 운영했던 세인트 조지스 트러스트를 지원하고 계획내용 기획, 사업자금 조달, 사업 진행관리를 포함하여 담당했다. 총사업비 2500만 파운드라는 대규모 사업에 볼런터리 섹터가 중심이 되어 사회적 기업으로서의 역량을 발휘했다.

런던 동부의 공원체계는 1947년 대런던계획, 이른바 애버크롬비 계획에 의해 정해진 템스 강부터 북쪽의 빅토리아 공원에 이르는 운하를 따라 선형의 마일 엔드 파크가 건설되었다(그림 6-5 참조). 당초에는 국립놀이터협회가 소유 · 관리했었지만 황폐한 상태로 방치되었고 이후 1990년 세인트 조지스 트러스트가 밀레니엄사업으로 재정비하게 되었다. 환경 트러스트는 세인트 조지스 트러스트를 지원하는 데 있어서 다음과 같은 두 가지 사항을 중시했다.

① 공원 경영에 의한 수익을 바탕으로 자전사업으로서 공원관리를 장기간에 걸쳐 지속적으로 경영할 수 있는 시스템을 만드는 것(에셋 매니지먼트와 사업내 비용이전의 원칙)

② 세인트 조지스 트러스트 이사회는 지역 타워 햄릿구가 지배하고 있기 때문에 공원 수익이 구의 재원으로 편입될 우려가 있어 세인트 조지스 트러스트의 경영을 독립 · 자립적인 형태로 바꿀 필요가 있다(울타리의 원리).

'울타리 원리' 의 목적은 공원 경영의 수익이 지자체로 유출되는 것을 막는다는 점에 있고 최종적으로는 이사회 회원을 지역 주민으로 함으로써 가능해진다고 한다.

에셋 매니지먼트에서는 밀레니엄 브리지 아래의 상점, 철도고가 아래 시설의 임대료, 퍼브 · 등산 클럽의 운영에서 수익을 올리고 또한 외부영리사업 부문으로서 스포츠 센터를 경영하고 있다. 이들 수익을 세인트 조지스 트러스트가 독자적인 판단으로 공원정비에 환원시킨다는 것이다. 공원의 연간 관리비는 70만 파운드이며 그 중 60%는 상업용 임대수입 45만 파운드로 충당하고 있다. 주목해야 할 것은 공원재생 효과가 인접지구에 미쳐 대학, 호텔의 입지, 민간 디벨로퍼에 의한 주택재개발 유발 등 지역 전체의 에셋 가치를 높이고 있다는 점이다. 단순히 공원 경영(파크 매니지먼트)에 그치지 않고 지구 경영(에리어 매니지먼트)에도 영향을 주어 널리 커뮤니티와 도시의 재생에 기여하고 있다.

그림 10-5 마일 엔드 파크 ①
공원을 재정적으로 자립시키는 파크 매니지먼트 수법. 주변 지구에 새로운 토지이용을 유치하여 지구 전체의 자산가치도 상승시켰다.

에셋 매니지먼트가 안고 있는 문제는 에셋 획득과 그 운영방식이라는 지적은 다른 마을 만들기 사업체에서도 자주 듣는다. 웨스트웨이 마을 만들기 사업체의 어느 이사는 다음과 같이 말한다.

> 볼런터리 단체는 대부분 조성금을 얻기 위해 지자체에 모인다. 에셋 매니지먼트에 의해 재정적 자립만 확립할 수 있다면 마을 만들기 사업체는 지자체의 애완견이 되는 것을 피할 수 있다. 과제는 주민이 주도하여 이사회 운영을 할 수 있느냐이다(2002년 인터뷰).

그러나 '마일 엔드 파크 사업에 의해 생기는 주변 지구의 지가상승, 즉 개발 이익 흡수책을 왜 당초부터 사업에 편성할 수 없었는가?' 하는 의문을 갖게 된다. 사업 책임자인 올던턴 사무국장에게 만일 주변지구를 포함한 계획을 했다면 개발이익을 마을 만들기 사업체가 직접 통제할 수 있었다는 것을 런던 도심의 소영지개발, 뉴욕의 센트럴 파크, 리버풀 교외의 바켄헤드 사례를 들면서 물어보았다.

> 저명한 조경전문가를 포함해 공원경영 방법에 대해 여러 방면에서 상담했습니다. 그러나 황폐한 지구에 방치된 공원을 재정비하는 수법에 대해 아무도 좋은 안을 내놓지 않았습니다. 황폐지구에서의 과세방식은 무리이며 주변과의 일체적 정비는 사업규모가 너무 커서 자금이 부족할 것이고, 더욱이 황폐한 지구에서 과연 개발이익을 기대할 수 있을지 확신이 없었습니다.

이 논의는 '개별 에셋 매니지먼트를 어떻게 광역적 에셋 매니지먼트 내에 위치시킬 것인가' 하는 쇠퇴 · 황폐지구에서의 커뮤니티 매니지먼트 기본전략과 관련된 흥미로운 과제이다. '시장주도형 도시재생에 기업유치지구가 있듯이 커뮤니티 주도형 도시재생에 커뮤니티 사업특구가 있어도 좋지 않을까' 라는 마을 만들기 사업체 협회의 제안을 포함하여 다음 절에서 전개하겠다.

그림 10-6 마일 엔드 파크 ②
공원재생에 의해 주변지구에 주택건설 투자를 유발, 거주자의 젠트리피케이션(계층 상승)도 발생하고 있다.

3. 지방자치단체로부터의 에셋 취득과 그 가능성

6개 사업체의 에셋 취득 중 4개 사례가 지방자치단체로부터의 양도였다. 지자체로부터 토지를 취득할 수 있었던 것은 1972년 지방자치단체법에 의한다. 1972년 지방자치단체법은 '토지를 합리적으로 달성하는 최고가격=시장가격 이하에서 처분할 때는 7년 이내의 차지(借地)로 하고, 총리의 동의가 필요하다' 고 정하고 있다.

'최고가치의 원칙' (Best Value Rules)이라 불리는 것이지만 현실적으로는 '토지처분이 지자체, 커뮤니티에 크게 공헌할 때에는 최고가치의 원칙을 제외하는 예도 있다'[8]고 한다. 전체적인 경향을 볼 때 양도조건의 완화가 진행되어 마을 만들기 사업체 입장에서는 지방자치단체로부터 에셋을 취득하는 것이 쉬워졌다.

마을 만들기 사업체 협회의 진정 활동도 이러한 경향에 기여하고 있다. 협회는 "2000년 선언서"를 발행하여 '에셋 취득을 위해 1억 파운드의 커뮤니티 투자자금을 준비하고 또한 향후 5년간 10억 파운드의 에셋을 공적 소유에서 커뮤니티 소유로 이양하여 각각의 마을 만들기 사업체가 수입을 확보하는 수단으로 한다' 고 발표했다. 이어서 2001년 봄에는 에셋 이양의 사례 분석을 정리한 "에셋 기반을 개발한다"를, 같은 해 가을에는 그 안내서인 "에셋 이양"을 발행했다. "에셋 이양"의 머리말을 보면 마을 만들기 사업체 협회의 회장인 니콜슨 씨는 다음과 같이 강력하게 주장하고 있다.

주택배분은 사회주택공급 기구가 인수조직이 되어 토지이양이 이루어지고 있다. 토지 분야에서도 토지이양을 적용하는 것이 가능하다. 코인 스트리트의 사례에서 볼 수 있듯이 이미 토지가 볼런터리 조직에 매각된 사례가 있다.[9]

이런 흐름을 전개해 나간 마을 만들기 사업체 협회는 '커뮤니티에 의한 토지구입권', '커뮤니티 사업특구' 등 새로운 전략을 제안하고 있다. 전자는 대처정부의 공영주택을 민간에게 넘기는 주택구입권을 공공용지에 해당한 것이며 개인 · 기업에게 넘기는 것이 아니라 커뮤니티가 공동 소유한다는 발상이다. 후자도 대처정부가 설정한 민간기업을 환영한다는 제안이다. 즉 지역 커뮤니티의 공동을 바탕으로 한 토지의 소유와 관리, 나아가서는 개발을 정부 섹터가 지원해야 한다는 주장이다. 마을 만들기 사업체 등 커뮤니티를 운영하는 볼런터리 조직이 토지를 획득 · 개발하고 또한 개발 이익을 커뮤니티에 환원하는 것을 정부가 뒷받침한다는 것을 제안했다고 할 수 있다.

마을 만들기 사업체가 사회 서비스를 확실하게 제공하는 조직이 되었다고 평가하면 지자체측도 에셋을 적극적으로 이양하고 동시에 그 에셋이 양호하게 관리 · 운영되기를 기대하게 되었다. 예를 들면 2004년 켄 리빙스톤 시장이 이끄는 런던시는 증대하는 주택지 수요에 대응하기 위해 커뮤니티 랜드 트러스트 구상을 정리했다.[10] 이미 지적했듯이 토지이양과 거주지 운영을 연결한 커뮤니티의 자체관리를 런던 전체에 추진하고자 했다.

브리슬시에서도 '커뮤니티 재생의 종합전략'과 '지자체와 민간 · 볼런터리 조직의 협동을 촉진하는 지역 전략 파트너십'을 작성하는 동시에 '시가 소유한 에셋의 종합적 처분전략'이라는 보고서를 작성했다. 그 중에서 다음과 같이 지적하고 있다.

> 에셋 양도는 볼런터리 조직에게 에셋을 양도하거나 민간에게 매각하여 시의 재원으로 할 것인지의 선택으로 논의되고 있지만 그 본질은 지자체가 매각에 의한 재원으로 제공하는 사회 서비스와 에셋 이양에 의해 가능해지는 볼런터리 조직에 의한 사회 서비스 중 어느 것을 선택할 것인지의 선택 문제이다[11].

이러한 문제 제기는 볼런터리 조직이 지자체와 대등한 사회서비스 제공 능력을 갖게 되었음을 나타낸다.

마을 만들기 사업체 협회는 이러한 움직임을 환영함과 동시에 경계심도 강하다. 전국적인 제도로서 커뮤니티 랜드 트러스트가 확장되는 것과 각각의 마을 만들기 사업체가 다양한 지역 요구를 배경으로 독자적 활동을 전개하는 것은 모순되지 않느냐는 것이다. 마을 만들기 사업체의 원리는 엠파워된 개인과 커뮤니티가 일련의 경영 과정에 참가하여 지역을 자체관리하고 있다는 점에 있고 그것이 거버넌스형 마을 만들기의 본질이기도 하다. 그런 의미에서 하트 환경 트러스트 부대표 등은 기초 활동이 결여된 커뮤니티 랜드 트러스트의 구상에 비판적이다. 어쨌든 행정이 마을 만들기 사업체의 활동을 관여하려고 할 때 정부와 대항적인 관계 속에서 정부의 역할을 보완하는 볼런터리 섹터의 특징, 즉 대항적 상보성을 잃을 위험성이 늘 있다는 것이다.

4. 에셋 매니지먼트의 특징과 공간구조적 특징

선도적인 마을 만들기 사업체가 활동을 시작한 지도 이미 4반세기 이상이 지났다. 그동안 웨스트웨이 마을 만들기 사업체, 코인 스트리트 마을 만들기 사업체, 환경 트러스트 등은 각각의 지역에 적합한 개성적인 활동을 전개하였다. 여기서는 6개의 에셋 매니지먼트 사례에서 마을 만들기 사업체에 재정적 자립을 가져오는 에셋 매니지먼트의 특징과 '커뮤니티를 기업

그림 10-7 브롬레이 바이 보 센터의 에셋 매니지먼트
공원 땅의 일부를 빌려 건강생활센터 등으로 사용하고 그 수익을 공원 관리에 쓴다. 또한 공원 관리는 고용도 낳았다.

화' 하는 구체적인 내용에 대해 살펴보겠다.

4-1 에셋 매니지먼트의 5가지 특징

① 시장원리의 경제활동과 비시장원리의 커뮤니티 서비스를 연결하는 수법

에셋 매니지먼트에서 중요한 점은 '그것들을 획득하고 사업화하여 얻은 수익을 어떻게 커뮤니티에 환원할 것인가' 이다. 그리고 하트 씨는 '에셋 개발이란 에셋을 발견하여 소유하는 과정이며 에셋 매니지먼트란 에셋을 운영하여 발생한 이익을 어떻게 커뮤니티를 위해 사용할 것인가의 일련의 과정을 말한다' 고 정의한다. '커뮤니티의 노력으로 협동의 부를 창출하고 커뮤니티에 환원한다' 고 말한 니콜슨 씨의 주장도 같은 문제에 대한 관심이

그림 10-8 엘도니안 마을 만들기 사업체
① 주택 코프 경영, ② 주택지 · 거주시설 복합체 경영의 에셋 매니지먼트, ③ 외부 영리사업 부문 경영을 전개중이다.

다. 시장원리로 운영되는 외부 영리사업부문과 에셋 매니지먼트에서 얻어지는 수익은 사업내 비용이전 수법으로 커뮤니티에서 채산이 오르지 않는 서비스를 제공하는 데 쓰인다. 즉 시장원리의 경제활동과 비시장원리의 커뮤니티 서비스를 연결하는 것이 외부영리사업과 에셋 매니지먼트에 의한 사업내 비용이전의 원리라는 것을 알 수 있다.

환경 트러스트는 외부영리사업 부문으로서 도시계획 컨설턴트를 경영하고 있지만 '컨설턴트 활동도 에셋 매니지먼트에 의해 어떻게 커뮤니티의 자산가치를 높이고 사회 목적을 달성하느냐?를 테마로 하고 있다' 고 한다. 즉 시장원리로 하는 사업이라도 사업내용에 그들의 커뮤니티 재생 이념을 넣으려 하고 있다.

② 정부와의 대항적 상보관계 구축

쇠퇴지역의 재생을 볼런터리 섹터인 마을 만들기 사업체가 담당하는 것은 정부의 공공사업을 보완한다는 개념으로 여기기 쉽지만 마을 만들기 사업체는 단순한 하청으로 보완하는 것이 아니라 지역의 요구에 따라 커뮤니티의 자립을 목표로 하고 있다. 그러기 위해서는 정부기관과 대항적 관계를 유지하면서 협력한다는 관계를 구축할 필요가 있다. 정부의 위탁사업에 의존하지 않고 재정적으로나 조직적으로 자립도를 높이는 것이 요구된다.

환경 트러스트는 1993년부터 94년에 걸쳐 타워 햄릿구 의회로부터 받던 조성금이 중단되었고 외부 위탁도 줄어들어 '에셋 매니지먼트가 없으면 사업체를 접어야 한다' 고 말할 정도로 경영 위기에 직면했다. 이런 경험에서 '에셋 매니지먼트에 의해 마을 만들기 사업체 운영에 필요한 골격적 비용의 일부를 확보할 수 있으면 경영의 안정화를 꾀할 수 있다' 고 확신했다. 환경 트러스트의 경우 에셋 매니지먼트에 의한 수입은 전체의 20% 정도이며 인건비 등의 골격적 비용의 일부를 확보할 수 있고 또한 에셋을 담보로 은행융자를 받는 등의 경영 안정으로 이어지고 있다.

경영 안정화에 고생한 환경 트러스트에 비해 사업 착수기부터 에셋을 확보했던 다른 마을 만들기 사업체의 경우 재정적 자립이 비교적 용이했다. 제2부에서 언급한 6가지 사례 중 환경 트러스트를 제외하고 다른 모든 사업체는 착수기부터 에셋을 획득하였다. 또한 웨스트웨이 마을 만들기 사업체(1971년 설립, 도시고속도로 반대운동), 엘도니안 마을 만들기 사업체(1978년, 슬럼 정비에 의한 커뮤니티 파괴반대운동), 코인 스트리트 마을 만들기 사업체(1984년, 도심 주거 쇠퇴에 대한 저항운동)의 경우 모두 주민들이 격한 저항운동을 한 결과 에셋을 취득했다. 에셋 취득과 주민들의 에너지가 합해져 마을 만들기 사업체의 경영을 추진시킨 것이다. 한편 착수기에 에셋을 확보하지 못했던 환경 트러스트(1979년 설립)의 경우 에셋 매니지먼트 모델을 발견하기까지 10년 정도의 세월을 보냈다.

이러한 점에서 정부가 대항적 상보관계를 구축할 수 있는 자립적 볼런터리 섹터의 성장을 기대한다면 사업체 착수기에 공적 지원 또는 에셋 이양을 하는 것이 중요하다고 말할 수 있다.

③ 운영원리로서의 참가와 민주적 관리

사회적 기업인 마을 만들기 사업체의 운영은 민주주의적으로 이루어져 외부 조직은 예를 들어 지자체라고 해도 경영 프로세스에 직접 관여할 수 없다. 경영조직은 사무국 스탭(전문가 집단)과 이사회(경영위원회)의 연계로 구성된다. 전문가의 폭넓은 지식과 주민의 의견, 지역에 대한 강한 관심이 마을 만들기 사업체라는 경영 공간에서 융합하여 건전하면서도 알기 쉽게 하고 있다. 환경 트러스트의 마일 엔드 파크 사례에서도 보았듯이 이사회 멤버의 대부분을 주민 대표로 하고 경영을 커뮤니티에 공개하여 외부로부터의 경영 간섭을 막는 '울타리 원리'의 확립이 필요하다.

④ 에셋 매니지먼트의 역량을 높이는 중간지원조직

환경 트러스트는 환경개선을 테마로 핀친 스트리트 자산을 에셋 매니지먼트하는 민간 비영리 조직임과 동시에 중간지원조직으로서 타워 햄릿구를 중심으로 다양한 지구의 에셋 매니지먼트를 지원하고 있다. 예를 들면 사업 · 이벤트형으로 브릭 레인 페스티벌을 실시하여 지역의 문화자산으로 키우고 있는 점과 마일 엔드 파크 공원 재생사업, 칙샌드 시티즌스 포럼(제7장), 방치된 건물을 레스토랑이나 사무소로 재생하여 연간 임대료 3만 파운드를 낳는 탁스 헤드 사업체, 환경주택(그린 홈즈) 공급 등을 지원하고 있다. 또한 황폐한 공지의 수경, 환경학습과 연계한 학교 녹화 등 녹지에 초점을 둔 사업들을 조언 · 실천하고 있다. 이러한 다양한 사업이 거점이 되어 주변지구의 사업을 촉진하고 지구 전체에 조언과 지원 네트워크를 구축하고 있다.

이처럼 점재된 마을 만들기 사업체와 환경 트러스트 본체의 관계에 대해 하트 씨는 '환경 트러스트가 중간지원조직으로서 마을 만들기 사업체를 키우고 나중에는 각 커뮤니티의 자주적 운영에 맡긴다. 그리고 환경 트러스트 본체는 항상 소수인에 의한 작은 경영에 전념한다' 고 말한다. 즉 중간지원조직으로서의 환경 트러스트는 타워 햄릿구에 점재된 에셋을 발견하고 주민 조직에 작용하여 에셋 매니지먼트에 의한 사업화를 지원하고 성장한 몇몇 사업체는 상호협력 네트워크로 이어져 매니지먼트의 역량을 높이는 구조이다.

⑤ 커뮤니티 시설 관리에 필요한 에셋 매니지먼트

영국에서는 지자체 예산을 삭감한 결과 공원의 정비 · 관리를 등한시했다. 따라서 마을 만들기 사업체는 방치된 공원의 재정비를 지역의 빈곤문제 해결로 보고 이에 착수한 사례가 많다. 마일 엔드 파크에서는 에셋 매니지먼트에 의한 상업시설을 경영하고 그 임대료로 공원관리의 일부를 충당하고 있다. 같은 수법이 뉴타운개발공사 해산 후인 밀튼 케인즈 뉴타운에서도 사용되어 유명해졌다.

칙샌드 시티즌스 포럼에서는 집회소를 단순히 커뮤니티 센터로만 보지 않고 커뮤니티와 개개인을 엠파워하는 거점으로 키웠다. 취로 · 직업훈련 공간을 제공하는 마이크로 비즈니스 파크와 집회시설을 일체화하여 경영하고 그 수익을 사회서비스 제공에 충당하고 있다(제7장). 브롬레이 바이 보 센터의 경우 토지의 일부를 진료소 등으로 빌려주고 그 수익으로 공원관리를 하고 있다(제8장). 이러한 경험에서 하트 씨는 '정치가들은 상황에 따라 주장을 바꾼다. 재정난 속에서 언제 커뮤니티 시설의 관리운영비가 중단될지 알 수 없다. 공원뿐만 아니라 모든 커뮤니티시설에는 반드시 에셋 매니지먼트를 도입해야 한다' 고 주장한다.

4-2 공간구조적으로 본 에셋 매니지먼트와 거버넌스형 마을 만들기

이상과 같이 마을 만들기 사업체의 활동 내역은 에셋의 종류와 사업내용에 따라 다양하며 거버넌스형 마을 만들기의 유형은 다르다. 특정지구의 거주환경, 주민을 대상으로 사업경영하는 거점적 에셋 매니지먼트가 점차 지역 커뮤니티를 넘어 밖으로 확대되어 유형과 과제별로 창설되는 각 에셋 매니지머트가 연계하여 네트워크화함으로써 커뮤니티의 재생, 나아가서는 도시재생을 꾀하는 유형이다. 즉 공간구조적으로 보면 '거점적 에셋 매니지먼트가 커뮤니티를 넘어 확대된다' 는 것과 '개별 에셋의 집적이 네트워크화하여 커뮤니티 · 도시를 매니지먼트하는' 두 가지로 유형화할 수 있다. 이는 '거버넌스형 마을 만들기' 가 어느 일정 지구의 재생사업을 대상으로 설립되는 것이 아니라 주변지구에 대한 전개, 사업체간의 네트워크화에 의해 넓은 지역에서도 성립한다는 것을 의미한다.

① 거점적 에셋 사업을 중심으로 하는 커뮤니티 거버넌스

중심이 되는 마을 만들기 사업체의 에셋 매니지먼트가 성공을 거두어 사회적 평가를 받음에 따라 활동이 당초 사업구역을 넘어 주변지구와 연계하는 모습이다. 여기에는 두 가지 유형이 있다. 하나는 코인 스트리트 지구나 엘도니안 지구에서 볼 수 있는 사례로 마을 만들기 사업체가 주변 지역의 시장 · 정부 섹터를 불러들여 커뮤니티 거버넌스 형성의 견인 역할을 하고 있다. 코인 스트리트 마을 만들기 사업체는 어메니티가 풍부한 도심거주를 실현하기 위해 주변지구에도 개방된 공원, 템스 강을 따라 이어진 산책로를 정비하고 인접한 세계적 기업군, 이해관계단체들, 행정기관을 끌어들여 외부 비영리사업 부문을 창설하고 어번 디자인 전략의 입안과 사업화, 환경버스 운영 등을 포함한 광역 환경정비에 착수했다. 즉 코인 스트리트 마을 만들기 사업체의 개발 이념이 글로버리제이션의 여파를 받는 주변 지구의 개발에 영향을 주고 관계조직과의 협의와 조정 공간을 통해 커뮤니티 거버넌스, 나아가서는 로컬 거버넌스를 실천하고 있다고 말할 수 있다(제5장).

리버풀의 엘도니안 지구에서는 도시재생의 에너지가 높고 주변의 황폐지구에 민간 개발업자의 투자를 유도하기까지에 이르렀다. 그 중심이 엘도니안 마을 만들기 사업체이며 정부 섹터의 지원도 얻어 인접지구를 포함해 광역적으로 거버넌스하고 있다.

또 하나의 유형은 웨스트웨이 마을 만들기 사업체로 마을 만들기 사업체가 에셋 매니지먼트에 의해 제공하는 여러 사회 서비스가 주변 주민의 사회적 활동을 강화하고 확대해가는 것이다. 웨스트웨이 마을 만들기 사업체의 스포츠시설 운영은 실업이나 마약 등의 문제를 안고 있는 여러 인종의 젊은이들에게 건전한 여가의 기회를 주고 스포츠를 통해 사회성을 기르는 공간이 되고 있다. 뿐만 아니라 그곳에서 얻어지는 수익으로 보육원이나 직업훈련소를 지원하고 공원을 정비하며 지역 커뮤니티에 활동 지원금을 제공하는 등 지역의 요구에 맞는 다양한 사회서비스를 제공하고 있다. 주변 주민은 웨스트웨이 마을 만들기 사업체의 운영에 참가한다기보다 수익자로서 그룹 활동에 활발하게 임하고 개인의 엠파워먼트를 하고 있다고 할

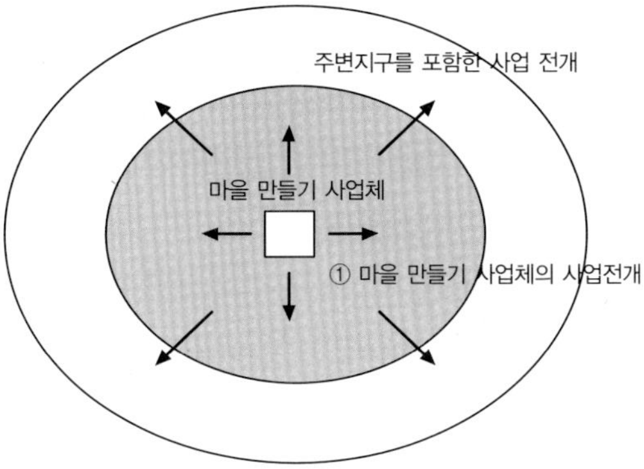

그림 10-9 거점적 에셋 사업을 중심으로 마을 만들기 사업체를 경영
우선 지구 내의 사업을 전개하며, 이어서 볼런터리 섹터를 핵으로 하고 정부 · 시장 섹터와 협동하여 주변에 전개한다. 그 결과 지역 커뮤니티를 3주체가 함께 이끌어가고 있다.

수 있다.

거점적 에셋 매니지먼트가 창출하는 마을 만들기는 커뮤니티 거버넌스의 중심이 되어 개인의 사회적 역량을 높이고 커뮤니티의 사회적 네트워크를 확대하고 있다.

② 개별 에셋 사업이 연계된 네트워크형 거버넌스

환경 트러스트의 사례가 이에 해당되며 약 4반세기에 걸친 환경 트러스트 활동은 다음과 같이 요약할 수 있다.

> 타워 햄릿구라는 특정지역 전체를 대상으로 지역자원을 활용하여 활동의 개별 자립거점을 구축하고, 이를 네트워크화하여 구 전체의 생활과 공간을 개선해왔다.

여기서 말하는 개별 자립거점에는 마을 만들기 사업체 설립, 녹화된 학교와 환경학습 실천 등을 포함한다. 여기에는 ① 마을 만들기 사업체에 의한 개별 사업으로서 에셋 매니지먼트, ② 점적인 사업을 많이 전개하여 이들이 네트워크를 구축하고 결과적으로 지구 전체(에리어 매니지먼트)의 에

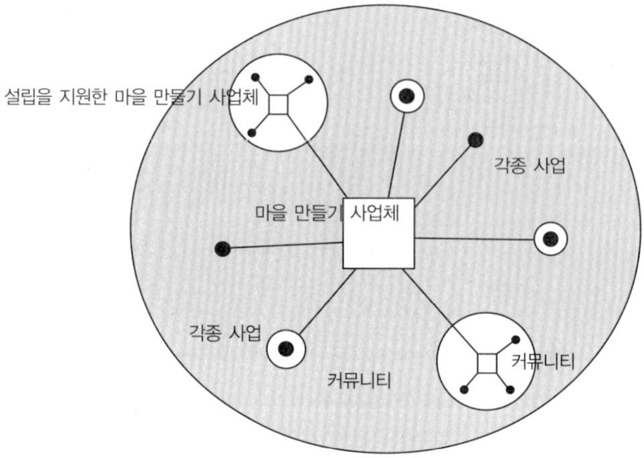

그림 10-10 개별 마을 만들기 사업체의 에셋 사업을 연계, 네트워크화하여 네트워크형 거버넌스를 실현

셋을 개선한다는 2단계의 에셋 매니지먼트론이 있다.

타워 햄릿구는 오랜 기간에 걸친 정부의 투자가 있었음에도 성과를 올리지 못하고 방글라데시인 등의 이민 그룹이 사회적으로 소외되는 등 경제사회적인 빈곤문제가 심각했다. 그리고 정부도 민간도 아닌 제3조직인 볼런터리 조직이 문제 해결 방법으로 찾아낸 것이 에셋 매니지먼트에 의한 자체자립 커뮤니티 재생이었다. 또한 환경 트러스트가 진행하는 각종 에셋 매니지먼트 사업은 지자체의 협력으로 에셋을 취득하고 운영도 지자체, 주민조직, 민간기업과의 협의, 협력체제에 의해 진행되고 있다.

이는 작은 지역단위에서 커뮤니티 거버넌스를 전개하는 한편 환경 트러스트는 타워 햄릿구에서 전개하는 사업조직 간에 정보와 기술을 공유하고 연계와 협력체제를 강화하고 있다. 이런 네트워크상의 연계는 환경 트러스트의 존재감을 높이고 정부 섹터나 시장 섹터에 대항하는 것을 가능하게 하고 있다. 즉 커뮤니티 거버넌스의 네트워크화가 네트워크형 거버넌스를 유도하고 있다고 말할 수 있다.

〈注〉

1 筆者は、戦後都市計画システムの財政的骨格を決めた「アスワット報告書」(開発利益の国有化)と、まちづくり事業体協会の財政基盤に関する一連の「アセット経営関連報告書」を、「大きな国家システム、福祉国家、ガバメント型都市計画」と「小さなコミュニティ・システム、市民福祉コミュニティ、ガバナンス型まちづくり」の対比でとらえている。

2 Hart, L., 1997, *Asset base development for community-based regeneration organizations,* Development Trust Association, p. 1. 有形資産 (tangible asset) とは財産が有形で評価可能なものをいう。ハーツ氏はその後、次のアセット関連報告書を出した。Hart, L., 2005, *To have and to hold,* Development Trust Association.

3 Hart, L., 1997, ibid., p. 15.

4 Hart, L., 2001, *Asset Transfer: a can-do guide*, Development Trust Association, p. 2.

5 Hart, L., 1997, op. cit., p. 14.

6 Hart, L., 2001, op. cit., p. 12.

7 Greater London Authority, 2004, *Community Land Trusts and Mutual Housing Models: A Report for the Mayor of London,* Greater London Authority.

8 Pulse Regeneration Ltd, 2004, *Bristol City Council: Asset Transfer Research,* Pulse Regeneration Ltd, p. 15.

9 Hart, L., 2001, op.cit., p. 1.

10 Greater London Authority, 2004, op. cit.

11 Pulse Regeneration Ltd, op. cit, p. 4.

제 11 장

마을 만들기 사업체의 조직간 연계

1. 마을 만들기 사업체의 자립과 개인의 자립

1-1 정부 · 시장 섹터로부터의 자립

마을 만들기 사업체의 6가지 사례에서 볼 수 있는 공통된 과제는 조직의 자립이며 자립을 실현하기 위한 구체적인 방법을 지역사회에서 찾는 것이었다. 마을 만들기 사업체가 지역사회 문제를 해결하는 데 왜 '자립'을 문제로 해야만 했는지, 조직적 자립을 위해 왜 사회적 기업이라는 사업을 전개해야 했는지에 대해 알아보겠다.

마을 만들기 사업체는 지역의 빈곤문제를 주민의 생활 실태에 의거하여 상세하게 파악하고 자연환경 보전과 생활개선에 지역주민을 자발적으로 참여시켜 해결하고 있다. 즉 경제 · 사회 · 환경적 의미에서 지속 가능한 지역사회를 만드는 것을 목표로 하고 있고 지역문제를 해결하여 공익 서비스를 제공하는 조직으로서 정부 섹터가 아니고 민간기업인 시장 섹터도 아닌 비영리 단체인 볼런터리 섹터로서의 지위를 확립시키고자 했다.

공익적인 서비스를 제공하는 볼런터리 조직은 존립 기반이 약하여 국가나 지자체의 지원체제 없이는 존속이 어렵다. 그러나 정부의 지원은 특히 재정적 지원을 받는 측에 여러 가지 제약을 제시하고 국가와 볼런터리 조직간에 지배와 종속이라는 관계를 만들어내기 쉽다. 제6장에서 언급한 환경 트러스트처럼 초기에 사업자산으로 토지나 건물을 가질 수 없었던 마을 만들기 사업체는 당연히 정부보조금에 대한 의존도가 높다. 보조금에 대한 의존이 문제가 되는 것은 보조금이 사용 목적을 사업별로 한정하기 때문에 다양한 지역 요구에 부합할 수 없다는 점, 단년도별 보조금은 장기적인 사업을 불가능하게 하여 조직이 본래 가지고 있는 사회적 사명과 거리가 먼 사업을 할 수밖에 없다는 점 등이다. 정부의 보조금을 목표로 할 것인지, 스스로의 사회적 사명을 지키기 위해 독립된 길을 향할 것인지의 선택은 어느 마을 만들기 사업체에서나 당면하게 되었다. 볼런터리 조직이 스스로의 활동 목적을 지속적으로 실현하고 조직으로서의 자기 주장을 관철해나가기 위해서는 조직의 존립 기반을 다른 사람에게 의존하지 않고 자립적으로 운영하는 것이 중요하다.

마을 만들기 사업체의 자립적 운영에 있어서 가장 중요한 것은 앞 장에서도 검토했던 것처럼 재정적 자립이다. 많은 마을 만들기 사업체는 정부로부터 에셋을 획득하여 운영관리한다는 에셋 매니지먼트 수법에 의해 이익을 만들어내고 재정적 기반을 확립하고 있지만 본질적으로 시장원리와 양립하지 않는 사업이 중심이기 때문에 사업화 규모에는 한계가 있다.

마을 만들기 사업체는 시장원리에 따르지 않는 영역 또는 이익 추구나 효율성으로는 해결할 수 없는 영역을 다루기 때문에 당연히 시장과는 일정 거리를 두게 된다. 시장경제 속에서 시장원리가 아닌 상호우호적인 영역을 만들고 그 영역을 지키기 위해 시장을 이용한다는 시스템이 되고 있다. 즉 '시장 안에 시장과는 다른 규칙을 가지는'[1] 교환영역을 형성하고 있다. 사업수익을 커뮤니티에 환원하고 호조적인 관계성을 구축함으로써 시장과는 명확하게 경계를 긋고 있다.

하지만 코인 스트리트나 웨스트웨이의 사례처럼 토지경영 규모가 확대되어 수익이 높아짐에 따라 시장과의 관계성이 미묘해지고 비영리조직으로서 합당하지 않는다는 비판도 생기고 있다. 이러한 비판은 사회적 기업이 새로운 가능성을 전개하는 선구 사례라면 당연히 생기는 것이라 할 수 있다. 사회적 기업으로서의 사명을 목표로 하는 한 마을 만들기 사업체가 시장을 재편하는 힘을 갖는다는 것의 의의에 주목하는 것이야말로 중요하다.

마을 만들기 사업체가 정부나 시장 섹터로부터 자립하는, 즉 정치적 · 경제적 종속으로부터 독립을 지향한다고는 하지만 정부로부터의 지원은 필수이며 또한 시장에서 많은 편익을 받는 것도 사실이다. 중요한 것은 이들의 힘에 지배되지 않도록 거리를 유지하는 관계성을 구축하는 것이다. 특히 재정적 원조에 대해서는 단일 기관에 의존하는 것을 피하고 여러 기관에서 폭넓게 받는다는 '수입원의 다양화' 에 노력한다. 6개의 마을 만들기 사업체는 자주사업 외에 정부나 구의 보조금, EU로부터의 펀드, 복권기금으로부터 조성, 지역주민과 채리티 단체로부터의 기부금 등 다양한 조직으로부터 원조를 받아 지원관계를 분산시켜 특정 섹터에 종속되지 않는 관계성을 구축하고 있다.

이처럼 마을 만들기 사업체는 조직적 자립을 위해 20년 넘게 고생해왔지만 그것은 무엇보다도 빈곤지역에 사는 개인의 생활력을 높이는 사업이며 지역 커뮤니티의 재생으로 이어지는 사업을 맡고 있다는 확신으로 유지될 수 있었다. 즉 마을 만들기 사업체의 조직적 자립을 원하는 배경에는 개인의 자립과 커뮤니티의 재생이라는 보다 중요한 문제에 따르겠다는 강한 의도가 있다.

1-2 개인의 자립과 커뮤니티 재생

마을 만들기 사업체가 활동해나가기 위해서는 우선 주민들의 주체적 참여를 얻을 필요가 있다. 6개 마을 만들기 사업체의 사례가 사회적 기업으로서 어느 정도 성공을 거두고 사회적으로 인정받게 된 요인으로는 지역 문제 해결에 주민들의 참여를 얻어냈던 점을 들 수 있다. 참여문제는 하루하루 생활에 쫓기는 빈곤층이 많고 다민족이 모여 사는 도시 쇠퇴지역의 경우 매우 어렵다. 주민들이 민족적 · 문화적으로 분단되어 고립되기 쉬운 지역에서는 특수한 종교단체에 배타적으로 소속되는 경향을 볼 수 있으며 그 상태로는 시민적인 볼런터리 활동에 대한 참가를 거의 볼 수 없다. 이는 브롬레이 바이 보 센터나 칙샌드 시티즌스 포럼의 사례에서도 초기 단계에 나타났다.

이러한 지역에서 주민들이 주체적으로 사업에 참여하기 위해서는 먼저 주민들의 생활력을 이끌어내는 일상적 활동을 전개하고 그에 의해 신뢰관계를 구축하는 방법이 가장 효과적이다. 지역의 사회관계나 신뢰관계를 자원으로 하여 이를 조직적인 활동으로 연결시키는 것이다. 사람들의 교류나 신뢰관계는 지역에 대한 소속감이나 아이덴티티를 기반으로 하고 있는데 이러한 의식을 키우기 위해 주민들의 생활과 연결되는 활동을 중시했다.

이처럼 선도적인 리더가 최초로 편성된 것은 다양한 주민들의 관심과 생활의 요구를 파악하여 복지활동과 문화적 활동, 교육활동으로의 참가를 촉진했던 것이다. 활동에 참가하는 과정에서 주민들은 서로 대화하고 협력하는 기쁨과 스스로의 존재가치를 발견했다. 또한 그런 일상적인 활동을 전개하는 과정에서 사업이나 노동시장 개척으로 이어지는 커뮤니티기업과 사회적 기업을 모색했다. 주민들은 스스로의 생활을 충실하게 할 목적으로 참가한 활동이 점차 지역사회에 공헌하는 활동으로 변화되어 가는 것에 기쁨을 느끼고 지역에 대한 아이덴티티를 키웠다. 즉 마을 만들기 사업체의 활동은 참여에 의해 다른 사람과의 교류를 회복하고 개인이 아이덴티티를 얻어 그 결과 자립(셀프 릴라이언스)으로 향하는 것을 중시하고 있다.

주민 참여의 방법은 지역에 따라 차이가 있었다. 코인 스트리트 지구의 경우 재개발에 반대하는 과민한 도시사회운동을 중심으로 조직화되었기 때문에 공동의식의 원점은 영국 특유의 노동자 동료의식이었던 것으로 볼 수 있다. 지역주민의 운동을 노동조합, 교회, 지역의 보육 그룹 등 다양한 집단이 지원하고 교류를 확대해나갔다.

이러한 마을 만들기 사업체를 조직하는 초기 단계에 형성된 공동의식과 사람들의 교류는 그 밑바탕에 자기 존중이라는 감정과 다른 사람에 대한 신뢰감이 없으면 성립되지 않는다. 이는 사회관계자본[2]이라 불리는 것으로 사람들의 자발적 협력을 촉진하는 요소로 주목되고 있다. 사회관계자본이라는 개념은 R.D. 패트넘이 개발이나 사회발전과 관련지어 이론화하였다. 이탈리아의 남북간 격차에서 사회발전이 이른바 금전적 자본이나 물적 기반 정비만으로는 달성되지 못하고 사람들의 자발적 협력을 만들어내는 신뢰나 규범, 네트워크 등의 사회관계 자본의 존재가 크다는 것을 실증적으로 밝혔다.[3] 마을 만들기 사업체는 이러한 사회관계자본을 창출하는 사업이라 할 수 있다.

풍부한 사회관계자본이 가져오는 커뮤니티의 재생이란 방치하면 시장원리의 개발에 의해 파괴되는 지역의 경관이나 전통문화, 자연, 지역순환형 경제, 인간관계 등을 지역의 힘으로 지키고 지역에 근간을 둔 발전을 실현하는 것이다. 또는 시장원리의 개발에서 제외되어 고립된 지역에서 주민이 공동의 힘으로 발전 가능성을 전개해가는 것이다. 즉 지역 커뮤니티의 재생 문제는 '내발적 발전' 이라는 테마와 깊이 관련되어 있음을 알 수 있다.

내발적 발전론은 1970년대 개발도상국의 발전 모습을 이론화한 것이다. 서구 근대주의에 자리한 단선적인 것이 아니라 지역 고유의 생태계, 문화유산이나 전통 등 다양성을 존중하고 지역주민의 공동적 자발성에 주목하고 있다. 특히 인간의 개성 가능성을 전개하는 것, 경제적 · 문화적으로 다른 나라에 종속되지 않는 것 등 '자력갱생' 이념이 중시되었다.[4] 자력갱생이라 표현되는 지역의 자립은 인간의 생명 존중과 보람, 실현 등을 포함하여 그 의미에서 마을 만들기 사업체가 가장 중요시 한 개인의 자립이라는 견해와 매우 가깝다. 내발적 발전론은 개발도상국의 발전론으로뿐만 아니라 선진국의 대도시 쇠퇴지역 개발에도 큰 의미를 가진다.

지역 커뮤니티 재생은 내발적 발전에 의해 가능해지는데 동시에 글로버리제이션이라는 현대적 · 사회적 조건도 고려해야 한다. 세계 자본의 글로벌한 전개는 공적 섹터의 감축, 심각한 환경파괴 등 개인이나 지역사회에 많은 사회적 리스크를 초래하고 있다. 사회적 리스크란 시장에서 소외된 사람들의 증대, 사회복지 철퇴에 따른 세이프티 네트 약체화, 소득격차 확대, 범죄 증가, 환경문제 심각화 등 사회생활을 불안정하게 하는 요소가 누구를 막론하고 엄습해오는 위험이다.[5]

이러한 사회적 리스크를 피하기 위한 방법 중 하나가 시장활동 제어이다. 그러나 국가나 지자체가 시장의 힘을 규제하기에는 한계가 있고 신자유주의 경제 안에서는 더욱 불가능에 가깝다. 가네코 마사루(金子勝) 교수는 사회적인 공동의 힘에 의해 시장을 제어 · 재편하는 길을 찾고 있다.[6] 그는 사람들이 '자기결정' 할 수 있는 공간으로서 커뮤니티를 들고 지역에서 글로벌에 이르는 몇몇 차원에서 커뮤니티를 형성하고 이를 네트워크화하면 시장제어가 가능하다고 지적한다. 여기서 커뮤니티란 지역에 받아들여질 수 없는 공동체를 의미하고 시장을 커뮤니티(공동)의 힘으로 제어하며 시장의 폭주에 의해 파괴된 세이프티 네트를 재구축하는 가능성을 검토하고 있다.

6개 마을 만들기 사업체의 사례를 봐도 지역 커뮤니티의 재생은 하나의 공간적 지역에서 완결되는 것이 아니라 같은 사회적 사명을 가진 다른 조직과 연계하여 네트워크를 구축함으로써 가능해진다. 한 사업체의 실천이

다음 사업체를 만들어내고 지자체 차원에서 네트워크상으로 확대해나감으로써 지자체의 로컬한 정책 형성에 영향을 주는 것은 환경 트러스트(제6장, 제10장)의 분석 사례에서도 보았던 대로이다.

즉 마을 만들기 사업체가 추구하는 개인과 조직의 자립은 다양한 조직의 교류와 연계 등 공동으로 만들어내는 사업화에 의해 가능해지고 지역 커뮤니티의 재생을 촉진한다. 그리고 조직과 조직 또는 개인과 조직 간에 형성되는 연계는 다양한 형태를 취한다.

이 장에서는 특히 조직 간의 연계에 주목하여 파트너십형 연계, 외부 영리사업 부문과의 브리지형 연계, 네트워크형 연계의 세 가지 유형을 알아보고 이들이 어떻게 조직적 자립 문제에 관여하고 있는지 검토해보자.

표 11-1 마을 만들기 사업체의 조직간 연계의 종류와 특징 · 목적

	파트너십형 연계	브리지형 연계	네트워크형 연계
특징	프로젝트별 관계, 대항적 상보관계	자선조직 본체와 부속조직, 목적적 · 합리적 관계	대등한 상호부조, 신뢰를 바탕으로 한 호조관계
목적	정부 섹터와 시장 섹터와의 협동, 명확한 역할 분담과 전문성	사회적 사명의 실현을 재정적으로 지원	정보, 지식, 경험의 공유, 단위조직의 자립을 지원

2. 조직간의 연계 방식

2-1 연계(링케이지)의 세 가지 유형

마을 만들기 사업체의 분석 사례에서 세 가지 유형의 연계란, 첫째 중앙정부나 지방자치단체와 프로젝트별로 구축하는 파트너십형 연계이며, 둘째 재정기반을 강화하기 위해 사업체 내에 만들어진 외부 영리사업 부문과의 브리지형 연계, 셋째 다른 볼런터리 단체와 상호지원하거나 정치적인 작용을 하기 위한 네트워크형 연계이다(표 11-1).

파트너십형 연계는 볼런터리 조직에 높은 전문성이 요구되며 조직으로서의 사회적 자립이 촉구된다. 브리지형 연계는 볼러터리 조직의 재정적 자립과 인재 육성을 가능하게 한다.

또한 조직적 자립에 있어서 가장 중요한 것이 네트워크형 연계이다. 개인이나 조직의 네트워크에 사회적 신뢰가 바탕이 되었을 때 커뮤니케이션이 촉진되고 적극적인 참가를 유도하게 된다.[7]

지역사회 재생에 있어서 필수조건이라 할 수 있는 신뢰관계는 네트워크 형성에 의해 가능해진다. 더욱이 6개 사례에서 볼 수 있듯이 네트워크가 다원적 중층적으로 구축되어 지역사회의 다양한 주체가 참여 기회를 넓히고 있다. 즉 네트워크형 연계는 볼런터리 조직에 참여하는 개인이나 조직 간에 신뢰를 만들고 사회 · 정치적인 엠파워먼트를 가능하게 한다는 의미에서 가장 중요하다고 말할 수 있다. 다음은 이렇게 세 가지로 유형화된 연계를 하나씩 들어가면서 그 의의를 검토해보자.

2-2 파트너십형 연계 : 요구되는 전문성

1990년대 중앙정부의 파트너십 정책이 크게 영향을 미쳐 볼런터리 조직이 급증하였다. 파트너십은 구체적인 사업이나 프로젝트별로 관계자가 결성되는 협력관계이며 당사자는 모두 대등한 입장에서 계획 입안과 사업 실시에 참가한다. 정부가 단독으로 해왔던 공공사업을 민간협력하에 실시하기 위해서는 파트너십이나 코러보레이션이라 불리는 관계를 형성할 필요가 있다. 네트워크가 여러조직간의 지속적 협력관계인 것에 대해 파트너십이나 코러보레이션은 프로젝트별로 형성되는 목적적인 관계이다. 파트너십 정책은 정권이 바뀔 때마다 내용이 변화되며 볼런터리 조직도 그 정책에 따라 크게 영향을 받는다는 것은 앞에서도 이미 언급했다.

파트너십 정책이 정치과제가 된 것은 이너시티 문제가 심각해진 1970년대부터이며 처음에는 중앙정부와 지방자치단체 간의 협력관계를 의미했다. 전국에 7개의 '이너시티 파트너십'을 설립하여 이너시티 문제를 해결하기 위해 지방자치단체의 권한을 강화하는 방향으로 중앙정부와의 조정과 협동을 촉진했다.

그러나 1980년대 복지국가로부터의 철퇴를 표명한 대처정부는 국유기업의 민영화, 시장원리 도입 등 시장 섹터를 활용했다. 도시개발이나 사회서비스 부문 등 이제까지 공공기관이 맡아온 사업에 경쟁적 입찰제도를 도입하여 민간기업과 국가가 파트너십을 구축하여 사업을 실시하는 수법을 채용했다. 도시재개발사업에서는 중앙정부가 사업을 결정하고 민간기업의 협력을 얻는 형태의 파트너십을 추진했다. 파트너십 정책에는 너무 강한 지방자치단체의 권한을 약화시키고 중앙정부와 민간기업의 협력체제를 강화한다는 의도가 담겨 있었다.

메이저정부의 1992년에 도입된 정부 도시재생 정책인 '시티 챌린지'는 지방자치단체에 사업의 주도권을 인정하여 지자체의 조정력에 의해 파트너십을 구축시키고자 했다. 지자체가 도시재생사업의 과제를 정하고 사업계획에 기한을 설정하여 성과를 묻는 전략적 방법으로 전환하였다. 또한 1994년의 포괄적 도시재생예산은 지금까지 국가의 20개 관청에서 맡아왔던 지역재생 예산을 통합하여 지역으로부터의 신청 방식에 의해 예산을 분배했다. 예산 신청 조건은 지자체, 기업, 지역주민조직, 볼런터리 섹터 중 둘 이상의 단체에서 파트너십을 맺는 조건이었다.

시티 챌린지가 지원 대상을 지방자치단체로 했던 것에 대해 포괄적 도시재생예산은 조직화된 파트너십 자체에 보조금을 직접 교부하고 파트너십의 주체를 법인 조직으로 했다. 즉 도시재생사업의 전제 조건으로 지역제 단체들의 연계를 중시했던 것이다. 지방자치단체는 이를 위해 다른 조직과 경쟁 관계에 놓였고 다른 단체와 파트너십을 형성해야 했다. 즉 지자체는 다른 이해관계자 단체와 대등한 위치가 되었고 볼런터리 조직에도 사업계획 입안과 실시 능력이 요구되자 이제까지의 지자체와 볼런터리 조직의 관계는 큰 변화를 가져왔다. 이처럼 거버넌스를 유도할 가능성을 가진 파트너십 형성이 중앙 정부의 주도하에 촉진되었다는 점에 영국의 특징이 있다.

블레어정부(1997~2007년)가 되자 파트너십형 도시재생사업이 추진되었다. 커뮤니티 뉴딜 정책은 의료나 교육, 실업 등의 개별 정책을 통합화하는 방향을 내놓았다. 사업을 추진하는 파트너십 조직에 반드시 지자체의 대표를 더하고 사업의 실시과정에서 지자체 행정을 합리화하여 효율적인 것으로 하는 것을 지향했다. 즉 파트너십 사업을 전개함으로써 지자체의 행정조직을 이제까지의 상하관계에서 지역밀착형의 종합적 서비스를 제공하는 조직으로 전환시키는 것을 의도한 것이다.

커뮤니티 뉴딜 정책이 진전되는 가운데 2000년에는 지자체법이 제정되어 지방자치단체에 지속가능한 개발을 목표로 '커뮤니티 전략' 정책이 의무화되었다. 이 '커뮤니티 전략'의 책정, 실시 그리고 실시과정을 모니터링하기 위해 지자체, 공적 기관, 민간기업, 트러스트, 커뮤니티 조직, 볼런티어 단체 등으로 구성된 지역전략 파트너십이 조직화되었다.

이렇게 정부 주도로 진행한 파트너십 정책은 지방자치단체에 사업계획 권한을 주고 이해관계자 단체(스테이크 홀더)와의 협력관계 하에서 지자체 정책을 계획 · 실시한다는 점에 특징이 있다.

파트너십 방식은 지역에 따라 다르며 권한이 강한 지자체, 다른 여러 단체와 병렬 관계에 놓인 지자체 등 여러 가지이다. 즉 파트너십이란 일본에서 처럼 정부기관에 결정 권한을 주면서 다른 민간단체에는 협력, 참가를 요청하는 것이 아니라 지방자치단체와 다른 지역단체가 각각 자립된 조직으로서 상호 인식하고 사업별로 연계한다는 합리적인 관계 구축을 의미한다. 이때 중요한 것이 조직적으로 전문성을 갖춘 정부 섹터나 시장 섹터와 대등하게 협의하는 볼런터리 섹터의 전문적 역량과 자립의 문제이다. 마을 만들기 사업체의 예를 보아도 공익 서비스를 제공하는 볼런터리 조직은 존

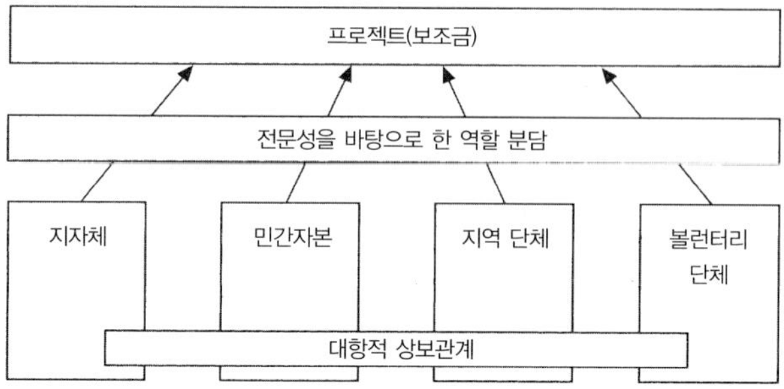

그림 11-1 마을 만들기 사업체 조직간의 파트너십형 연계

립 기반이 약하여 국가나 지자체로부터 재정적 지원을 받아왔지만 재정적 지원을 받는 입장인 볼런터리 조직측에 많은 제약을 초래하여 지배와 종속이라는 관계가 되기 쉽다. 볼런터리 조직이 파트너십 사업을 할 때 정부 섹터와 시장 섹터가 항상 '대항적 상보성'이라 불리는 긴장된 관계가 존재한다(그림 11-1).

파트너십 정책의 목적은 지자체 행정의 합리화 · 효율화와 볼런터리 조직의 사업실시 능력 · 전문성을 높이는 점에 있다. 모든 단체가 대등한 관계로 계획, 사업, 모니터링에 참가한다는 의미에서 볼런터리 조직도 개발과 관련된 전문성을 높이고 대체계획안 작성이나 사업을 사후 평가하는 역량이 요구되고 있다. 조직 유지를 위한 정보수집이나 분석능력, 교섭력, 조정능력, 전문지식 등의 기술이 요구되며 기술 습득을 위한 단체, 개인을 위한 트레이닝 프로그램 제공, 연수가 중요시된다. 일상생활에 쫓기는 약소 조직이 많은 볼런터리 조직이 단독으로 이러한 요구에 대응하기는 어렵다. 따라서 같은 사회적 사명을 가진 조직이 협력하여 나중에 언급한 네트워크의 힘으로 상호보완하는 시스템을 구축하고 있다. 네트워크 형성은 파트너십에 주체적으로 참가하기 위해서도, 조직을 지속시키기 위해서도 꼭 필요한 연계이다.

2-3 브리지형 연계 : 시장권과 비시장권을 매개

마을 만들기 사업체의 약 60%는 유한책임보증회사 및 등록자선단체라는 법적 형태를 취하고 있다. 사례에서 거론된 마을 만들기 사업체 중 브롬레이 바이 보 센터, 칙샌드 시티즌스, 포럼, 환경 트러스트가 이에 해당된다. 웨스트웨이는 산업공제조합법에서 등록된 자선단체이다. 코인 스트리트 마을 만들기 사업체는 비영리 유한책임보증회사이며 자선단체로 등록된 채리티 조직을 외부에 가지는데 마을 만들기 사업체 자체가 자선단체는 아니므로 수익을 올리는 것이 위법은 아니지만 비영리조직으로서의 틀을 넘는 것은 불가능하다.

채리티 조직은 채리티법에 의해 면세 등의 특권이 주어지기 때문에 이익을 올리는 경제활동을 해서는 안 된다는 제약이 있지만 볼런티어나 볼런티어 정신만으로 보다 적극적인 활동에 참가하는 데에는 한계가 있어 활동 확대는 물론 활동을 지속시키는 것조차 어렵다. 이러한 모순을 극복하기 위해 마을 만들기 사업체는 채리티 조직에 외부 영리사업 부문인 자회사를 만들어 재정기반의 안정화를 꾀하고 있다. 자회사에서 이익을 올리는 사업을 하고 그 이익을 채리티 조직에 기부하는 구조이다. 환경 트러스트의 사례에서도 보았듯이 외부 영리사업 부문으로서 자회사를 만들고 그 스탭과 채리티 조직의 멤버를 동일하게 하여 스탭의 급료를 모두 자회사의 수익에서 주는 방법을 취하고 있다. 채리티 활동에 필요한 경비를 영리사업에서 내고 수익은 모두 채리티 조직의 활동에 포함시킨다. 채리티 조직의 자립적 운영은 자회사의 재정지원에 의해 가능하다. 즉 사회적 사명을 지속시키기 위해서는 채리티 조직이라는 제도가 가진 한계를 다른 제도의 틀로 보완할 필요가 있다.

이와 같이 시장경제로는 채산이 오르지 않는 사업을 사회적 사명으로 하는 비영리 마을 만들기 사업체가 지속적으로 책임을 갖고 사회서비스를 제공하려면 조직의 재정적 기반 안정이 필수적이다. 이를 가능하게 하는 것

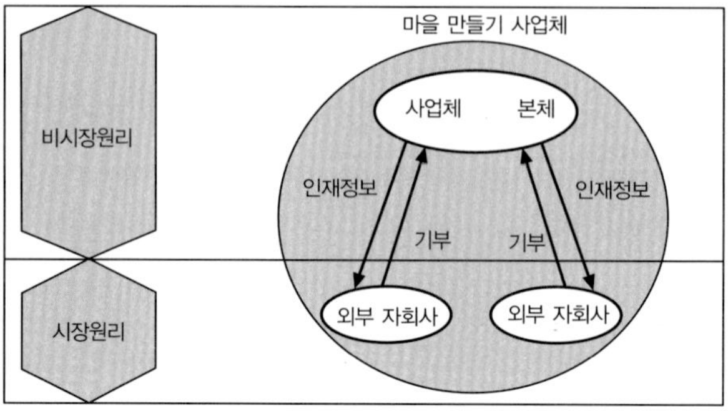

그림 11-2 마을 만들기 사업체 조직간의 브리지형 연계

이 채리티나 비영리라는 섹터와 시장 섹터를 잇는 외부 영리사업 부문의 창설이었다. 즉 제도적으로 불가능한 것을 제도와 제도를 중개하는 조직을 사용해 그 틈을 연결한다는 발상이다. 이런 연계를 브리지형 연계라고 한다(그림 11-2).

브리지형 연계는 제도와 제도를 중개하여 마을 만들기 사업체의 재정을 지속적으로 유지시킬 뿐만 아니라 마을 만들기 사업체 스태프의 능력을 높이고 인재를 육성하는 공간이 되며 또한 뜻을 같이 하는 외부 전문가와의 협동 공간이 되고 있다는 점도 중요하다. 즉 스태프의 능력과 전문성에 따라 사업을 시작하고 그 사업에 사회적 사명을 불어 넣으며 시장 베이스의 경쟁에서 이길 수 있는 힘을 기르는 공간인 것이다.

예를 들면 화이트 채플 상업재개발사업의 경기설계에서 환경 트러스트는 쇼핑센터와 사회주택을 조합시킨 복합개발안을 제안했다. 쇼핑센터의 개발이익을 사회주택건설에 충당한다는 에셋 매니지먼트 수법을 도입한 이 계획안은 채택되었다. 환경 트러스트 스태프의 전문성을 살리고 또한 지자체와 외부 전문가의 협력을 얻어 사업을 실시하여 스태프의 전문적 역량과 대외 교섭능력을 더욱 향상시켜 열린 사업으로 하고 있다.

마을 만들기 사업체의 스태프 능력과 전문성을 살리는 형태로 시작된 외부 영리사업은 노하우가 되어 조직 본체를 재정적으로나 인재 육성면에서나 풍요롭게 하는 중개역할을 하고 있다.

3. 다차원 네트워크 형성 : 사회적 자립

3-1 네트워크형 연계

파트너십은 사업이나 프로젝트별로 형성되는 협력관계로 여기에 참가하는 단체는 사업의 계획 책정이나 실시에 있어서 전문성을 살린 역할이 기대된다. 이에 반해 네트워크는 같은 이념이나 목적을 가진 단체 또는 조직이 조직의 역량을 높여 지속적인 발전에 필요한 정보와 기술, 경험 교환을 목적으로 연계한다.

이 책에서 예로 든 이스트 엔드는 전통적인 사회적 네트워크가 강한 지역이다. 이스트 엔드의 사회적 네트워크에는 다섯 가지 유형이 있다고 지적한 연구가 있다.[9] 첫째는 사회적으로 소외되어 고립된 사람들을 잇는 네트워크, 둘째는 긴밀하며 동질적 · 폐쇄적인 네트워크, 셋째는 전통적인 인간관계를 바탕으로 한 긴밀한 네트워크, 넷째는 이질적인 것을 잇는 개방적이고 관대한 네트워크, 다섯째는 어떤 문제의식 하에서 이어지는 강한 결속형 네트워크이다. 첫째부터 셋째까지의 네트워크는 동질적 민족집단에서 보이는 강한 유대관계로 커뮤니티 네트워크라고 말하는 경우 대부분 이들을 가리키는 경우가 많은데, 이 장에서는 도시재생을 촉진하는 네트워크에 주목하여 넷째와 다섯째의 특징을 가진 네트워크에 대해 주목한다.

네트워크형 연계는 조직이나 개인간에 호수성(互酬性)이나 신뢰라는 사회관계자본을 키우고 나아가 자발적인 협력관계를 촉진한다.[10] 이런 점에서 커뮤니티의 재생에 있어서 네트워크 형성은 매우 중요하다는 것을 알 수 있다. 더욱이 네트워크가 다원적 중층적으로 구축됨으로써 개인이나 조직간에 형성되는 신뢰관계도 중층화된다. 여기서는 다원적 중층적으로 구축되는 네트워크의 실태를 지역 커뮤니티에서 전국 차원으로 연결, 나아가서는 마을 만들기에 관여하는 여러 영역의 횡단적 연결에 대해 알아보기로 한다.

3-2 커뮤니티 차원의 네트워크

마을 만들기 사업체는 리더를 중심으로 개인적 신뢰관계를 바탕으로 인적 네트워크와 지역에 존재하는 다양한 집단의 지원을 받으면서 조직을 만들어 사업운영을 가능하게 하고 있다. 마을 만들기 사업체는 지역자원을 활용하여 사업을 일으키고 지역의 복합적인 빈곤문제를 해결하는 길을 찾기 때문에 지역주민이나 지역집단과의 관계 만들기가 중요하다. 지역주민이나 지역집단과의 관계를 어떻게 구축해 나가고 있는지는 이 책의 제II부에서 언급한 사례에서 구체적으로 살펴보자.

오피스 빌딩 건설 반대운동이나 도시고속도로 건설 반대운동에서 시작된 코인 스트리트와 웨스트웨이의 경우는 반대운동을 지원한 지역집단과의 연계가 잘 되어 있어 이들 집단의 대표가 마을 만들기 사업체의 이사회 멤버가 되는 등 이후의 사업전개에 있어서도 발언권을 갖고 있다. 조직을 만드는 시기에 형성된 지역단체와의 네트워크는 특히 리더층 사이에서 함께 싸워온 동료라는 신뢰관계 위에 성립되었다.

지역조직을 더욱 확대시켜 새로운 커뮤니티 네트워크를 형성한 것은 코인 스트리트 마을 만들기 사업체이다. 코인 스트리트는 사업실적을 사회적으로 높이 평가받고 조직이 안정화되자 그들의 마을 만들기 이념을 주변지역으로 확대시킨다는 전략을 갖게 되었다. 지역 전체의 환경문제와 지구재정비를 실시하기 위해 마을 만들기 사업체가 리더십을 발휘하여 주변에 입지한 대기업이나 문화단체를 연합조직으로 편성하여 연계하고 지구차원에서 네트워크를 중층적으로 형성하고 있다고 할 수 있다.

특정 토지를 소유하지 않는 환경 트러스트의 경우 환경개선사업을 지역에 전개함으로써 지역주민을 동원하는 수법을 취했다. 또한 지역 주민의 요구를 반영하여 환경개선사업을 일으키는 시스템 만들기를 하는 경우도 있었다. 점적인 사업을 이스트 엔드 전역으로 확대하여 사업 네트워크를 구축하였다. 사업에 주민이 주체적으로 관여하는 구조를 만들고 사업경영을 점차 주민 그룹에 맡겨서 자립시키고 있다. 환경 트러스트는 마을 만들기 사업체의 씨를 뿌리고 기술적 · 재정적으로 지원하여 독립시키는 중간지원조직으로서의 역할을 하고 있다. 그런 의미에서 사업을 매개로 한 네트워크를 런던 동부에 형성해왔다.

칙샌드 시티즌스 포럼은 환경 트러스트의 지원에 의해 탄생한 마을 만들기 사업체로 방글라데시에서 온 여성들과 어린이를 위한 보습학교를 모체로 하여 조직화되었다. 이를 위해 벵갈 커뮤니티의 민족 네트워크와 강한 연계가 있다. 또한 런던의 벵갈 커뮤니티는 그들의 출신지인 방글라데시의 실헷 마을과 긴밀한 네트워크를 형성함으로써 칙샌드 시티즌스 포럼의 사업추진 과정에 적지 않은 영향을 주었으며 커뮤니티 차원의 네트워크가 국경을 넘은 네트워크로까지 이어지고 있다. 사업 시작 후에도 환경 트러스트에서 사업 관리, 정보제공, 재정계획 책정 등의 조언을 받는 관계가 계속되었고 사무국장도 타워 햄릿구의 전 직원이어서 행정과의 유대도 좋다.

브롬레이 바이 보 센터는 교회활동을 중심으로 조직이 완성되었으며, 그런 경위에서 독자적인 네트워크를 형성하고 있다. 교회 관계자이며 같은 사회사업을 하고 있는 사람들과 조직과의 연계, 노동당 의원과의 개인적 유대관계, 의료기관과의 연계 등 지역을 초월하여 볼 수 있다. 브롬레이 바이 보 센터는 지역주민의 개인적 자립을 중시 하고 있기 때문에 커뮤니티 조직과의 연결에는 그다지 관심을 가지고 있지 않다. 개인 창업가를 키우는 전국 네트워크인 캔을 완성한 것도 이러한 이유에서이다.

코인 스트리트의 타켓 씨와 니콜슨 씨, 웨스트웨이의 매틀랜드 씨, 환경 트러스트의 올던턴 씨는 런던 마을 만들기 사업체의 선구자로서 각각 약 20년에 걸쳐 활동해왔다. 그들은 조직화의 방법과 운영에 관해 약간의 의견 차이는 있지만 사명감을 공유하며 비영리조직을 사업화하는 수법개발 등에 관해 서로의 지혜와 경험을 교환해왔다. 그들 사이에는 함께 고생해온 동지 같은 신뢰관계가 구축되어 있다.[11] 그들의 휴먼 네트워크에 의해 런던의 마을 만들기 사업체가 지금까지 유지되어 왔다고 해도 과언은 아니다.

3-3 전국 차원의 네트워크

선도적인 마을 만들기 사업체의 대표자들[12]은 1980년대 말부터 정기적으로 회합을 가지며 확대 조짐을 보이기 시작한 마을 만들기 사업체를 강화하고 더욱 확대해나가기 위해 전국 연합 조직을 결성하기로 했다. 마을 만들기 사업체의 자조 정신과 활동적인 시민의 존재에 주목한 정부관계자는 전국 조직 창설에 필요한 '실현가능성 조사'에 보조금을 주어 설립을 지원했다. 지역재생을 정책 과제로 했던 보수정부는 마을 만들기 사업체의 자립적인 구조가 도새재생 모델이 될 수 있다고 본 것이다. 이렇게 해서 1993년 유한책임보증회사인 마을 만들기 사업체 협회가 설립되었다. 협회 설립 후, 마을 만들기 사업체는 급격히 증가하여 2007년에는 423개가 넘는 마을 만들기 사업체가 회원이 되었다.[13]

마을 만들기 사업체 협회가 목표로 하는 활동은 전국 각지에 초근적으로 생겨나고 있는 마을 만들기 사업체의 설립과 이미 성립된 마을 만들기 사업체의 자립을 지원하고 마을 만들기 사업체의 존재 의의를 사회에 알리는 데 있다. 마을 만들기 사업체의 2/3 정도는 5명 이하의 직원을 둔 소규모이기 때문에 존립 기반이 약하다. 마을 만들기 사업체 협회는 이렇게 약소한 사업체가 활동을 안정적으로 지속할 수 있도록 각지의 마을 만들기 사업체에 실천적 · 기술적인 지식과 정보를 제공하고 참고가 되는 '좋은 실천 예'를 소개하고 있다. 또한 연수를 통해 스탭의 의식과 전문적 역량을 높이고 중앙정부나 지방정부에 작용하는 마을 만들기 사업체의 의의를 인식시켜 사업체가 더욱 발전하기 위한 시책을 이끌어내고 있다. 협회는 특히 지방권 차원의 사업체 연계 강화에 노력하고 유럽에서 활약하는 다른 단체와의 연계도 지향하고 있다.

협회는 전국을 9개의 지방권으로 나누어 역할을 분담하고 있다. 지역 실정에 맞는 활동과 보다 실천적인 기술지원 등은 지방 지부에 맡기며 본부는 마을 만들기 사업체 전체와 관련된 전략을 세워 조사연구, 보고서 등의 출판, 연수회 개최를 하고 있다. 본부 스태프는 10명, 지부는 17명, 이사회는 19명으로 구성되어 있다. 이사회는 마을 만들기 사업체의 대표, 행정과 은행 등 민간기업의 대표로 구성되어 있다.

마을 만들기 사업체 협회의 조사에 따르면 2004년도 현재 200개가 넘는 마을 만들기 사업체가 자신들의 일상활동을 개선하기 위해 협회의 지원과 서비스를 이용하고 있다. 그리고 전체 중 74%의 회원이 이런 종류의 서비스를 유익하다고 말하고 있다. 또한 250개의 사업체가 조직의 운영을 개선하기 위해 협회가 작성한 마을 만들기 사업체의 활동평가법과 지식, 기술교환 프로그램을 이용하며 150개의 사업체가 기업활동 강화를 위한 서비스를 이용하고 있다.[14]

마을 만들기 사업체 협회는 단위사업체가 지식이나 기술, 경험을 일방적으로 받아들이는 것이 아니라 회원들이 서로 교환하는 것을 중시하고 있다. 마을 만들기 사업체가 지속적이고 혁신적으로 성장해나가기 위해서는 서로 배우고 가르치며 정보와 지식 등의 자원을 주고받는다는 호수관계의 필요성을 강조하고 있다.[15] 협회가 매개자가 됨으로써 단위사업체간의 상호 대화가 이루어지고 각 사업체의 자립에 대한 역량이 높아지고 있다고 본다. 지식, 기술, 경험의 공유에 의한 네트워크 형성이며 호수관계 위에 성립된 네트워크라고 할 수 있다.

마을 만들기 사업체 협회의 사회적 사명은 각 마을 만들기 사업체를 강화하여 자립할 수 있도록 지원체제를 구축하는 데 있는데, 그 이상으로 중요한 것이 마을 만들기 사업체가 지향해야 하는 이념과 방향성을 명확하게 하는 것이다. 개별 마을 만들기 사업체가 자신들의 활동을 전국적인 동향으로 보고 자신들의 활동 특징을 자각하는 것이다. 즉 마을 만들기 사업체의 장래 전략을 세우고 그것을 실현하기 위해 필요한 정치적 요구를 정리하여 중앙정부나 지방자치단체와 정치적으로 교섭하는 것이 중요한 역할이 되고 있다. 지역밀착형으로 활동하는 작은 마을 만들기 사업체를 포함하여 마을 만들기 사업체 전체의 이익을 대변하는 압력단체로 기능하고 있다.

이러한 전략을 높여가는 가운데 필요로 하는 것이 커뮤니티 재생을 목적으로 활동하는 다른 분야 단체와의 수평적 연계이다. 커뮤니티에는 에셋 매니지먼트를 경영수단으로 하는 마을 만들기 사업체 외에 다양한 수법으로 문제를 해결하는 조직이 매우 많다. 커뮤니티의 문제를 종합적으로 해결하기 위해서는 다른 영역에서 활동하고 있는 단체와 협력하고 지방자치단체에 대한 정치적 발언력을 높이기 위해서는 연계력을 배경으로 교섭하는 것이 유효하다. 1990년대 말부터 그 가능성을 모색하여 2004년 커뮤니티 동맹(Community Alliance)으로 구성이 구체화되었다. 커뮤니티 동맹은 기본적인 사회적 사명관을 공유하는 시민활동단체가 단체의 능력을 키우는 지식이나 기술, 경험을 서로 교환하고 지역사회 차원에서 협력하여 활동할 수 있는 체제를 구축하며, 나아가서는 지방자치단체에 요구를 제시하는 압력단체로서의 힘을 기르는 것을 목표로 하고 있다.

3-4 수평적 네트워크와 커뮤니티 거버넌스

커뮤니티 동맹을 제안한 것은 각각 성격이 다른 4개의 전국 조직이다(그림 11-3). 이들은 에셋 매니지먼트에 의해 지역재생을 꾀하는 마을 만들기 사업체 협회, 세틀먼트를 기원으로 하는 사회개혁적인 볼런티어 단체 바삭(BASSAC : British Association of Settlements and Social Action Centres), 지자체의 커뮤니티 센터를 운영하는 커뮤니티 협회의 전국 조직 커뮤니티 매터스(Community Matters), 지역 활동가를 키우는 스카맨 트러스트(Scarman Trust)이다. 이러한 4개의 단체는 활동수법이나 내용이 크게 다르며 만일 커뮤니티에서 서로 보완할 수 있으면 다양한 지원이 가능해진다. 마을 만들기 사업체 협회에 대해서는 이미 설명했기 때문에 여기서는 나머지 3개 단체에 대해 개관하고 성격이 다른 단체가 어떤 경위를 거쳐 동맹관계를 맺게 되었는지 살펴보기로 한다.

바삭은 영국의 세틀먼트 활동을 계승한 역사적인 조직으로 1919년에 세틀먼트의 연합조직으로 설립되었다. 현재는 세틀먼트의 전통을 존중하면서 빈곤지역의 다양한 문제에 대처하고 있다. 자금은 보조금과 기금, 기부금 등에 의존하며 마을 만들기 사업체 같은 비즈니스 지향은 보이지 않지만 종래의 자선적 활동에 한계가 있다고 지적되었듯이 주민 참가를 도입한 활동으로 전환하고 있다. 참가 단체는 120개이며 그 중 20%가 마을 만들기 사업체 협회의 회원으로 되어 있다.

커뮤니티 매터스는 전국 볼런터리 센터(NCVO, 1919년 설립)의 프로젝트 아래 1945년에 설립된 중간지원조직이다. 제2차 대전 후 영국 정부는 뉴타운 건설을 추진했는데 그와 함께 커뮤니티 센터의 운영관리, 사교 클럽 운영 등을 볼런티어에게 맡기는 커뮤니티 협회를 설립했다. 전국에

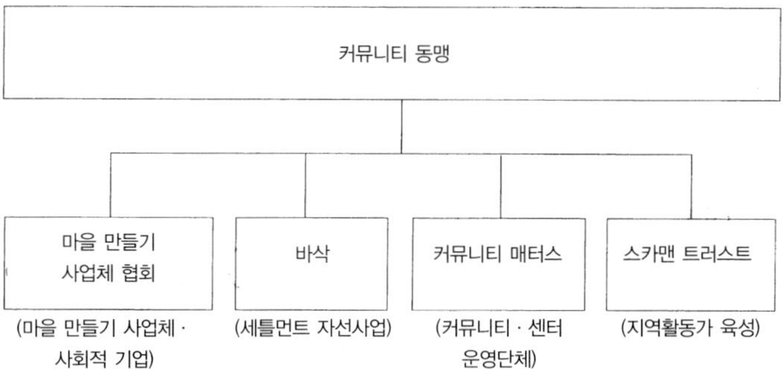

그림 11-3 커뮤니티 동맹의 구성

4,000~5,000개의 단체가 있는 커뮤니티 협회 중 약 800단체가 중간지원조직인 커뮤니티 매터스에 조직되어 다양한 지원을 받고 있다. 다른 멤버로 지방자치단체나 주택협회가 140단체, 소규모 커뮤니티 지원단체가 110단체, 전체적으로 1,000개가 넘는 단체로 이루어졌다.

스카맨 트러스트는 1980년대에 도시 폭동을 배경으로 최근 민주주의의 필요성이 인식되어 사회를 변화시키는 '개인의 역량을 높여 행동하는 인간'을 키우는 것을 목표로 1991년에 설립되었다. 개인에게 장학금을 주고 훈련 코스와 상담업무를 하여 사회적 창업가 육성을 위한 정보와 서비스를 제공하며 또한 행동하는 개인이 서로 돕는 것을 지원하여 약 4,000명을 대상으로 활동하고 있다.

이처럼 설립 경위나 활동 내용이 다른 4개 단체는 2004년 초 구체적인 연계를 향해 협의를 시작했다. 단체의 대표자가 모여 각 단체의 독자성을 존중하면서 커뮤니티 동맹을 결성하는 목적과 이념에 대해 협의를 거듭했다. 4개 단체의 대표자는 이미 친분이 있는 사람들로 이전에도 단체간의 연계를 위해 검토했던 적이 있었다. 예를 들면 1990년대 후반 바삭은 이미 멤버 중 약 20단체가 마을 만들기 사업체 협회에도 가맹되어 있는 것을 보고 단순한 볼런티어 단체에서 사회적 기업을 도입한 활동으로 전환할 필요성을 느껴 마을 만들기 사업체 협회와의 합병을 제안했다. 그러나 합병에 의해 이제까지의 단체 활동의 독자성이 없어질 것이라는 이론이 제기되어 다른 연계 방법을 찾았다.

연계 가능성을 찾는 조사보고서가 2004년 9월에 제출되어 지속적인 커뮤니티에 대해 이념을 공유하는 것, 연합조직이 제공하는 서비스 내용과 방법을 개발하는 것, 이미 4개 단체가 활발하게 활동하고 있는 네 지역[16]을 파일럿지구로 지정하는 것 등이 제안되었다. 연계의 목적은 각 단위단체가 커뮤니티에 있어서 '의지의 망(網)'이 되는 강한 앵커조직이 되는 데 있다.[17] 이를 위해서는 네 개의 전국 조직이 전국 차원에서뿐만 아니라 지역과 커

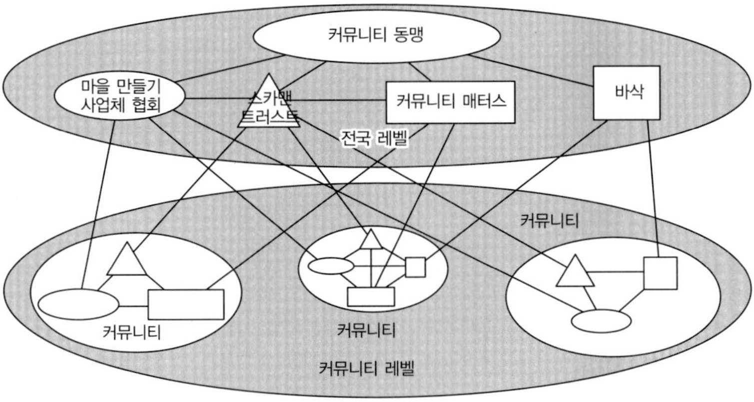

그림 11-4 마을 만들기 사업체 조직간의 네트워크형 연계
이 그림에서는 전국과 커뮤니티 레벨의 연계를 나타냈지만, 지역 레벨의 연계도 추가될 수 있다.

뮤니티 차원에서도 단위단체가 긴밀하게 협력하여 네트워크를 구축하고 또한 '커뮤니티와 공적 섹터 사이에 새로운 관계를 구축[18]' 하는 것이 필요하다고 지적하고 있다(그림 11-4).

이런 새로운 영역의 수평적 연계는 구체적으로 어떤 작용을 가져올지 알 수 없지만 그 의도는 시민활동 단체인 볼런터리 조직이 네트워크에 의해 정부 섹터 및 시장 섹터와 대등하게 교섭하는 힘을 가진다는 점에 있다. 커뮤니티에 뿌리를 둔 서비스 제공과 빈곤문제에 대응하는 볼런터리 조직은 세밀하고 재빠른 활동에 장점이 있으며 자금, 인재, 전문지식면에서도 자원이 적고 조직적으로 취약하다. 이러한 약소 단체를 연결하여 이해를 대표하고 사회적으로 발언하기 위해 네트워크의 힘이 요구되고 있다.

마을 만들기 사업체의 사례분석에서 보았듯이 중층다원적인 네트워크 형성은 각 사업체의 조직적 강화와 정치적 발언력 향상을 목적으로 하고 있음을 알 수 있다. 이러한 네트워크의 의의는 커뮤니티 폴리쉬 네트워크로 논의되고 있다[19]. 커뮤니티 폴리쉬 네트워크는 지역사회의 희소자원 배분과 관련된 여러 조직이 대등하게 정책결정 과정에 관여하는 의미에서 사용되며 커뮤니티의 거버넌스를 이끌어낸다고 한다. 지금까지 지역정치를 지배해온 의원이나 관료, 민간기업에 의한 통치체제, 즉 거버먼트 구조가 흔들리고 정책결정 주체 자체가 네트워크화되고 있다는 지적이다. 거버넌스 체제를 담당하는 볼런터리 조직이 정책결정 주체로서 정치적 발언력을 가졌다고 할 수 있다. 이러한 정치적 역량이야말로 볼런터리 조직의 중층적이고 다원적인 네트워크에 의해 가능해진다.

여기서의 네트워크는 개인 간의 인간관계를 바탕으로 미크로 레벨이 아니며, 또한 국가와 시민사회간의 매크로 레벨도 아닌 집단과 정부간의 중위 레벨 네트워크라는 데 주목했던 것이다. 희소 자원배분을 결정하는 다양한 주체의 네트워크를 분석함으로써 커뮤니티 거버넌스의 실태가 밝혀지게 된다고 할 수 있다. 이러한 커뮤니티 거버넌스의 방향을 단적으로 보여주는 것이 코인 스트리트 마을 만들기 사업체의 사례이다(제5장). 지역사회에 장기 · 안정적으로 관여하여 책임질 수 있는 것은 마을 만들기 사업체라고 보고 스스로 활동의 중핵이 되어 인접한 주변지구의 세계적 기업군을 묶어 민간 비영리 조직인 사우스 뱅크 임플로이어스 그룹을 결성해 지구환경을 개선하기 위하여 노력하는 모습은 커뮤니티 거버넌스에서의 마을 만들기 사업체의 가능성을 보여주는 것이라 할 수 있다.

4. 조직간 연계와 거버넌스형 마을 만들기

이 책에서 예로 든 마을 만들기 사업체는 모두 도시 빈곤지구에서 탄생하여 문제해결 방법을 지역 요구에 맞춰 찾아내고 공동의 힘으로 대처해왔다. 1970년대 이후 복지국가가 변용하여 정부의 역할이 축소됨에 따라 지역문제의 대부분은 민간기업의 힘으로 해결하는 경향이 강했지만 대도시의 도심 주변지구는 시장원리에 의해 채산이 맞지 않는 주택, 교육, 환경 문제는 방치되었고 빈곤문제는 갈수록 더욱 심각해졌다. 이러한 문제를 시민의 힘으로 해결해낸 것이 마을 만들기 사업체였다.

마을 만들기 사업체가 사회적 사명으로 하는 것은 빈곤지역에 사는 사람들에게 생활력을 갖게 하고 지역에 대한 소속감과 아이덴티티를 키워 사람들 사이에 유대와 신뢰관계를 쌓을 수 있는 지역 커뮤니티 창조, 즉 지역재생이다. 행정이나 시장의 힘으로는 어려웠던 지역재생이 시민의 힘을 중심으로 정부 섹터와 시장 섹터의 협력에 의해 가능해졌고 시민 섹터가 정부·시장 섹터와 대등한 입장에서 협의한다는 커뮤니티 거버넌스를 실현해 나가기 위해 시민 섹터의 조직적 자립이 무엇보다도 중요했다. 약소 단체가 많고 자원이 부족한 시민 섹터 입장에서 조직적 자립이란 재정적 기반을 강화하는 것이며, 동시에 조직간에 다양한 자원을 공유하는 네트워크를 형성하여 상호 지원체제를 쌓는 것이었다.

마을 만들기 사업체가 조직적 자립의 구체적인 방법으로 고안했던 것이 커뮤니티기업과 사회적 기업을 설립하여 에셋 매니지먼트 수법을 채용하고 재정적 기반을 강화하는 것, 사회적 창업가를 육성하여 가난한 주민들의 자립을 돕는 것이며 이들은 현재까지도 성과를 올리고 있다. 또한 사업체 상호연계나 지역단체들, 지자체, 기업 등 다양한 조직·집단과의 협력체제를 배경으로 조직간 연계를 실현하여 마을 만들기 사업체의 조직적 자립과 사회적 발언력을 높이고 있다.

마을 만들기 사업체는 사회적 사명을 사업화하는 사회적 기업이라는 새로운 분야를 20년에 걸쳐 전개하였으며 시행착오의 실천과정을 거쳐 지금은 사회적으로도 인정을 받고 있다. 이들 마을 만들기 사업체는 정부가 결정권을 갖는 거버먼트형 도시계획이나 도시정책의 한계를 지적하고 변경해야 한다. 1990년대에 들어 사업체가 지향하는 이념이나 수법의 유효성이 사회적으로 인지되면서 분권형 마을 만들기를 지향한 제도와 시책이 확충

되고 있다. 이제 마을 만들기 사업체는 커뮤니티 거버넌스의 하나의 실천 주체로서 시민 섹터의 실력을 발휘하고 있다고 해도 과언은 아니다. 이러한 시민 섹터의 성장이 있었기에 비로소 거버넌스형 마을 만들기의 가능성을 논의할 수 있게 되었다고 고려된다.

〈注〉

1 金子勝、2002、『反グローバリズム』岩波書店、pp. 135-136。

2 ソーシャル・キャピタルの訳語で社会資本と訳される場合もあるが、社会関係にもとづく資源であることから社会関係資本とした。

3 Putnam, R. D., 1993, *Making Democracy Work,* Princeton University Press (河田潤一訳、2001、『哲学する民主主義』NTT 出版)。

4 鶴見和子、1996、『内発的発展論の展開』筑摩書房。

5 Beck, U., 1986, *Riskogesellshaft: Auf dem Weg in eine andre Moderne,* Surkamp Verlag. (東廉・伊藤美登里訳、1998、『危険社会』法政大学出版会)。

6 金子勝、2001、『日本再生論』日本放送出版協会。

7 Putnam, op. cit., p. 216.

8 「対抗的相補性」とは、「複数の主体・分析視点が互いに自律性をもって対立する、まさしくそのことによって、いずれか一方の主体・分析視点だけでは生み出すことのできない生産的関係が創出される」(梶田孝道、1988、『テクノクラシーと社会運動』東京大学出版会、p. 126) ことをいう。

9 Phillipson, C., Allan, G. and Nirgan, D., ed., 2004, *Social Networks and Social Exclusion,* Ashgate, p. 150.

10 Putnam, op. cit.; Fukuyama, F., 1995, *Trust: the social virtures and the creation of prosperity,* Free Press.

11 タケット氏とマットランド氏がともに来日した 2004 年 11 月のヒアリングでは、「二人は兄弟のようなものだ」と語った。

12 コイン・ストリートのタケット氏、ウエストウェイのマットランド氏、環境トラストのオールドントン氏、フィンズベリ・パークのモズ氏である。

13 Dvelopment Trusts Association, 2007, *Development Trusts in 2007,* DTA.

14 Ibid., p. 10.

15 Development Trusts Association, 2000, *Manifesto: securing the future of community enterprise,* DTA.

16 4 地域とはブリストル、ハル、ロンドンのランベスとサザクである。

17 アンカー組織の概念はロンドン・メトロポリタン大学の Stephen Thake によっている。グラムシの「陣地戦」の概念基礎に、長期にわたるヘゲモニー獲得の闘いの拠点としてコミュニティ・アンカーをとらえている。(Community Alliance CEO Meeting, 29th September 2004)

18 この指摘は BASSAC の *"Action News from BASSAC"* January 2005 にあり、まちづくりトラスト協会のワイラー事務局長も強調していた (2005 年 8 月ヒアリング)。

19 Rhodes, R. A. W., 1997, *Understanding Governance,* Open University Press.

맺음말

우리가 마을 만들기 사업체에 흥미를 갖고 수십 년에 걸쳐 지역 조사를 했던 것은 영국 전원도시의 지역자체관리 사상에 감명을 받고, 그 사상이 마을 만들기 사업체에 계승되어 현대 사회에서 유효하게 활용될 수 있다는 점을 확신했기 때문이다.

레치워스 전원도시를 조사하기 위해 영국을 방문할 때마다 들르게 된 런던에서 지역주민에 의한 도시재생사업이 시작되었다는 이야기를 듣고 방문하게 되었다. 웨스트웨이 마을 만들기 사업체의 현장을 처음 방문했던 것은 1978년, 코인 스트리트 마을 만들기 사업체의 최초 조사는 1989년이었다. 이들 마을 만들기 사업체를 방문했을 때는 이제 막 시작하던 힘든 시기였으며 젊은 리더들은 그들의 사회적 사명과 사업 가능성에 대해 열심히 설명해주었다. 또한 1993년에는 런던의 서민 마을 타워 햄릿구의 카레 레스토랑 거리로 유명한 브릭 레인의 옛 맥주공장이었던 것으로 기억하는데 그 검은 문에 '환경 트러스트'(The Environment Trust)라는 작은 명찰을 우연히 발견했다. 슬럼지구에 '환경'을 표방하는 사무소가 왜 있는지 흥미를 갖게 되었으며 약속도 안하고 찾아가 문을 노크했는데 흔쾌히 맞아주었던 분이 바로 하트 씨였다.

이후 웨스트웨이 마을 만들기 사업체의 매틀랜드 씨, 코인 스트리트 마을 만들기 사업체의 타켓 씨, 니콜슨 씨, 환경 트러스트의 하트 씨와 대표인 올던턴 씨와는 오랫동안 친분을 맺었다. 마을 만들기 사업체를 연출해온 그들은 일본으로 말하면 전공투세대와 가깝다. 평등, 공평을 추구하며 구체적으로는 마을 만들기 사업을 전개하여 사회개혁을 실천해왔던 것이다. 사업체 시작 초기부터 지켜본 우리에게 그들은 아무리 바빠도 우리 이야기를 경청해주는 등 영국인들의 매너에도 감명받았다.

이렇게 마을 만들기 사업체에 대한 조사를 진행하던 중 그들의 마을 만들기 사상이 전원도시의 지역자체관리 사상과 다르지 않다는 것을 알게 되었다. 즉 역사적으로 연결된 시민의 마을 만들기 사상이었다. 이를 이론적으로 실증할 수 없을까(?)하고 악전고투하던 결과 태어난 것이 바로 이 책이다. 전원도시에 대해서는 이 책에서 직접 기술하지 않았지만 필자들이 써온 지금까지의 논문이나 서적 등에서 다루고 있다.

이 책은 마을 만들기 사업체가 지닌 현대적 새로움을 밝혀내고자 한 것이다. '에셋 매니지먼트를 하는 사회적 기업' 과 '거버넌스형 마을 만들기' 라는 개념을 사용함으로써 지금까지의 영국 도시계획을 특징지어온 거버먼트형 도시계획과는 다른 도시재생의 시민사업을 설명할 수 있게 되었다고 할 수 있지만 우리가 사례를 조사하면서 이를 어떻게 설명하고 해결해야 할지 고심하던 중 그들의 사업은 다시 한걸음 전진하여 이론화와 설명이 뒤를 따르는 관계가 되었다.

그동안 의문스럽게 생각했던 것이 '왜 영국의 도시연구자들은 마을 만들기 사업체의 실적에 관심을 갖지 않았던 것일까' 하는 점이다. 도시계획 관계자에게 이에 대한 질문을 하자 여러 가지 대답이 돌아왔다. 분야를 한정하여 전문성을 지키는 연구자와 폭넓은 생활 요구를 바탕으로 마을 만들기 사업을 전개해나가는 실무가 사이에는 체질적으로 차이가 있고, 자체적 테마에는 연구비가 나오지 않으며 대학원에서 도시계획교육은 왕립도시계획가협회의 자격 취득을 목적으로 하고 반(反)거버먼트형 도시계획의 이론은 상정 외라는 것 등이다. 그리고 지금까지도 대표적인 도시계획 교과서에는 마을 만들기 사업체에 관한 기술이 없고 마을 만들기 사업체 전체를 고찰한 서적도 없었다.

이러한 상황에서 조사 연구를 진행시키기 위해서는 현장에서 직접 발품을 팔며 돌아다녀 사실을 파악하는 방법밖에 없었다. 당사자도 일상 업무에 쫓겨 사업 경위, 성과를 정리한 보고서가 소수에 지나지 않았다. 한정된 인터뷰 시간을 조금 더 늘려주는 등 여러 가지로 도움을 많이 받아 감사할 따름이다.

2004년 여름에는 마을 만들기 사업체 협회의 와이러 사무국장에게서 유사 조직과의 연계 가능성, 즉 '커뮤니티 동맹'에 관한 보고서가 나왔다고 들었다. 전국적인 관련 단체의 조직화가 진행되어 마을 만들기 관련 볼런터리 섹터는 보다 강력하고 영향력 있는 지역 네트워크로 성장했다고 판단했다(제11장). 거버넌스형 마을 만들기의 정착인 것이다.

이 과정에서 2003년부터 2005년에 걸쳐 분석한 마을 만들기 사업체의 사무국장 5명을 일본에 초대하여 각지에서 강연회를 열고 다시 한국의 서울시립개발연구원, 서울대학 환경대학원에서도 논의의 범위를 넓혔다.

고령화가 진행되면서 사회적 격차나 지역격차가 넓어진 일본에서 사회문제를 지역재생과 연결시켜 해결하는 사회적 조직, 볼런터리 섹터의 성장과 이를 지원하는 정부, 시장의 역할 등 논의해야 할 문제는 많다. 우리에게 남겨진 과제가 많으며, 이를 해결하는 실마리가 어렴풋이 보이기 시작한 것에 희망을 갖게 되면서 본 서를 마무리하려 한다.

바쁜 와중에 흔쾌히 인터뷰에 응해주고 현지조사에 도움을 주셨던 마을 만들기 사업체 관계자 여러분과 프로젝트 지구의 주민들, 레치워스 전원도시의 스태프들에게도 진심으로 감사의 뜻을 전한다.

학예출판사 사장님에게서도 많은 조언과 격려를 받으며 이 책을 출판하게 해주신데 대해 진심으로 감사드린다. 그 외 이 책의 편집에 애써주신 분들께도 감사드린다.

일본학술진흥회 과학연구비(기반연구 C, 특별연구원장려비), 그레이트 브리튼 사사카와 재단, 다이이치주택 건설협회, 고바야시 도시연구진흥재단, 브리티시 카운셀, 생협총합연구소, 또한 동경전기대학에서는 학술연구 출판협조를 받았다.

각 장의 집필자는 다음과 같다.

니시야마 야스오 : 머리말, 제1장, 제4장, 제9장, 제10장

니시야마 야에코 : 제2장, 제5장, 제8장, 제11장, 맺음말

니시야마 시호 : 제2장, 제3장, 제6장, 제7장

이 책의 일부 논고는 다음의 형태로 발표된 것에 수정보완을 가한 것이다.

本書の一部の論考は次の形で発表したものに加筆修正したものである。

1 西山康雄、2004、「社会的企業が都市高速道路下の空間を経営し、社会サービスを提供する：ロンドンのウェストウェイまちづくりトラストの場合」『日本建築学会計画系論文集』第577号（第4章）。

2 西山八重子、2000、『イギリス田園都市の社会学』ミネルヴァ書房、（第5章）。

————、2007、『まちづくりNPO・NGOの自立と連携に関する国際比較』科研費研究成果報告書（第5章、第8章、第11章）。

3 西山志保、2006、「イギリスの社会的企業による最貧困地域の都市再生：ロンドン・イーストエンドの『環境トラスト』にみる新たなコミュニティ・ガバナンスの展開」『都市問題』第97巻3月号（第6章）。

————、2006、「社会的排除と闘う社会的企業の試み：ロンドンのバングラタウンにおけるコミュニティ・エンパワメント」生協総合研究所『第3回生協総研賞研究奨励助成事業研究論文集』（第7章）。

————、2007、「社会的企業と福祉ボランティア」三本松政之・朝倉美江編『福祉ボランティア論』有斐閣（第2章）。

4 西山康雄・西山八重子、2002、「人間の顔をした都市再生を求めて：グローバル都市、ロンドンでの試み」『世界』12月号。

찾아보기

[ㄷ]

[ㄹ]

[ㅁ]

[ㅂ]

[ㅇ]

[ㅈ]

[ㅊ]

[ㅋ]

저자 소개

니시야마 야스오
동경대학 대학원 도시공학 전공 수사과정 수료, 공학박사.
현재, 동경전기대학 건축학과 교수

저서 《언원의 주택지계획을 읽다》, 창국사, 1992년
《위기관리의 도시계획》, 창국사, 2000년
《일본형 도시계획이란 무엇인가》, 학예출판사, 2002년

니시야마 야에코
나고야대학 대학원 문학연구과 사회학 전공 박사과정 만기퇴학, 박사(사회학)
현재, 금성학원대학 현대문화학 부교수

저서 《영국 전원도시의 사회학》, 미네르바서방, 2002년

니시야마 시호
게이오기주쿠대학 대학원 문학연구과 사회학 전공 박사과정 단위취득 퇴학, 박사(사회학)
현재, 산리대학 대학원 의학공학 종합연구부 준교수

저서 《볼런티어 활동의 논리》, 동신당, 2005

역자 소개

김영훈 (金永勳, KIM YOUNG-HUN)
한양대학교 건축공학과 졸업
한양대학교 환경대학원 도시 및 지역계획 전공 / 공학석사
중앙대학교 건축학과 박사과정

(주)무영 종합건축사사무소
(주)종합건축사사무소 원형
(주)신한 종합건축사 사무소
(주)하우드 엔지니어링 종합건축사 사무소
(주)인토 엔지니어링 도시건축사 사무소 대표이사
(주)아키 앤 대표이사

역서
「도시계획의 조류」, 「도시재생의 도시디자인」

김기수 (金基洙, KIM GI-SOO)
1989 충북대학교 건축공학과
1992 서울대학교 환경대학원
2000 고려대학교 건축공학과 건축계획 및 설계전공 (공학박사)

1995 – 2002 대한주택공사 주택도시연구원 선임연구원
2002 – 현재 국립 충주대학교 건축학과 교수(gskim@cjnu.ac.kr)

역서
「도시재생의 도시디자인」

최광복 (崔光福, CHOI KWANG-BOK)
동의대학교 건축공학과 졸업

(주)종합건축사사무소 아키반 · 용
(주)신한 종합건축사 사무소
(주)하우드 엔지니어링 종합건축사 사무소
디자인본부 소장

영국의 거버넌스형 마을 만들기

2009년 9월 10일 1판 1쇄 발행
2015년 2월 10일 1판 2쇄 발행

저　　자 니시야마 야스오 니시야마 야에코

역　　자 김 영 훈 김 기 수 최 광 복
발 행 인 강 해 작
발 행 처 도서출판 기 문 당
주　　소 서울시 성동구 무학봉28길 4-1
전　　화 02) 2295-6171(代)~5
팩　　스 02) 2296-8188
출판등록 1976. 10. 7(1-44)
홈페이지 http://기문당
www.kimoondang.com
I S B N 978-89-6225-136-4 93540

정　　가 18,000원